Anorganische
Festkörperreaktionen

Anorganische Festkörperreaktionen

von

Prof. Dr. habil. Siegfried Engels, Merseburg

2., bearbeitete Auflage

Mit 85 Abbildungen und 33 Tabellen

AKADEMIE-VERLAG BERLIN 1989

ISBN 3-05-500218-0

Erschienen im Akademie-Verlag Berlin, Leipziger Straße 3—4, Berlin, DDR-1086

Lizenznummer: 202 · 100/519/89
Printed in the German Democratic Republic
Gesamtherstellung: VEB Druckhaus „Maxim Gorki", 7400 Altenburg
Lektor: Gisela Güntherberg
Wolfgang Janisch
LSV 1214, 1254
Bestellnummer: 7627679 (6559)
03000

Vorwort zur 1. Auflage

Mit diesem Titel wird die Absicht verfolgt, eine Einführung in die Vielfalt der Reaktionen anorganischer Stoffe im festen Zustand zu geben. Deshalb werden zuerst auf der Basis der atomistischen Fehlordnungstheorie, der phänomenologischen Transporttheorie und der Fehlstellenthermodynamik die für das Verständnis von Festkörperreaktionen erforderlichen Grundlagen erläutert. Nach einer generellen Behandlung zahlreicher Probleme der präparativen Festkörperchemie, wobei auch auf Fragestellungen der organischen Festkörperchemie eingegangen wird, werden am Beispiel der Ionenkristalle, Metalle und Legierungen, Festkörper-Gas-Systeme sowie ausgewählter Themen zur Festkörper-Hochdruckchemie wesentliche Aspekte von Stoffumwandlungen und chemischen Reaktionen vorgestellt.

Entsprechend dem Anliegen einer Einführung konnten bestimmte Stoffklassen bzw. Reaktionen nur in der gebotenen Kürze abgehandelt werden bzw. mußten unberücksichtigt bleiben.

Für Anregungen und kritische Hinweise sind wir jederzeit sehr dankbar.

Der Autor dankt sehr herzlich Herrn *Prof. Dr. K.-H. Thiele* für eine Reihe von Hinweisen zum Manuskript sowie Herrn *Dr. K. Becker* für die Überlassung einer Zusammenstellung über Festkörperreaktionen an Katalysatoren und Katalysatorkomponenten (Tab. 4). Ein besonderer Dank gilt dem Akademie-Verlag Berlin für die großzügige Förderung dieser Arbeit.

Halle-Neustadt *S. Engels*

Vorwort zur 2. Auflage

Das große Interesse an dieser Einführung haben Verlag und Autor zur Herausgabe einer 2. Auflage veranlaßt, die in erweiterter Form erscheint. Es wurden besonders die Ausführungen zum Stofftransport, zur Oberflächenanalytik sowie zum Kapitel „Reaktionen fester Stoffe" ergänzt. Neu hinzugekommen sind die Abschnitte über „Metallische Gläser" und „Elementarvorgänge beim photographischen Prozeß".

Der Autor möchte sich bei den Herren *Prof. Dr. sc. Dr. h. c. L. Kolditz, Prof. Dr. sc. P. Paufler* und *Dr. sc. M. Wilde* sehr herzlich für wertvolle Hinweise zu diesem Titel bedanken. Dem Akademie-Verlag Berlin gilt der Dank für die wiederum sehr gute Zusammenarbeit.

Halle-Neustadt *S. Engels*

Inhalt

1. Zur geschichtlichen Entwicklung der Festkörperchemie

Die unbewußte Ausnutzung des Reaktionsvermögens fester Stoffe untereinander läßt sich bis zu den Frühkulturen der menschlichen Gesellschaft zurückverfolgen [1]. Beispielsweise zählen die Herstellung von *Glas* und *Tonwaren* mit zu den ältesten Produktionstechniken der Menschheitsgeschichte [2]. Der vereinzelte Fund einer grünlichen Glasperle aus einem ägyptischen Hockergrab entstammt etwa dem Zeitraum um 3500 v. u. Z. Die der 2. Dynastie in Ägypten (3050–2840 v. u. Z.) zuzuordnenden Glasgegenstände spiegeln bereits ein bemerkenswertes handwerkliches Geschick in der Behandlung dieses Materials wider. Wenngleich die Herstellung von Gläsern auch schließlich über den Schmelzfluß erfolgte, so hat man wohl anfänglich die Schmelze nicht in einem Zuge durchgeführt. Vielmehr sinterte man das Rohstoffgemisch zuerst über einen längeren Zeitraum bei niedrigen Temperaturen. Heute wissen wir, daß dabei ein größerer Teil des SiO_2-haltigen Materials aufgeschlossen werden kann.

Die frühe Herstellung von Tonwaren ist durch Funde aus der jüngeren Phase des Paläolithikums (11. Jt. v. u. Z. im fernöstlichen Gebiet, Chabarowsk am Amur) sowie aus dem Mesolithikum (6. Jt. v. u. Z. in Mesopotamien, 5000 v. u. Z. in Ägypten, 4000 v. u. Z. in Mitteleuropa) belegt. Seit dem Ende des 4. Jahrtausends v. u. Z. wurden im Vorderen Orient gebrannte Ziegel zum Hausbau verwendet. Im mitteleuropäischen Raum erreichte die Töpferkunst seit etwa 2000 v. u. Z. einen beachtenswerten Stand (Schnur-, Glockenbecher- und Bandkeramik-Kultur). Gleichermaßen beherrschten die Menschen anderer Erdregionen (z. B. China, Afrika) das Töpferhandwerk in hoher Vollendung. Zugleich einen Ausdruck höchster künstlerischer Reife bieten die zahlreichen Beispiele der griechischen Terrakottenkunst (Terrakotta, ital.: gebrannte Erde), die uns in den „Tanagrafiguren" (4. und 3. Jahrhundert v. u. Z.) erhalten geblieben sind (Abb. 1).

Die edelste Art keramischer Erzeugnisse, das *Porzellan*, kann ebenfalls auf

Abb. 1: Terrakotta-Statuette: Frau in langem Gewand mit spitzem Hut und Fächer; Tanagra, Ende 4. Jh. v. u. Z. (Staatliche Museen zu Berlin)

eine lange Geschichte verweisen. Die frühesten Funde („Grauporzellan") entstammen der Westlichen ZHOU-Dynastie (11. Jh.—771 v. u. Z.) in China, das als Ursprungsland des Porzellans gilt. Obwohl diese Keramikart in Europa durch Einzelstücke seit dem frühen Mittelalter bereits bekannt war, gelang die Nacherfindung des Hartporzellans erst 1709 durch J. F. BÖTTCHER (gemeinsam mit E. W. Grafen von TSCHIRNHAUS).

Gips (und *Kalk*) wiederum gehören zu den ältesten Mörtelstoffen. Eine vorgeschichtliche Verwendung des Gipses im europäischen Raum läßt sich an den Verfugungen neolithischer Steinkistengräber nachweisen. Im Alten Ägypten diente der Gips u. a. als Baustoff, Mörtel sowie zur Herstellung von Plastiken. Selbstverständlich beruhte auch sein Einsatz zur damaligen Zeit lediglich auf Erfahrungswerten. Es ist wohl erst A. L. LAVOISIER gewesen, der um 1765 die Vorgänge des Gipsbrennens und -erhärtens wissenschaftlich erfaßt hat.

Die Bezeichnung „*Zement*" stammt von den Römern; sie nannten ein betonartiges Mauerwerk aus Bruchstein mit gebranntem Kalk (als Bindemittel) „Opus Caementitium". J. SMEATON erkannte um 1756 die Bedeutung des Tongehaltes für die hydraulischen Eigenschaften des Wasserkalks. Mit der

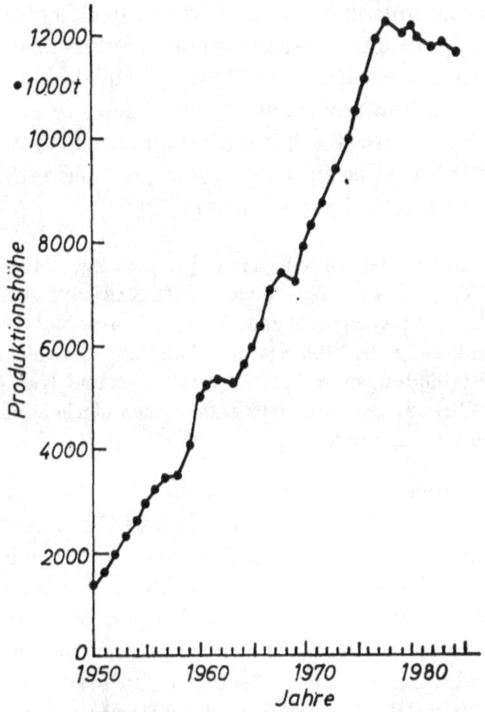

Abb. 2: Entwicklung der Zementproduktion in der DDR

Aufnahme der Produktion von Portlandzement durch W. ASPDIN im Jahre 1843 wurde der Ablauf von Festkörperreaktionen erstmals im großtechnischen Maßstab genutzt. Der Portlandzement bewährte sich beim Bau des englischen Parlamentsgebäudes in hervorragender Weise und trat seinen weltweiten Siegeszug an.

Eine ebenfalls unbewußte Nutzung festkörperchemischer Reaktionen in frühgeschichtlichen Epochen betraf die *Gewinnung von Metallen.*

So wurde bereits um 6500 v. u. Z. im ägäischen Raum bei der Verhüttung silberhaltigen Bleisulfids mittels der *Festkörper-Festkörper-Reaktion*

$$2\,PbO + PbS \rightarrow 3\,Pb + SO_2$$

Blei hergestellt.

Jüngsten Ausgrabungsfunden zufolge existierte bereits vor 6000 Jahren im palästinensischen Raum (bei Fenan, am Hang des Wadi Arabah) eine hochentwickelte Technik zur Gewinnung von Kupfer. Haldenreste mit etwa 200000 t Schlacke belegen das Ausmaß der frühen Metallverhüttung. Datierte

Funde aus der Cheops-Pyramide sowie einfachen Gräbern lassen den Schluß zu, daß ab etwa 3000 v. u. Z. in Ägypten durch reduzierendes „Schmelzen“ von Magnetitgeschieben und -körnern mittels Kleie und Stroh („Holzkohle“) ein teigiges, halbgeschmolzenes Schweißeisen gewonnen wurde. Diese, in einfachen Herdgruben durchgeführte älteste Art der Eisengewinnung führte zu einem kohlenstoffarmen und daher schmiedbaren Eisen (den sog. *Luppen*), das unter kräftigem Hämmern zusammen„geschweißt“ wurde.

Das eigentliche Prinzip des „Schweißens ohne Schmelzen“ hat in jüngerer Zeit durch die Ausarbeitung des Diffusionsschweißverfahrens ab 1953 durch N. F. Kasakov eine große technische Bedeutung erlangt. Dadurch ist es möglich geworden, nicht nur Metalle mit extrem unterschiedlichen Schmelzpunkten (z. B. Wolfram und Aluminium) zu verschweißen, sondern auch stoffschlüssige Verbindungen von Metallen mit Glas und Keramiken herzustellen. Gewisse Aspekte des Wirkungsmechanismus entsprechen hierbei den Vorgängen der Pulvermetallurgie (Diffusion von Atomen).

Eine interessante frühe Anwendung dieser Technik betraf die Verarbeitung des Platins zu Blechen, Drähten usw. Im Jahre 1772 entdeckte Carl von Sickingen die Fällbarkeit des Platins mit Ammoniumchlorid als — wie wir heute wissen — $(NH_4)_2[PtCl_6]$. Durch dessen thermische Zersetzung erhielt er das Platin in feinster Verteilung und konnte es bei hohen Temperaturen zu festen Körpern sintern. Den eigentlichen Anstoß zu einer technologischen Verarbeitung dieses hochschmelzenden Metalls auf dem Wege der Sintertechnik lieferten jedoch die Untersuchungen von W. H. Wollaston in London sowie die von P. G. Sobolevskij und V. V. Liubarskij im damaligen St. Petersburg. So benutzte bereits im Jahre 1809 eine englische Firma für die Konzentrierung von Schwefelsäure eine Retorte aus Platin im Gewicht von 13 kg. Als erste Verkörperung der Längeneinheit „Meter“ (metron, griech.: Maß) lag dem französischen Staatsarchiv 1799 ein aus Platinschwamm in der „Schweißhitze“ zusammengehämmerter Endstab von 25 mm Breite und 4 mm Höhe vor. Die in den zwanziger Jahren des vorigen Jahrhunderts im Ural entdeckten großen Platinerzvorkommen führten um 1830 zur Ausgabe von (pulvermetallurgisch hergestellten) Platinrubeln mit einer Gesamtmasse von 14,5 t.

Auch für das Gebiet der *Festkörper-Gas-Reaktionen* können Belege aus früher Zeit angeführt werden. So behandelte die im syrisch-ägyptischen Raum um 300 v. u. Z. lebende Alchemistin MARIA die JÜDIN u. a. eine Kupfer-Blei-Legierung mit Schwefeldampf. Durch oberflächige Sulfidbildung trat Schwärzung (Melanosis) ein. Die so mittels Tingierung (lat.: Färbung, Anfärben) erreichten Farbänderungen wurden als echte Stoffumwandlungen der jeweiligen Körper angesehen. Beispielsweise erreichten die in Alexandreia ab etwa der Zeitenwende tätigen Vertreter der ägyptischen Alchemie durch Einwirkung

Abb. 3: 12-Rubelstück der KRANKINschen Prägung

von Arsendämpfen auf kupferhaltige Legierungen deren Leúkosis (Weißung; Ausbildung von silberähnlichen Cu—As-Oberflächenschichten).

Wenngleich diese und auch zahlreiche weitere Beispiele [1] eine frühzeitige Beschäftigung mit festkörperchemischen Problemen belegen, setzte die eigentliche Erforschung der Reaktionen fester Stoffe untereinander allerdings erst mit Beginn des 20. Jahrhunderts ein. Zwar hatte sich beispielsweise W. SPRING schon in den Jahren von 1885 bis 1890 mit Umsetzungen fester Stoffpaare (z. B. $BaSO_4-Na_2CO_3$) beschäftigt, doch verhinderten zu diesem Zeitpunkt fehlende Vorstellungen und Kenntnisse über den Mechanismus des Stofftransports in festen Phasen ein tieferes Verständnis für die Festkörperreaktionen.

Erst J. A. HEDVALL wies 1911/1912 darauf hin, daß Reaktionen fester Stoffe — unter Ausschluß der Schmelzphase — bei vergleichsweise tiefen Temperaturen keine Ausnahmeerscheinungen darstellen. Die Aufklärung der *Stofftransportvorgänge* in Ionenkristallen wurde durch die von C. TUBANDT ab 1915 durchgeführten Überführungsmessungen entscheidend gefördert. G. v. HEVESY publizierte ab 1921 die Ergebnisse der Bestimmung von Selbstdiffusionskoeffizienten mittels der „Methode der Isotopendiffusion“. Es war dann wiederum HEDVALL, der schon frühzeitig (1927) die Bedeutung der Ionenbeweglichkeiten für den Ablauf von Festkörperreaktionen erkannte. In der Folgezeit lernte man zwischen Kationen-, Anionen- und Elektronenleiter (Halbleiter) zu unterscheiden.

Von großem Wert für weiterreichende Vorstellungen über den Ablauf von Festkörperreaktionen erwiesen sich der Nachweis und die Deutung der dabei auftretenden „reaktiven Zwischenzustände“ einzelner Reaktanden (J. A. HEDVALL ab 1923, G. F. HÜTTIG ab 1931, W. JANDER ab 1933, R. FRICKE ab 1938).

Die seit 1920 durch G. TAMMANN eingeleiteten Untersuchungen zur *Metall-*

oxydation förderten die Einsicht in den Ablauf dieses technisch bedeutsamen Reaktionstyps, für den dann schließlich C. WAGNER ab 1933 wertvolle Beiträge lieferte (Hochtemperaturoxydation, Theorie des Anlaufvorganges).

Eine verstärkte Hinwendung zum Studium von Pulverreaktionen in Oxid- und Silicatsystemen (u. a. G. TAMMANN ab 1923) sowie die Einführung genauer kinetischer Untersuchungen des Ablaufs von Festkörperreaktionen durch W. JANDER ab 1927 ermöglichten zugleich ein tieferes Verständnis für diffusionsgesteuerte bzw. durch Phasengrenzreaktionen beeinflußte Umsetzungen.

In der Folgezeit bestimmten in zunehmendem Maße physikalisch-chemische sowie festkörperphysikalische Untersuchungen die Fortschritte auf dem Gebiet der Festkörperreaktionen. Hierzu gehören einmal die von W. KOSSEL und I. N. STRANSKI (ab 1926) ausgearbeitete molekularkinetische *Theorie des Kristallwachstums* (Keimbildung, -wachstum) sowie die ab 1921 von M. VOLMER durchgeführten Arbeiten zum *Stofftransport durch Oberflächendiffusion*. Zum anderen war es die Entwicklung der Theorien zur *reversiblen* Fehlordnung in Kristallen, die den entscheidenden Fortschritt auf dem Gebiet der Festkörperreaktionen einleiteten.

Bereits 1926 stellte J. I. FRENKEL ein Fehlordnungsmodell für Ionenkristalle (Beispiel: AgBr) auf, indem die *Existenz von Leerstellen im Kationenteilgitter* postuliert wurde. Bei Wahrung der Stöchiometrie bedeutete dieses zugleich die Anwesenheit einer äquivalenten Anzahl von Kationen auf Zwischengitterplätzen. Die statistisch-thermodynamische Behandlung von Festkörpern mit geringen Abweichungen von der stöchiometrischen Zusammensetzung bzw. einem geringen Fremdstoffgehalt durch W. SCHOTTKY und C. WAGNER (ab 1930) ermöglichte weitere Einblicke in den Ablauf von Festkörperreaktionen ebenso wie die durch W. JOST (1933) erfolgte Beschreibung der energetischen Verhältnisse bei der Bildung von Fehlordnungsstellen.

Im Jahre 1930 entwickelte W. SCHOTTKY ein weiteres Fehlordnungsmodell, wonach bei stöchiometrisch zusammengesetzten Ionenkristallen (Beispiel: NaCl) die *Existenz von Leerstellen sowohl im Kationen- als auch Anionen-Teilgitter* angenommen wurde.

Die Konzepte der FRENKEL- und SCHOTTKY-Fehlordnung fanden ihre glänzende experimentelle Bestätigung; sie waren zugleich wichtig für die Erklärung bereits bekannter Erscheinungen (z. B. Deutung der von P. POHL in Alkalihalogeniden erzeugten *F-Zentren* durch W. SCHOTTKY (1935) und J. H. DE BOER (1937)) sowie die Untersuchungen weiterer Feststoffreaktionen. C. WAGNER beschäftigte sich 1936 mit der Bildung verschiedener Ionenverbindungen höherer Ordnungen (z. B. Ag_2HgI_4, $MgAl_2O_4$) und gab eine Deutung der jeweiligen Bildungsreaktion. Zwei Jahre später konnte WAGNER für den Fall doppelter Umsetzungen bei bestimmten Reaktionen (z. B. AgCl + Cu

= Ag + CuCl) eine Ionen- und Elektronenwanderung wahrscheinlich machen. Dabei ging er von der Annahme nebeneinanderliegender Schichten der Reaktionsprodukte aus („Kurzschlußmodell"). Wenngleich die weitere Aufklärung bei derartigen „Verdrängungsreaktionen" erst in jüngster Zeit erfolgte (V. LEUTE, 1977), bildeten doch die von WAGNER ausgeführten Studien einen wesentlichen Beitrag zum Verständnis der Doppelumsetzungen.

Die Untersuchung oxidischer und sulfidischer Mischphasen erfolgte ebenfalls durch C. WAGNER (ab 1950) sowie durch E. J. W. VERWEY (1948), K. HAUFFE (1950), F. A. KRÖGER und H. J. VINK (1954). Ab 1962 übertrugen H. SCHMALZRIED und C. WAGNER die Fehlordnungstheorie auf ternäre Ionenkristalle.

Parallel mit den hier angeführten Arbeiten verlief die Entwicklung auf dem *Halbleitergebiet*, wodurch auch der Festkörperchemie wesentliche Impulse vermittelt wurden. Wenngleich die ersten Untersuchungen zur Elektrizitätsleitung in Halbleitern auf M. FARADAY zurückgehen, so konnte doch erst mit der Ausarbeitung des *Bändermodells* für den Halbleiter durch A. H. WILSON im Jahre 1931 ein wirkliches Verständnis des Leitungsmechanismus bei derartigen Stoffen erreicht werden. Aufbauend auf der Fehlordnungstheorie der Oxide und der von W. SCHOTTKY (1938), E. SPENKE (ab 1939), B. DAVIDOV (1939) und N. F. MOTT (1939) entwickelten *Randschichttheorie des Kristallgleichrichters* konnte auch eine Deutung von Platzwechselvorgängen in oberflächennahen Schichten halbleitender Stoffe gegeben werden. In diesem Zusammenhang wurden mit der Untersuchung von Chemisorptionsvorgängen an Halbleiteroberflächen wesentliche Beiträge für die Deutung heterogen-katalysierter Reaktionen geliefert (z. B. K. HAUFFE und H.-J. ENGELL, 1952). Es zeigte sich, daß die Halbleiterchemie als eine „Defektchemie", d. h. eine Chemie der Kristallbaufehler (im weitesten Sinne) aufzufassen ist. Th. WOLKENSTEIN faßte bereits in seinen ersten Arbeiten zur Elektronentheorie der Katalyse an Halbleitern (1947/1948) die chemisorbierten Teilchen als „Oberflächenstörstellen" des Kristallgitters auf.

Die Entdeckung des *Transistors* durch J. BARDEEN und W. H. BRATTAIN (1948) sowie des *p-n-Prinzips* durch W. SHOCKLEY (1949) eröffneten den Halbleitern zahlreiche neue technische Anwendungsgebiete. Im Jahre 1952 entdeckte H. WELKER den Halbleitercharakter der III-V-Verbindungen (z. B. GaAs). Die Ausarbeitung der Technologien zur Herstellung von Germanium und Silicium förderte ebenfalls das Verständnis auf dem Gebiet der Reaktionen fester Stoffe. Schließlich wurde mit der Ausarbeitung *integrierter Halbleiterschaltungen* eine Entwicklung eingeleitet, die sich in unseren Tagen fortsetzt. Während man z. B. 1968 maximal 150 elektronische Bauelemente auf einer Fläche von 5 mm² integrieren konnte, werden bei heutigen Mikroprozessoren auf der gleichen Fläche etwa 1 Mio aktive Funktionselemente untergebracht.

In absehbarer Zeit wird sich diese Zahl auf mindestens 2 Mio erhöhen. Obwohl viele Aspekte der Mikroelektronik festkörperphysikalischer Natur sind, spielen bei der Herstellung integrierter Schaltkreise auch festkörperchemische Probleme eine bedeutende Rolle (z. B. Oxydation der Siliciummatrix unter Ausbildung einer SiO_2-Oberflächenschicht).

Gleiches gilt auch für die von J. I. FRENKEL und B. Ja. PINES im Jahre 1946 publizierte physikalische *Theorie des Sinterns,* wodurch ebenfalls ein vertieftes Verständnis für zahlreiche Festkörperreaktionen erreicht werden konnte. In der Folgezeit wurde dieses Gebiet u. a. durch G. C. KUCZYNSKI (experimentelle Untersuchungen zur Aufklärung des Stofftransportmechanismus, 1949) sowie J. A. GEGUZIN (Fremddiffusion, Sintern ineinander löslicher fester Stoffe, Bedeutung der Gasphase beim Sintern verschiedenartiger Metalle usw.) eingehend bearbeitet.

Ebenso bedeutsam für die Festkörperchemie wurden die Untersuchungen zum Einfluß einer mechanischen Aktivierung von Feststoffen auf die Geschwindigkeit chemischer Reaktionen. Die *Tribochemie* erfuhr seit etwa 1950 in zunehmendem Maße eine verstärkte Behandlung (W. DAVEY, R. PAUDERT, R. SCHRADER, P.-A. THIESSEN, G. HEINICKE u. a.). Die bei der mechanischen Bearbeitung des Festkörpers auftretenden Veränderungen konnten von P.-A. THIESSEN mit Hilfe des „Magma-Plasma-Modells" (1965) erklärt werden.

Die präparative anorganische Festkörperchemie wurde in jüngerer Zeit wesentlich durch das u. a. von H. SCHÄFER umfangreich bearbeitete Gebiet der *„Chemischen Transportreaktionen"* beeinflußt (etwa ab 1950). Der Transport von Stoffen über die Gasphase eröffnete zahlreiche Wege zur Präparation reiner Elemente und Verbindungen, ermöglichte in zahlreichen Fällen die Trennung von Reaktionsprodukten auf relativ einfachem Wege usw. Die Ausnutzung derartiger Transportreaktionen sollte es in immer besserem Maße gestatten, gezielt in das Reaktionsgeschehen von Stoffen einzugreifen (H. SCHÄFER, 1971). Dabei geht es nach V. V. BOLDYREV vorrangig auch um die Regulierung des *räumlichen* Verlaufs von Festkörperreaktionen sowie um eine Steuerung der Reaktionsmechanismen. Erfolgversprechende Ansätze in diesen beiden Richtungen konnten in jüngster Zeit durch N. Z. LJACHOV (Dehydratisierung von Kristallhydraten) bzw. F. URAKAEV (z. B. tribochemische Zersetzung von Nitriten und Nitraten) erbracht werden.

Durch die von L. KOLDITZ et al. ab Mitte der siebziger Jahre durchgeführten Untersuchungen zur thermischen Zersetzung von Hexafluorosilicaten, M_2SiF_6 (M: K, Rb, Cs, Tl), konnte u. a. abgeleitet werden, daß am Stofftransport im Gitter auch kollektive Baugruppen beteiligt sind. Damit erfolgte eine wesentliche Ausweitung der Vorstellungen zum Mechanismus des Stofftransports in Systemen, auf die das vereinfachte Ionenmodell nicht angewendet werden kann.

In den zurückliegenden drei Jahrzehnten haben sich auch auf dem Gebiet der nichtkristallinen anorganischen Festkörper zahlreiche Entwicklungen vollzogen, die für das Verständnis der Festkörperchemie von grundsätzlicher Bedeutung sind [3]. An dieser Stelle soll lediglich auf die *metallischen Gläser* verwiesen werden, die mit der erstmaligen Herstellung des Glases Au_3Si (W. Klement, R. H. Willens und D. Duwez, 1960) zum Ausgangspunkt eines Zweiges moderner Werkstofforschung wurden.

Abschließend sei kurz auch auf die Entwicklung der *organischen Festkörperchemie* eingegangen. Sie setzte vergleichsweise spät ein, obwohl die Reaktivität fester organischer Verbindungen schon frühzeitig in das Blickfeld der Chemiker geraten war (z. B. Bromierung kristallisierter Olefine mit gasförmigem Brom durch A. Bayer, 1880; Dimerisierung von Zimtsäure durch H. Stobbe, 1922 bis 1925). Die Entwicklung der organischen Chemie zu einer „Lösungschemie", fehlende Kenntnisse zur kristallinen Struktur organischer Verbindungen (Molekülpackung in fester Phase) und nicht zuletzt das Fehlen technisch zu nutzender organischer Festkörperreaktionen hatten bewirkt, daß erst in jüngerer Zeit entscheidende Fortschritte auf diesem bedeutsamen Gebiet zu verzeichnen sind.

Es ist vorrangig G. M. J. Schmidt und seiner Schule zu verdanken, ausgehend von Untersuchungen über den Einfluß der Kristallstruktur auf die Dimerisierung von Zimtsäure und ihren Derivaten, den entscheidenden Anstoß für die Entwicklung einer modernen organischen Festkörperchemie gegeben zu haben (1960; verstärkt 1963/1964). Basierend auf dem „topochemischen" Konzept konnte der Zusammenhang zwischen molekularer Packung organischer Moleküle in fester Phase und ihrer Reaktionsfähigkeit überzeugend nachgewiesen werden. Diese Erkenntnis bewährte sich beispielsweise im Bereich der makromolekularen Chemie auf dem Gebiet der gitterkontrollierten Polymerisation. G. Wegner untersuchte die topochemische Polymerisation von Monomeren mit konjugierten Dreifachbindungen (1972), M. Hasegawa u. Mitarb. erhielten stereoreguläre kristalline Polymere durch Bestrahlung bifunktioneller Diolefinkristalle (1973). Durch derartige Festkörperreaktionen kann man zu neuen Werkstoffen mit bemerkenswerten elektrischen und optischen Eigenschaften gelangen (G. Wegner). Die von A. Cemel, T. Fort und J. B. Lando im Jahre 1972 publizierten Ergebnisse zur topochemischen Polymerisation in monomolekularen Schichten sind zweifelsohne auch für das Verständnis geordneter Strukturen in biologischen Systemen wichtig, konnten doch bei den durchgeführten Polymerisationen ultradünne Membranen erhalten werden. Schließlich sei auf die Bedeutung der photochemisch induzierten Festkörperreaktionen (Polymerisationen) auch im Zusammenhang mit der Entwicklung optischer Aufzeichnungsverfahren hingewiesen.

2. Einführung in die Reaktionen fester anorganischer Stoffe

2.1. Einleitung

Das Reaktionsvermögen von Stoffen im festen Zustand bildet die Grundlage einer Reihe großtechnischer Prozesse. Hierzu zählen u. a. die Zementherstellung, die thermische Zersetzung von Calciumcarbonat („Kalkbrennen"), wesentliche Verfahrensstufen bei der Keramikproduktion sowie Vorgänge beim Hochofenprozeß. Zahlreiche Hochtemperaturwerkstoffe auf der Basis von Carbiden, Siliciden, Nitriden usw. können durch festkörperchemische Reaktionen gewonnen werden. Das gleiche gilt für die Herstellung bestimmter Halbleitermaterialien sowie neuartiger nichtmetallisch-anorganischer Werk- und Gebrauchstoffe (z. B. Graphitfolien, glasartiger Kohlenstoff, Faserstoffe, Vitrocerame). Ebenso spielen sich bei der pulvermetallurgischen Verarbeitung hochschmelzender Metalle sowie Gemischen aus metallischen und nichtmetallischen, z. B. oxidischen, Komponenten während des Sintervorganges einige Prozesse ab, die auch für den Festkörperchemiker von Interesse sind; in vielen praktischen Fällen wird das Sintern der Stoffe direkt von einer chemischen Reaktion begleitet: *Chemisches* Sintern [4]; vgl. auch [5, 6]. Technisch bedeutsam sind weiterhin die festkörperchemischen Reaktionen, die bei der Korrosion von Metallen und Legierungen (Anlauf- und Zundervorgänge) ablaufen. Gleichermaßen ermöglichen Untersuchungen von Sorptionsprozessen am System Metall—Gas ein näheres Studium bestimmter Werkstoffeigenschaften (z. B. Wasserstoffversprödung) bzw. heterogen-katalysierter Reaktionen. Die genaue Kenntnis der Phasenumwandlungen in oxidischen und silicatischen Systemen ist für das Verständnis geochemischer Vorgänge von unmittelbarem Nutzen. Die photochemische Zerlegung von Silberhalogeniden stellt einen festkörperchemischen und -physikalischen Prozeß dar.

Diese wenigen Beispiele mögen genügen, die breite Palette von Reaktionen im festen Zustand anzudeuten.

Die Aufgabe einer festkörperchemischen Forschung besteht einmal in der Untersuchung der Elementarvorgänge, die sich bei Reaktionen im festen Zustand abspielen. Dabei sind zahlreiche Festkörperphänomene in Betracht zu ziehen: Abweichungen von der idealen Gitterstruktur („physikalische" Baufehler), Nichtstöchiometrie der Reaktanden, Phasengleichgewichte und -umwandlungen, Ordnungs-Unordnungseinstellungen usw. Es wird später gezeigt werden (Kap. 4.2.1.), daß von den physikalischen Kristallbaufehlern speziell die atomaren Fehlstellen des Gitters für den Ablauf vieler Festkörperreaktionen entscheidend sind. Die Untersuchung der chemischen Natur und Konzentration dieser Fehlstellen bildet eine Forschungsrichtung, die gemeinsam von der Festkörperphysik und -chemie bestritten wird. Festkörperreaktionen laufen in Gegenwart anderer Phasen (fest, flüssig bzw. gasförmig) ab, so daß sich immer Gleichgewichte einstellen. Folglich ergibt sich als weitere Aufgabe

Tabelle 1: Untersuchung festkörperchemischer Probleme

Wissenschaftsdisziplin	Untersuchungsgebiet (Auswahl)
Festkörperphysik	Keimbildung, -wachstum; Kristallwachstum Realstruktur der Kristalle; Fehlordnungsgleichgewichte Diffusion (Volumen-, Korngrenzen-, Oberflächendiffusion) Sinterprozesse Ordnungs-Unordnungs-Umwandlungen Halbleiterphänomene Elektrische, magnetische, optische Eigenschaften
Festkörperthermodynamik	Thermische Eigenschaften fester Stoffe Thermodynamische Gleichgewichtsdaten von Festkörpern Verdünnte Lösungen (von Gasen in Metallen) Fehlstellenthermodynamik Statistische Thermodynamik
	Einstoff- und Mehrstoffsysteme Phänomenologische Behandlung von Phasengleichgewichten, Ordnungs-Unordnungs-Umwandlungen usw. Thermodynamische Behandlung chemischer Reaktionen
Kristallchemie	Zusammenhang zwischen chemischer Bindung, Zusammensetzung, Kristallstruktur sowie chemischen und physikalischen Eigenschaften
Halbleiterchemie	Chemie der Kristallbaufehler (*Defektchemie*)
Analytik	Anwendung chemischer, physikalischer und physikalisch-chemischer Untersuchungsmethoden

der Festkörperchemie die Untersuchung des Einflusses koexistierender Phasen auf die Konzentration und Art der in der festen Phase auftretenden Fehlstellen, vgl. z. B. [7].

Selbstverständlich erfordern auch viele Aufgabenstellungen der reinen präparativen Festkörperchemie ein näheres Studium der Elementarprozesse ablaufender Reaktionen. Untersuchungen zur systematischen Beeinflussung und Ausnutzung der Oberflächendiffusion, zum chemischen Transport von Stoffen über die Gasphase sowie zum Einfluß von Strukturelementen des Ausgangsstoffes auf sein Reaktionsverhalten ermöglichen wesentliche Fortschritte bei der gezielten Präparation von Stoffen [8].

Zusammenfassend kann man sagen, daß die Behandlung von Festkörperreaktionen auf der Grundlage der *atomistischen Fehlordnungstheorie*, der *phänomenologischen Transporttheorie* sowie der *Fehlstellenthermodynamik* (als wesentlichem Teilgebiet der Festkörperthermodynamik) ein tieferes Verständnis der Reaktionsabläufe ermöglicht.

In Tab. 1 sind wesentliche Aufgabenstellungen und Untersuchungsgebiete von Wissenschaftsdisziplinen zusammengefaßt, die für eine erfolgreiche Bearbeitung festkörperchemischer Probleme bedeutsam sind[1]). Bereits aus dieser Aufstellung läßt sich ableiten, daß die „*Festkörperchemie die mit chemischen Denk- und Experimentiermethoden betriebene Festkörperforschung*" ist [10]. Mit dieser von P. Paufler getroffenen Feststellung ist eine „*inhaltliche Abgrenzung ... der Festkörperchemie ... gegenüber anderen Zweigen der Festkörperforschung*" gegeben.

2.2. Begriffsbestimmung von Festkörperreaktionen

Eine allgemeine Definition der Festkörperreaktionen hätte die spezifischen Besonderheiten anorganischer und organischer Reaktionen im festen Zustand zu berücksichtigen. Da derartige Reaktionen zumeist in Gegenwart weiterer, d. h. auch flüssiger oder gasförmiger Phasen ablaufen, ist diesem Umstand bei der Begriffsbestimmung ebenfalls Rechnung zu tragen. Das gleiche gilt auch hinsichtlich einer Beeinflussung der Reaktionsprodukte durch weitere Phasen.

Bezogen auf die Ausgangsstoffe bedeutet dies, daß man unter Festkörperreaktionen solche Umsetzungen versteht, an denen mindestens *ein* Reaktand im festen Aggregatzustand beteiligt ist. Diese Festlegung schließt somit die Mitwirkung flüssiger oder gasförmiger Phasen an Festkörperreaktionen nicht aus. Tritt dieser Fall ein, so muß mindestens ein Reaktionsprodukt in fester Phase auftreten, um von einer Festkörperreaktion sprechen zu können. Folglich wird

[1]) Zwecks Orientierung über eine Arbeitsanweisung zur Erforschung der Reaktionen mit festen Stoffen vgl. [9], S. 10.

man aus der Sicht der hier gegebenen „Definition" z. B. die Auflösung von Kristallen in einer flüssigen Phase nicht zu den Festkörperreaktionen zählen, während andererseits die Korrosionsvorgänge bei Metallen (unter Beteiligung gasförmiger und flüssiger Phasen) zu den typischen Festkörperreaktionen gerechnet werden.

Ebenso kann man den Gesamtprozeß der Glasherstellung nicht unter dem einheitlichen Aspekt von Festkörperreaktionen betrachten, da die Gläser zu den Stoffen zählen, die aus der Schmelze hervorgehen. Diese Festellung bedeutet jedoch nicht, daß während des Herstellungsprozesses von Gläsern nicht zahlreiche, z. T. sehr verwickelte Festkörperreaktionen ablaufen [3].

Selbstverständlich ist man bemüht, bei einer Begriffsbestimmung auch möglichst weitreichende Aussagen hinsichtlich des Ablaufs (Mechanismus) der Festkörperreaktionen zu treffen. Unter diesem Aspekt ist die von Schmalzried formulierte Definition zu verstehen, wonach „eine Festkörperreaktion im klassischen Sinn (dann) vorliegt, wenn in kristallinen Phasen lokaler Materietransport beobachtet wird" ([11], S. 13). Somit bezieht sich diese Formulierung bewußt nur auf *anorganische* Festkörperreaktionen. Sie berücksichtigt — trotz ihrer Allgemeingültigkeit — nicht die Spezifik *organischer* Festkörperreaktionen, die als Homogenreaktionen infolge der Kopplung von Reaktivität und molekularer Packung (unter Ausnutzung spezifischer Molekülbeweglichkeiten) ohne einen Stofftransport in fester Phase vor sich gehen (Kap. 7.1.1.). Der Hinweis auf die Beteiligung „kristalliner" Phasen an Festkörperreaktionen schließt natürlich auch die röntgenamorphen Stoffe ein, in denen bezüglich der Koordination von Gitterbausteinen zumindest eine Nahordnung vorliegt.

Ebenfalls aus der Sicht anorganischer Festkörperreaktionen ist die Definition von Hardel [12] zu betrachten, die allgemeine Aussagen zum Temperatureinfluß auf den Reaktionsablauf und zur „Lokalisierung" der Reaktionsprodukte hinsichtlich der Ausgangssubstanzen trifft: „Befindet sich eine feste Phase X mit einer festen Phase Y in Kontakt, so können sich X und Y bei einer Temperatur, bei der die Beweglichkeiten der Partikeln im festen Zustand genügend groß sind, zu einem oder mehreren festen Reaktionsprodukten XY_{ν_1}, XY_{ν_2}, ... umsetzen, welche die Ausgangsstoffe voneinander trennen".

Diese Begriffsbestimmung schließt die Reaktion zwischen mehreren festen Phasen X_1, X_2, ... und solchen von Y_1, Y_2, ... ein, die zu einem oder mehreren festen Reaktionsprodukten führen. Eine wesentliche Voraussetzung für den ausschließlichen Ablauf der Reaktionen in fester Phase ist der vollständige Kontakt zwischen den reagierenden Stoffen; ansonsten muß auf Grund des Einflusses der umgebenden Gasphase auch ein Stofftransport über diese berücksichtigt werden.

Zusammenfassend kann festgestellt werden, daß eine allgemeine Definition von Festkörperreaktionen zwar möglich ist, jedoch wegen ihres pauschalen Charakters keinen wesentlichen methodischen Gewinn erbringt. Andererseits scheint eine allumfassende Begriffsbestimmung wegen der Vielfalt der zu berücksichtigenden Probleme schwierig, was beispielsweise auch durch die verschiedenen Möglichkeiten zur Klassifizierung von Festkörperreaktionen (Kap. 2.3.) belegt wird. Die wenigen hier angeführten Beispiele zeigen jedoch, daß diese und weitere Definition jeweils wesentliche Aussagen der Spezifik von Festkörperreaktionen beinhalten. Sie sind nicht alternativ zueinander, sondern unterscheiden sich lediglich durch ein teilweise einengendes Herangehen an das jeweilige Problem, was zumeist durch pragmatische Gründe diktiert wird.

2.3. Klassifizierung von Festkörperreaktionen

Für die Einteilung der Festkörperreaktionen bieten sich zahlreiche Aspekte an, u. a.:

- Phasenzustand der Reaktanden, z. B. [13]
- Chemischer Bindungstyp (Ionenkristalle, kovalent aufgebaute Kristalle, Metallkristalle, Molekülkristalle) unter Berücksichtigung struktureller und geometrischer Faktoren, z. B. [11, 14]
- Klassifizierung nach Reaktionen in einphasigen Systemen und Heterogenreaktionen [11]
- Grenzfälle bei der präparativen Darstellung stabiler und metastabiler Stoffe [8]
- Merkmale, die sich aus dem Herstellungsprozeß, dem Einsatz und gegebenenfalls der Regeneration von Stoffen ergeben.

2.3.1. Einteilung nach dem Phasenzustand der Reaktanden

Die Einteilung der Festkörperreaktionen auf der Grundlage des Phasenzustandes der Ausgangskomponenten liefert eine erste Übersicht über die Vielfalt der Reaktionsmöglichkeiten (Tab. 2).

Einzelne Reaktionssysteme können dabei weiter untergliedert werden, wie das Beispiel der Umsetzung einer festen Phase X mit einer ebenfalls festen Phase Y zeigt (vgl. auch [12]):

a) *Bildung einer oder mehrerer Verbindungen*

$$NiO + Al_2O_3 = NiAl_2O_4$$

$$MgO + SiO_2 \begin{cases} \rightarrow (MgSiO_3)_x \text{ (Enstatit)} \\ \rightarrow Mg_2SiO_4 \text{ (Forsterit)}; \end{cases}$$

$$MgO + MgSiO_3 = Mg_2SiO_4$$

Tabelle 2: Klassifizierung von Festkörperreaktionen nach dem Phasenzustand

Reaktionspartner	Beispiele[1])
Eine Ausgangsphase	*Phasentransformation*

reversibel:

α-U (orthorhombisch) $\xrightleftharpoons{941\,K}$ β-U (tetragonal) $\xrightleftharpoons{1048\,K}$ γ-U (krz.) $\xrightleftharpoons{1406\,K}$ Schmelze

α-Quarz (trigonal) $\xrightleftharpoons{846\,K}$ β-Quarz (hexag.) $\xrightleftharpoons{1143\,K}$ β-Tridymit (hexag.) $\xrightleftharpoons{1743\,K}$

β-Cristobalit (kubisch) $\xrightleftharpoons{1986\,K}$ Schmelze

β-Tridymit (hexag.) $\xrightleftharpoons{390\,K}$ α-Tridymit (rhombisch)

β-Cristobalit (kubisch) $\xrightleftharpoons{ca.\ 523\,K}$ α-Cristobalit (kubisch)

irreversibel:

Sb (schwarz) $\xrightarrow{>293\,K}$ Sb (rhomboedrisch)

P (weiß) $\xrightarrow{523-673\,K}$ P (rot)

P (weiß) $\xrightarrow[\text{oder } 473\,K;\ 1{,}2\cdot10^3\,MPa]{493-643\,K;\ Hg}$ P (schwarz)

$C_{Graphit} \xrightarrow[(Ni)]{>1520\,K;\ 5{,}5\cdot10^3\,MPa} C_{Diamant}$

Ordnungs-Unordnungseinstellung

Au–Mn-α-Mischkristalle (kubisch-raumzentriert) $\xrightarrow{598\,K}$ Au_4Mn[2])
(Überstrukturphase vom Ni_4Mo-Typ; tetragonal-raumzentriert)

Zerfallsreaktionen

$CaCO_3 \xrightarrow{1173-1273\,K} CaO + CO_2$

$Pb(NO_3)_2 \xrightarrow{623\,K} PbO + 2NO_2 + 1/2\,O_2$

Entwässerungen

$Al_4[Si_4O_{10}](OH)_8 \xrightarrow{723\,K} Al_4[Si_4O_{10}]O_4 + 4\,H_2O$
(Kaolinit) (Metakaolin)

Tabelle 2 (Fortsetzung)

Reaktionspartner	Beispiele[1])
Festkörper—Gas	*Chemisorption von Gasen* Systeme: Pt—CO, Pd—O_2
	Auflösung von Gasen in Metallen und Legierungen Systeme: Ta—H_2, Pd—Ag—H_2
	Anlauf- und Zundervorgänge; weitere Umwelteinflüsse $Cu + 1/2\,O_2 = CuO$; $Ag + 1/2\,Cl_2 = AgCl$ $CaCO_3 + SO_2 + 2\,H_2O + 1/2\,O_2 = CaSO_4 \cdot 2\,H_2O + CO_2$ (Marmor) (Gips)
	Wasserstoffreduktion von Oxiden, Sulfiden usw. $MoO_3 \xrightarrow[-H_2O]{H_2,\ 923\ K} MoO_2 \xrightarrow[-2\,H_2O]{2\,H_2,\ 1273\ K} Mo$ $Ag_2S + H_2 = 2\,Ag + H_2S$
Festkörper — Flüssigkeit	*Deckschichtenbildung* bei Metallen in wäßrigen Ionenlösungen $M + n\,OH^- = MO_{n/2} + n/2\,H_2O + ne^-$
	Rehydratation von röntgenamorphem Al_2O_3 zu Aluminiumaquoxiden Rückbewässerung von Hydraten, z. B.: $Ba(OH)_2 \cdot H_2O \xrightarrow{7\,H_2O} Ba(OH)_2 \cdot 8\,H_2O$
Festkörper — Festkörper	Bildung von *Ionenverbindungen höherer Ordnung* durch *Additionsreaktionen* $MgO + Cr_2O_3 = MgCr_2O_4$ $2\,AgI + HgI_2 = Ag_2[HgI_4]$ $K_2TeO_4 + Na_2O = K_2Na_2[TeO_5]$[3]) $Rb_2Sn^{IV}O_3 + Sn^{\pm 0} = Rb_2Sn_2^{II}O_3$[3]) (*Komproportionierung*)

Tabelle 2 (Fortsetzung)

Reaktionspartner	Beispiele[1])
	Doppelte Umsetzungen (Austauschreaktionen)
	$AgCl + Cu = Ag + CuCl$
	$Ag_2S + 2\,CuI = 2\,AgI + Cu_2S$
	$4\,Na_2O + K_6Ga_2O_6 = 2\,KNa_4GaO_4 + 2\,K_2O$ (*unvollständige Austauschreaktion*[3]))
	$2\,NaCu^{III}O_2 + 2\,Li_2O = 2\,Li_2[Cu^{II}O_2] + Na_2O_2$ (*reduktiver Austausch*[3]))
	$K_4[Pb_2{}^{II}O_4] + 4\,Li_2O_2 = 2\,Li_4[Pb^{IV}O_4] + 2\,K_2O_2$ (*oxydativer Austausch*[3]))
	$2\,K_2HgO_2 + 2\,Sn = K_2Sn_2O_3 + 2\,Hg + K_2O$ (*Redox-Austausch*[3]))

1) Wenn nicht anders angegeben, beziehen sich die Angaben auf Normaldruck
2) Existenzbereich: ca. 15 At.-% bis etwas über 20 At.-% Mn
3) R. Hoppe, in: Novo Acta Leopoldina, Neue Folge, Nr. 264, Bd. 59, S. 107–119; Leopoldina-Symposion. „Chemie der Hauptgruppenelemente – Stand und Erwartung“, 9. 10.–12. 10. 1985, Halle

b) *Bildung einer lückenlosen Reihe von Mischkristallen zwischen den Ausgangsstoffen*

$$MgO + NiO = (Mg, Ni)O$$

$$x\,Pd + y\,Ag = Pd_xAg_y \;(x{:}\ 100 - 0\ \text{At.-\%},\ y{:}\ 0{-}100\ \text{At.-\%})$$

c) *Auftreten einer oder mehrerer Mischungslücken unterschiedlicher Ausdehnung*

$$(NH_4)_2[PtCl_6]/(NH_4)_2[IrCl_6] \xrightarrow{H_2/770\,K} \text{Pt90Ir10-Mischkristallite} + \text{Ir-Kristallite}\ [15]$$

System $CoO-Fe_2O_3$ [16]

d) *Doppelumsetzungen*

$$PbCl_2 + 2\,AgI = PbI_2 + 2\,AgCl$$

$$Fe + Cu_2O = FeO + 2\,Cu$$

Die zweite Reaktion ist auch als Verdrängungsreaktion aufzufassen.

e) *Überlagerung der Festkörperreaktion von einer Gasabgabe*

$$Cu_2S + 2\,Cu_2O = 6\,Cu + SO_2$$

$$BaCO_3 + TiO_2 = BaTiO_3 + CO_2$$

$$CaCl_2 + V_2O_5 + 1/2\,O_2 = Ca(VO_3)_2 + Cl_2$$ [17, S. 26]

2.3.2. Einteilung nach dem chemischen Bindungstyp

Wenngleich eine theorien- und methodenorientierte Behandlung der bei Festkörperreaktionen ablaufenden Vorgänge zahlreiche Vorteile bietet, wird man — zumindestens schon aus der Sicht präparativer Aufgabenstellungen — vielfach das Einteilungsprinzip entsprechend den Grenzfällen der chemischen Bindung vornehmen: Ionenbeziehung, kovalente Bindung, Metallbindung, VAN-DER-WAALS-Bindung (vgl. auch Kap. 5.1.). Damit können zugleich einige qualitative Gesichtspunkte bei Festkörperreaktionen unter Einbeziehung kristallchemischer Betrachtungen abgeleitet werden.

Ionenkristalle:	COULOMBsche Wechselwirkung zwischen kugelförmigen Ionen definierter Größe und Ladung. Beziehungen zwischen Ionengröße (Radienquotient) sowie Stöchiometrie und Kristallstrukturtyp.
Kovalente Kristalle:	Prototyp: Diamant. Dreidimensional ausgerichtete Bindung hoher Stabilität. Behandlung der energetischen Verhältnisse auf der Grundlage der Ausbildung von sp^3-MO-Energiebändern.
Metallkristalle:	Prinzip der dichtesten Kugelpackung. Konzept der delokalisierten Elektronen; Bändermodell der delokalisierten Molekülorbitale.
VAN-DER-WAALS-Kristalle (vorrangig Molekülkristalle):	Abhängigkeit des Strukturtyps von der Molekülstruktur; einzelne Molekülteile führen im Kristallverband Rotations- und Schwingungsbewegungen aus, ohne daß sich dabei die auf den jeweiligen Gitterplatz bezogenen Schwerpunktslagen ändern.

Andererseits ergeben sich aber — schon ausgehend von den das jeweilige Kristallgitter bildenden Bausteinen — einige Probleme der Deutung von Festkörperreaktionen. Bei Volumenreaktionen der Ionenkristalle untereinander scheinen die Vorgänge des Stofftransports ziemlich klar: Wanderung von Ionen auf Grund einer Kristallfehlordnung (Kap. 3). Doch selbst eine hohe Ionenleitfähigkeit (in fester Phase) muß nicht von vornherein mit einem hohen Anteil völlig „freier" Ionen im Kristallgitter gekoppelt sein, z. B. [18]. Beispielsweise ist das teilweise *kovalent* aufgebaute α-AgI (Grad des ionischen Charakters: 0,77) ein sehr guter *Ionenleiter*. Man fand [19], daß für die mit der Phasenumwandlung β-AgI $\rightarrow$ α-AgI bei 418 K verbundene beträchtliche Erhöhung der Ionenleitung *die* Ag-Ionen verantwortlich sind, die sich im α-AgI auf das kubisch-raumzentrierte Iodidionen-Teilgitter weitgehend statistisch verteilen [20]. Somit bieten das vorliegende System sowie weitere Beispiele (α-CuBr, α-Ag_2S, α-Ag_2Se) letzten Endes doch keine prinzipiellen Schwierigkeiten der Deutung des Reaktionsmechanismus von Festkörperumsetzungen bei Stoffen mit teilweise kovalentem Bindungscharakter.

Wesentliche Probleme bei der Aufklärung des Reaktionsmechanismus resultieren jedoch aus solchen Fällen, bei denen weitgehend kovalente Baugruppen der Reaktanden (Silicate, Phosphate) am Reaktionsgeschehen beteiligt sind. Zwar wurden zum Platzwechsel des Si^{4+}-Ions in kondensierten Silicaten verschiedene Vorstellungen entwickelt [21--23], doch sollte wegen des hohen Ionenpotentials des Si^{4+}-Ions eine starke Wechselwirkung mit der negativ geladenen Umgebung im Gitter auftreten und somit ein Stofftransport durch das Si^{4+}-Ion nur unter bestimmten Umständen möglich sein (Kap. 7.2.4.3.). Analoge Überlegungen treffen auch für die Beschreibung des Reaktionsmechanismus bei der Umsetzung von Phosphaten zu. So dürften zum Beispiel bei der von Jagitsch und Perlström ausführlich untersuchten Reaktion MgO $+ Mg_2P_2O_7 = Mg_3(PO_4)_2$ [24] sicher keine P^{5+}-Ionen zum Stofftransport beitragen (vgl. dazu [9, S. 840ff.]).

Hierbei, wie auch in analogen Fällen, ist zweifelsohne die Beteiligung größerer Baugruppen am Stofftransport in Rechnung zu stellen. Auf diesen Tatbestand, dessen Aufklärung *„sich zu einer der wichtigsten Problemstellungen für die Festkörperchemie zu entwickeln“* scheint, hat Kolditz hingewiesen [25, S. 142].

2.3.3. Reaktionen in einphasigen Systemen und Heterogenreaktionen

Eine weitere Möglichkeit zur Unterteilung anorganischer Festkörperreaktionen ist entsprechend den Klassifizierungsprinzipien der chemischen Kinetik gegeben. So kann man zwischen den Reaktionen in einphasigen homogenen und inhomogenen Systemen sowie den heterogenen Reaktionen unterscheiden (vgl. auch [11]).

2.3.3.1. Homogenreaktionen einphasiger Systeme

Bei diesen Reaktionen handelt es sich um eine lokale Umverteilung von Strukturelementen des Kristallgitters. Derartige Vorgänge kommen nicht durch Diffusion von Gitterbausteinen über längere Distanzen zustande. Somit treten weder Keimbildung noch -wachstum auf, die bekanntlich an die Wanderung von Atomen, Ionen oder eventuell auch größeren Baugruppen durch Diffusion gebunden sind (Kap. 4.2.).

Eine Homogenreaktion der beschriebenen Art kann zu einem Umbau des Kristallgitters führen, wie er beispielsweise für Metalle von den Umklappvorgängen bei der Transformation der dichtesten Kugelpackungen bekannt ist, vgl. [26, S. 663ff.] sowie Kap. 7.2.2. Als Beispiele seien die allotropen Umwandlungen $Co_{(hexag.)} \rightleftarrows Co_{(kflz.)}$ und $Fe_{(krz.)} \rightleftarrows Fe_{(kflz.)}$ genannt[1]).

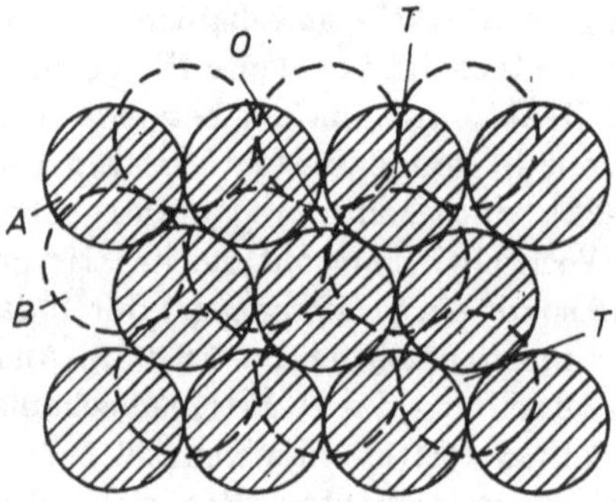

a)

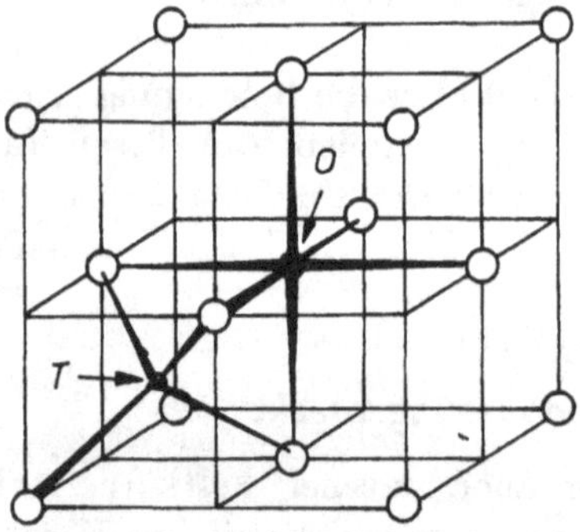

b)

Abb. 4: Dichteste Kugelpackung: Tetraedrisch (T) und oktaedrisch (O) koordinierte Hohlräume

a) Zweischichtfolge AB (Draufsicht) b) Kubisch-flächenzentrierte Elementarzelle

Von den 8 tetraedrisch koordinierten Hohlräumen (jeweils im Zentrum der Achtelwürfel) ist nur der Hohlraum mit der Translation 1/4 1/4 1/4 ausgewiesen. Neben dem im Zentrum der Zelle befindlichen oktaedrisch koordinierten Hohlraum (Punktlage 1/2 1/2 1/2) befinden sich in den Kantenmitten weitere oktaedrische Hohlräume, die jeweils zu einem Viertel der Elementarzelle angehören (d. h. 3 weitere Hohlräume).

1) Das Auftreten von Umklappvorgängen ist allerdings keine notwendige Voraussetzung für den Ablauf allotroper Umwandlungen.

Eine lokale Umverteilung von Gitterionen tritt u. a. bei Verbindungen des Spinelltyps auf. Sowohl im Gitter normaler Spinelle (MAl_2O_4, M: z. B. Mg^{2+}, Mn^{2+}, Fe^{2+}, Co^{2+}, Ni^{2+}, Zn^{2+}) als auch in dem des statistischen Typs („inverse" Spinellstruktur; allgemeine Formel $B(AB)O_4$, z. B. $FeMgFeO_4$, $MgTiMgO_4$, $GaMgGaO_4$, $ZnSnZnO_4$) bilden die O^{2-}-Ionen annähernd eine kubisch dichteste Kugelpackung. Die Kationen besetzen in bestimmter Folge sowohl tetraedrisch als auch oktaedrisch koordinierte Hohlräume (Abb. 4). Tritt nun ein Temperatursprung auf, so kommt es zur Störung des Verteilungsgleichgewichtes hinsichtlich der verschiedenen koordinierten Kationen:

$$Ni^{2+}_{(tetr.)} + Al^{3+}_{(okt.)} = Al^{3+}_{(tetr.)} + Ni^{2+}_{(okt.)}.$$

Und schließlich zählen zu den einphasigen Homogenreaktionen die Vorgänge, die an eine Ausbildung nulldimensionaler Kristallbaufehler (Punktfehler) geknüpft sind. Es handelt sich hierbei um die Einstellung der Frenkel- und Schottky-Fehlordnung, die im thermodynamischen Gleichgewicht mit dem Gitter auftritt (Kap. 3.2.1.). Die Untersuchung der chemischen Zusammenhänge zwischen derartigen atomaren Eigenschaften bildet den wesentlichen Gegenstand der *Fehlordnungschemie* [7, 27].

2.3.3.2. *Reaktionen einphasiger inhomogener Systeme*

In dieser Gruppe werden solche Reaktionen in einphasigen Systemen zusammengefaßt, die unter Mitwirkung der Diffusion von Atomen oder Ionen zustande kommen und folglich auch die Existenz eines Konzentrationsgradienten voraussetzen. Die Bahnen, die von den diffundierenden Teilchen zurückgelegt werden, sind im allgemeinen kristallographisch nicht definiert.

Typische Beispiele für die von der Kristalloberfläche ausgehenden Diffusionsprozesse sind die Oberflächenhärtung von Eisen mittels Graphit und die Dotierung von Halbleitermaterialien.

Erhitzt man Eisen bei Temperaturen oberhalb der $\alpha \rightarrow \gamma$-Umwandlung (1193 K) mit Graphitpulver, so diffundieren Kohlenstoffatome unter Ausbildung der Austenitphase in das Gitter des kubisch-flächenzentriert kristallisierenden γ-Eisens, das bis maximal 2,06 Masse-% Kohlenstoff (bei 1420 K) aufnehmen kann. Aus gittergeometrischen Gründen ist die Löslichkeit von Kohlenstoff in γ-Eisen wesentlich größer als die in α-Eisen (Ferrit; maximal 0,02 Masse-% bei 996 K).

Die Dotierung von Halbleitermaterialien (z. B. Silicium) mittels der Diffusionstechnik spielt bei der Herstellung von Halbleiterbauelementen (z. B. Transistoren und Gleichrichtern) eine große Rolle. Sie bildet auch einen Verfahrensschritt der Technologie zur Herstellung monolithischer integrierter Schaltungen.

Diffusionsvorgänge, die im Volumen von Festkörpern ablaufen, betreffen beispielsweise den Konzentrationsausgleich bei vollständiger Mischkristallbildung. Eine wesentliche Voraussetzung hierfür sind ähnliche oder gleiche Ionen- bzw. Atomradien der diffundierenden Teilchen. Beispiele hierfür liefert die Mischkristallbildung (durch Volumendiffusion) in den Systemen MgO —NiO ($r_{Mg^{2+}}$: 0,065 nm, $r_{Ni^{2+}}$: 0,068 nm) und Au—Ag ($r_{Au\ bzw.\ Ag}$: 0,144 nm, bezogen auf die Koordinationszahl 12). Bei stärkeren Abweichungen in den Teilchenradien wird das Prinzip der gegenläufigen Teilchendiffusion zumeist aufgehoben. Unter diesen Umständen ist der Diffusionsprozeß praktisch als einseitiger Vorgang zu beschreiben. So diffundieren Goldatome in einer Bleimatrix ($r_{Pb}(KZ$: 12): 0,175 nm) sehr rasch, während der umgekehrte Vorgang nur äußerst langsam abläuft. Das Verhältnis der Diffusionskoeffizienten D_{Au}/D_{Pb} beträgt etwa $6{,}1 \cdot 10^4$; vgl. dazu [28] und Kap. 4.2.1.

Der umgekehrte Vorgang, nämlich eine Entmischung ursprünglich homogen aufgebauter Legierungskristallite, wird unter bestimmten Umständen ebenfalls beobachtet [29, 30]. Die Gründe hierfür sind thermodynamischer Natur. Theoretische Untersuchungen haben gezeigt, daß die Gitterplätze mit den niedrigsten Koordinationen durch Atome des Metalls eingenommen werden, das die geringere M—M-Bindungsenergie aufweist [31]. Die resultierende Oberflächenanreicherung der Legierungskristallite mit den Atomen der einen Komponente führt zu einer Erniedrigung der freien Oberflächenenergie. Tabelle 3 enthält einige Beispiele zum Problem der thermodynamisch bedingten Oberflächenanreicherung, wobei als Maß für die jeweiligen M-M-Bindungsenergien die Werte der Sublimationsenthalpie gewählt wurden (vgl. auch Kap. 7.3.1., Tab. 29, sowie Kap. 7.3.2., Tab. 30).

Tabelle 3: Thermodynamisch bedingte Oberflächenanreicherung einer Legierungskomponente, nach [30]

Legierungssystem/Sublimationsenthalpie in kJ mol^{-1}		an der Oberfläche angereichertes Metall
Ni/423	Cu/339	Cu
Ni	Al/281	Al
Pd/381	Ag/285	Ag
Pd	Rh/578	Pd
Pt/565	Au/352	Au
Pt	Sn/293	Sn

2.3.3.3. *Heterogenreaktionen*

Bei diesen Reaktionen bilden zwei oder mehrere Reaktanden eine oder mehrere Produktphasen. Diese sind gegenüber den Ausgangsstoffen und untereinander durch Phasengrenzflächen voneinander getrennt. Hierbei ergeben sich Beziehungen zu der von Hardel [12] gewählten Klassifizierung.

1. *Additive Reaktionen*

   Spinellbildung: $ZnO + Al_2O_3 = ZnAl_2O_4$
   Anlauf- und Zundervorgänge: $Ni + 1/2\,O_2 = NiO$

2. *Doppelumsetzungen*

   - homovalente Reaktionspartner: $PbS + CdO = PbO + CdS$
   - heterovalente Reaktionspartner: $PbCl_2 + 2\,AgI = PbI_2 + 2\,AgCl$
   - Verdrängungsreaktionen: $Cu + AgCl = Ag + CuCl$
   - Röstreaktionsarbeit: $2\,Cu_2O + Cu_2S = 6\,Cu + SO_2$

2.3.4. Weitere Gesichtspunkte zur Klassifizierung von Festkörperreaktionen

Selbstverständlich bieten sich für die Einteilung der Festkörperreaktionen zahlreiche weitere Klassifizierungsmerkmale an, die von sehr unterschiedlichen Standpunkten aus getroffen werden können: Behandlung der Elementarreaktion (z. B. diffusionsbestimmte bzw. kinetisch kontrollierte Reaktionen), Korrelation von Struktur und Reaktivität, Untergliederung der Reaktionen nach den Prozessen, die für die Herstellung von Stoffen, bei ihrem Einsatz sowie einer evtl. Regeneration maßgebend sind usw.

Schließlich soll in einer übersichtsmäßigen Darstellung — ausgehend von Festkörperreaktionen in Katalysatoren und Katalysatorkomponenten — auf einige Möglichkeiten verwiesen werden, die aus präparativer sowie technologischer Sicht zu einer Einteilung von Reaktionen führen [32] (Tab. 4). Es ergeben sich hierbei zahlreiche Gesichtspunkte, die auch für andere Oxid-, Silicat-, Metall- sowie Legierungssysteme von Bedeutung sind.

Tabelle 4: Festkörperreaktionen in Katalysatoren und Katalysatorkomponenten

	Arten der Festkörperreaktionen	Beispiele
Festkörperreaktionen bei der Herstellung von Katalysatoren bzw. Katalysatorkomponenten durch Fällen, Vermischen, Versprühen, Kristallisieren, Tränken, Kalzinieren und Mahlen	Phasenausbildung, z. B. durch Fällen und Kristallisation bzw. Rekristallisation	Herstellen der verschiedenen Aluminiumaquoxide und Alumosilicathydrogele; Synthese der Zeolithe
	Phasentransformation, z. B. durch thermische Behandlung oder Hydratation	Ausbildung der verschiedenen Aluminiumoxid- oder Alumosilicatphasen aus den Aquoxiden; Hydratation der Aluminiumoxide zu Aluminiumaquoxiden
	Phasenausbildung bei Pulverreaktionen	Verbindungsbildung in Mehrkomponentensystemen, z. B.: $ZnO-Cr_2O_3$ (im Katalysator zur Methanolsynthese); $NiO-MoO_3$ bzw. $NiO-WO_3$ (Raffinations- bzw. Hydrospaltkatalysator); Spinellbildung bzw. Mischoxidbildung [(Mg, Ni)O] bei Spaltkatalysatoren. Legierung z. B. zwischen Platin und anderen Metallen bei Reformingkatalysatoren (Pt—Re, Pt—Re—Cr, Pt—Ir—Cu)
	Sekundärreaktionen, z. B. durch thermische oder mechanische Behandlung in unterschiedlichen Atmosphären	Veränderung der Sekundärstruktur ohne Phasenänderungen (Oberflächengröße, Porenstruktur) und der oberflächenchemischen Eigenschaften (Acidität) von Aluminiumoxiden oder Alumosilicaten durch verschieden intensive thermische oder mechanische Behandlung in feuchter oder trockener Atmosphäre

Festkörperreaktionen bei der Verformung von Katalysatormaterialien durch Verpressen, Plastifizieren und Extrudieren, Vertropfen und Agglomerieren	Oberflächenreaktionen, z. B. beim Plastifizieren, Peptisieren oder Agglomerieren	Plastifizieren und Extrudieren, z. B. von Aluminiumaquoxiden bzw. Aluminiumoxiden durch Peptisieren mit Verformungshilfsmitteln bzw. Hydratation beim Plastifizieren mit Wasser Aggregation, z. B. bei der Aufbaugranulation Peptisieren von Al_2O_3-Aufschlämmungen mit HNO_3, Vertropfen bei definierter Viskosität, Aushärten der kugligen Formlinge in einem geeigneten Medium
	Sekundärreaktionen unter Einwirkung mechanischer Kräfte, z. B. beim Verpressen peptisierten Materials zu zylindrischen Formlingen	Änderung der Sekundärstruktur (Porenverteilung, Schüttdichte) durch starkes Verpressen
Festkörperreaktionen beim technischen Einsatz von Katalysatoren: Formierung, Aktivierung und Selektivierung; Alterung; Regeneration und Reaktivierung; Vergiftung	Wertigkeitsänderungen durch Reduktion oder Oxydation infolge Reaktion mit der Gasphase	Reduktion von Metalloxiden oder anderen Metallverbindungen in einer Vielzahl von Katalysatoren Oxydation von Metallen oder Metallverbindungen bei der Regeneration und Reaktivierung Vergiftung von hochdispers vorliegenden Metallen, z. B. durch Schwefel
	Phasenausbildung, z. B. durch Reaktion mit der Gasphase oder durch thermische Belastung	Schwefelung von Metallen oder Metalloxiden mit dem Ziel der Selektivierung (Hydroraffinations- oder Hydrospaltkatalysatoren) Bildung von $NiAl_2O_4$ (Spaltkatalysatoren) oder $ZnCr_2O_4$ (Katalysatoren zur Methanolsynthese) Mullit-Bildung ($3\,Al_2O_3 \cdot 2\,SiO_3$) bei Al_2O_3- und SiO_2-enthaltenden Materialien

Tabelle 4 (Fortsetzung)

	Arten der Festkörperreaktionen	Beispiele
Festkörperreaktionen beim technischen Einsatz von Katalysatoren: Formierung, Aktivierung und Selektivierung; Alterung; Regeneration und Reaktivierung; Vergiftung	Phasenausbildung, z. B. durch Reaktion mit der Gasphase oder durch thermische Belastung	Bildung von Mischphasen bei der Katalysatoralterung (z. B. Systeme NiO/MgO, Al_2O_3/MoO_3) Legierungsbildung in Bi- und Multimetallsystemen während der Katalysatorformierung (z. B. zwischen Pt und Re) bzw. bei der Vergiftung von Raffinationskatalysatoren (Ni/As)
	Phasentransformation bei thermischer Überbeanspruchung	Bildung von katalytisch inaktivem α-Al_2O_3 aus den Hochtemperaturformen des Aluminiumoxids (teilweise gefördert durch Metalloxide)
	Sekundärreaktionen, z. B. durch thermische Beanspruchung sowie unter Beteiligung der Gasphase	Rekristallisation hochdisperser Metalle, z. B. bei edelmetallhaltigen Systemen wie den Reformingkatalysatoren Rekristallisation von Aluminiumoxid und damit verbunden eine Porenverarmung bei vielen Katalysatoren, die Al_2O_3 als Hauptkomponente enthalten. Reaktivierung edelmetallhaltiger Katalysatoren durch Erhöhung der Metalldispersität als Folge einer Behandlung von Katalysatoren mit Cl_2, CCl_4/O_2-, Cl_2/CO-Gemischen usw. (Ausnutzung chemischer Transportreaktionen)

3. Fehlordnung fester Körper

3.1. Einleitung

Zahlreiche Festkörpereigenschaften lassen sich nicht mit der Annahme eines idealen Gitteraufbaus erklären. Vielmehr weisen alle Kristalle mehr oder weniger starke Abweichungen von einer strengen Translationsperiodizität auf. Hierbei spielen nicht nur die Vorbehandlung der Kristalle während des Herstellungsprozesses sowie die Anwesenheit selbst geringster Mengen an Fremdsubstanzen eine Rolle. So sind entsprechende Abweichungen vom Aufbau des Idealgitters schon dadurch bedingt, daß ein thermodynamisch definierter, temperaturabhängiger Grad von Fehlordnung auftritt (Kap. 3.2.1. und 5.2.).

Nichtideale Kristallstrukturen liegen aber auch dann vor, wenn zwar ein regelmäßiger, jedoch nicht streng periodischer Kristallaufbau gewährleistet ist [33, S. 55]. Ein Beispiel hierfür bietet die dichte Packung von Kugeln mit einer einzigen fünffachen Symmetrieachse, wobei durch Stapelung entsprechend koordinierter Doppelschichten (Abb. 5) wohl eine regelmäßige pentagonale Struktur, jedoch kein regelmäßiges Gitter fünffacher Achsen realisiert wird [34]. Diese Wachstumsart tritt häufiger auf, als in früheren Jahren angenommen wurde. Es hat sich gezeigt, daß hierbei — ausgehend von Tetraedern bzw. Oktaedern — icosaedrisch aufgebaute Cluster entstehen können, die nahezu den gleichen Raumfüllungsfaktor aufweisen wie die kubisch bzw. hexagonal dichteste Kugelpackung

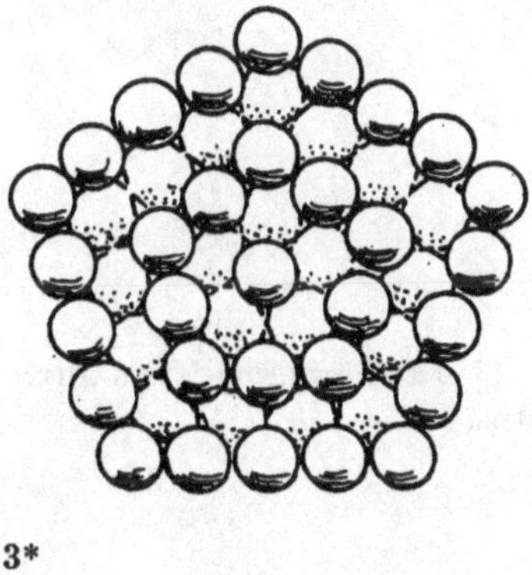

Abb. 5: Doppelschicht einer regelmäßigen pentagonalen Struktur
Gestrichelt: Kugeln der unteren Schicht

[35]. Bereits in den sechziger Jahren wurden zahlreiche Beispiele für das Auftreten von Metallkristalliten mit fünfzähliger Symmetrie gefunden, vgl. dazu in [35, S. 84]. Aber auch bei Virusteilchen konnte eine pentagonale Packungsanordnung beobachtet werden [36].

Die vielfachen Abweichungen von den durch die Kristallographie beschriebenen Idealstrukturen haben zum Begriff des *Realkristalls* geführt, der durch strukturelle (physikalische) und chemische Fehlordnungserscheinungen charakterisiert ist. Es hat sich gezeigt, daß die Existenz einer Reihe von Gitterfehlern für den Ablauf von Festkörperreaktionen eine notwendige Voraussetzung ist. Somit wird dem Studium der entsprechenden Baufehler auch von seiten der Festkörperchemie eine große Aufmerksamkeit gewidmet.

3.2. Strukturelle Fehlordnung

Eine grobe Unterscheidung von Kristallbaufehlern kann nach der Größe ihrer linearen Dimensionen erfolgen. In Abb. 6 ist eine ursprünglich von Kleber [37] formulierte Einteilung gegeben. Wenngleich eine derartige Klassifizierung von Baufehlern nur unvollständig die überaus vielschichtigen Verhältnisse der Realstruktur von Kristallen widerspiegeln kann, zeigt sie beispielsweise in ihrer Abfolge anschaulich den Übergang zu einfachen *Punkt-*

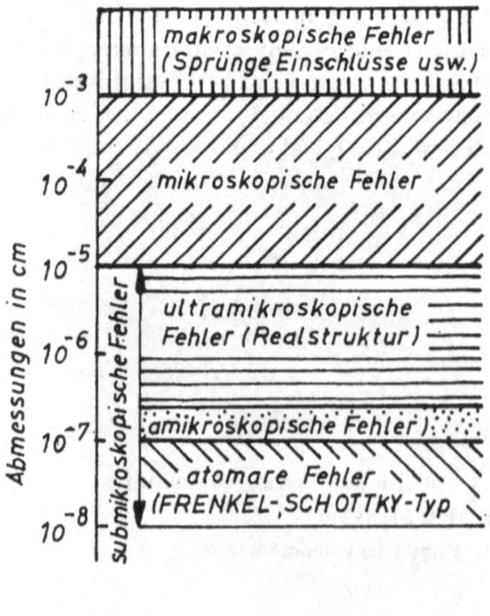

Abb. 6: Lineare Dimensionen von Gitterbaufehlern

fehlern, denen im Zusammenhang mit dem Stofftransport bei Festkörperreaktionen vielfach eine entscheidende Rolle zukommt (Kap. 4.2.1.).

Danach zählen zu den *makroskopischen Baufehlern* solche, deren lineare Ausdehnung größer als 10^{-3} cm ist. Die *mikroskopischen Baufehler* entsprechen dem Bereich von 10^{-5} bis 10^{-3} cm. Unterhalb einer linearen Abmessung von 10^{-5} cm erstreckt sich der Bereich der *submikroskopischen Baufehler*:

- *Ultramikroskopische Baufehler* ($4 \cdot 10^{-7}$ bis 10^{-5} cm). Ein Beispiel für derartige Abweichungen vom idealen Gitterbau ist die Dejustierung kleiner, in sich ideal gewachsener Kristallite um geringe Winkelbeträge, die zu einer *Mosaikstruktur* führt (vgl. auch Kap. 3.2.3.)
- Die *amikroskopischen Baufehler* (10^{-7} bis $4 \cdot 10^{-7}$ cm) vermitteln den Übergang zu den *atomaren Baufehlern* (Kap. 3.2.1.)

Smekal unterscheidet im Zusammenhang mit dem *Kristallstörstellen-Modell* zwischen *mechanischen* und *chemischen* Baufehlern [38]. Erstere entsprechen den Störungen des Gitters, wie sie beim Wachstum bzw. bei mechanischer Beanspruchung von Kristallen auftreten: Verwerfungen, Spalte, Risse usw. Die „chemischen" Abweichungen vom Zustand des Idealkristalls werden durch den Einbau von Fremdatomen bzw. -ionen hervorgerufen.

Nach Seitz kann man zwischen sechs primären Gitterdefekten differenzieren [39]: *Phononen, Excitonen, Elektronenstörstellen* (Überschuß- und Defektelektronen), *Eigenfehlstellen* (Leerstellen im Teilionengitter sowie Zwischengitterionen), *Fremdionen* auf regulären Gitterplätzen oder denen des Zwischengitters, *Versetzungen.*

Phononen, die als Quasiteilchen der Energie $E = h \cdot \nu_s$ mit der Schwingungsfrequenz ν_s aufgefaßt werden, sind beispielsweise bei der Betrachtung der Wechselwirkungen zwischen Gitterschwingungen und elektromagnetischer Strahlung sowie für die Einstellung des Gleichgewichtes nulldimensionaler Fehlstellen (Kap. 3.2.1.) von Bedeutung.

Das *Exciton* entspricht dem Anregungszustand eines Festkörpers, bei dem ein Elektron des Valenzbandes nicht vollständig in das Leitungsband gehoben wird. Diese Vorstufe des freien Elektrons entsteht immer dann, wenn die Anregungsenergie für den vollständigen Übergang nicht ausreicht. Das angeregte Elektron bildet mit dem erzeugten Defektelektron eine Einheit, die als Ganzes durch das Gitter wandert und dabei Anregungsenergie transportiert.

Die anderen der von Seitz [39] angeführten Gitterdefekte werden nachfolgend im Zusammenhang mit der gebräuchlichen Klassifizierung struktureller Baufehler nach ihrer Dimension im Gitter behandelt (Tab. 5).

Umfassendere Informationen hierzu sowie über weitere Fehlordnungserscheinungen in Festkörpern können beispielsweise der Monographie von Mrowec [40] entnommen werden.

Tabelle 5: Strukturelle Baufehler — Übersicht

Baufehler	Dimension	Beispiel	Gefügeabhängige Eigenschaft (Auswahl)
Punktfehler (atomarer Baufehler)	null-dimensional	Leerstellen → Zwischengitter-atome oder -ionen → Substituierte Atome oder Ionen	Platzwechsel von Atomen oder Ionen (Diffusion) Elektrische Leitfähigkeit
Linienfehler	ein-dimensional	Polytypie Versetzungen →	Kristallwachstum, -abbau Plastische Verformbarkeit Aushärten von Legierungen
Flächenfehler	zwei-dimensional	Kleinwinkel-(Feinkorn-)grenzen → Grobkorngrenzen → Stapelfehler/Polytypie Antiphasengrenzen Kristallzwillinge	Mosaikstruktur Keimbildung im festen Zustand Stofftransport
Volumenfehler	drei-dimensional	Poren → Makroskopische Einschlüsse →	Deckschichtbildung durch Oxydation (Zundern) Reduktionsgeschwindigkeit bei Erzen Dispersionshärtung

3.2.1. Einfache Punktfehler

Bei den strukturellen Baufehlern, die in allen drei Raumrichtungen atomare Abmessungen aufweisen, kann man als Grenzfälle den Fehlordnungstyp der *Leerstellen-* und den der *Zwischengitterplatz-Anordnung* unterscheiden. Hierbei handelt es sich um statistisch über das ganze Gitter verteilte einzelne Baufehler, die im thermodynamischen Gleichgewicht mit dem Gitter stehen (Kap. 5.2.).

Bei einem Ionenkristall unterscheidet man zwischen vier Arten von Fehlordnungstypen:

1. Kationen auf Zwischengitterplätzen
2. Leerstellen im Kationenteilgitter
3. Anionen auf Zwischengitterplätzen
4. Leerstellen im Anionenteilgitter

Aus der Forderung nach Elektroneutralität ergibt sich zwangsläufig, daß in den Kristallen im allgemeinen mindestens zwei Arten von Gitterdefekten auftreten, die bezüglich des Idealgitters entgegengesetzte Ladungen tragen. Im Gleichgewicht muß demnach der Fehlordnungszustand so beschaffen sein, daß sich die Ladungen aller Fehlstellen kompensieren. Dabei werden auf Grund der unterschiedlichen Ionengröße entweder der Leerstellen- oder der Zwischengitterplatz-Typ bevorzugt sein.

Bei den Metallen entfällt die Forderung nach *Einstellung* der Elektroneutralität, so daß hierbei nahezu ausschließlich gittergeometrische Gesichtspunkte den anzustrebenden Fehlordnungstyp bestimmen. Im Fall dichtester Kugelpackungen (z. B. kubisch-flächenzentriertes Gitter, Packungsdichte: 74%) werden vorrangig Leerstellen im regulären Gitter auftreten, während bei aufgelockerten Strukturen (z. B. kubisch-raumzentriertes Gitter, Packungsdichte: 68%) auch die Zwischengitterplatz-Anordnung energetisch möglich ist. Zur Größe der molaren Bildungsenthalpie ΔH^0 bei Metall- und Ionenkristallen vgl. Kap. 5.2.

Bei Ionenkristallen mit ganzzahliger stöchiometrischer Zusammensetzung (z. B. KCl, AgBr) bzw. mit einer von der Stöchiometrie vernachlässigbaren Abweichung ergeben sich durch Kombinationen der oben genannten Fehlordnungsmöglichkeiten vier Grenztypen von strukturellen Fehlordnungszuständen[1]).

1. *Kombination 1.—2.:* FRENKEL-Typ [41]

   Der Fehlordnungstyp tritt beispielsweise beim Silberbromid auf. Als Folge von Wärmeschwingungen haben einzelne Ag^+-Ionen ($r_{Ag^+}(KZ: 12) = 0{,}113$ nm) ihre Gitterplätze verlassen und sind zu Zwischengitterionen (mit relativ hoher Beweglichkeit) geworden. In Abb. 7 ist dieser Sachverhalt in einem zweidimensionalen Schema dargestellt. Die jeweils resultierende Leerstelle sowie das Zwischengitterion bewirken in ihrer unmittelbaren Umgebung eine elastische Deformation des Gitters, wobei das Bromidionen-Teilgitter praktisch ungestört bleibt. Eine Bewegung der Ag^+-Ionen kann über Zwischengitterplätze bzw. Ag^+-Ionenleerstellen erfolgen.

   Die Existenz dieser Fehlordnung ist auf Grund der starken Polarisationswirkung des Ag^+-Ions zu erwarten.

2. *Kombination 3.—4.:* Anti-FRENKEL-Typ (Anionen-FRENKEL-Fehlordnung)

   In diesem Fall bezieht sich die Fehlordnung auf das Anionengitter; sie ist wesentlich seltener anzutreffen, da aus gittergeometrischen Gründen eine Zwischengitterplatzbesetzung durch Anionen nur bei vergleichsweise klei-

[1]) Eine Elektronenfehlordnung braucht hierbei nicht berücksichtigt zu werden.

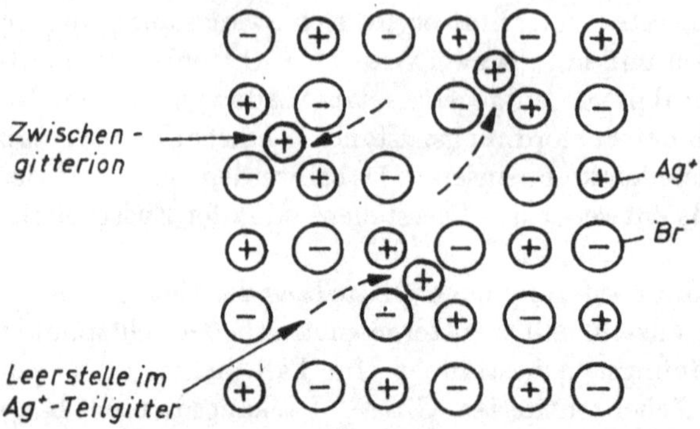

Abb. 7: Frenkel-Fehlordnung im Ag^+-Ionenteilgitter von AgBr (schematisch)

nem Ionenradius möglich wird. So ist das kleine Fluoridion ($r_{F^-} = 0{,}133$ nm) in der Lage, unter Ausbildung einer Leerstelle im Fluoridionen-Teilgitter, Zwischengitterpositionen im CaF_2- bzw. SrF_2-Gitter einzunehmen [42].

In Abb. 8 ist eine Elementarzelle des CaF_2-Gitters mit F^--Ionen im Ursprung des Gitters dargestellt. Danach besteht das Fluoridionen-Teilgitter aus acht kubisch-primitiven Zellen, von denen – aus Gründen der Elektroneutralität – vier mit Ca^{2+}-Ionen (schwarz ausgefüllte Kreise) besetzt sind. Die restlichen vier leeren Teilzellen bieten somit u. a. den F^--Ionen eine Möglichkeit zur Zwischengitterplatzbesetzung sowie Wanderung.

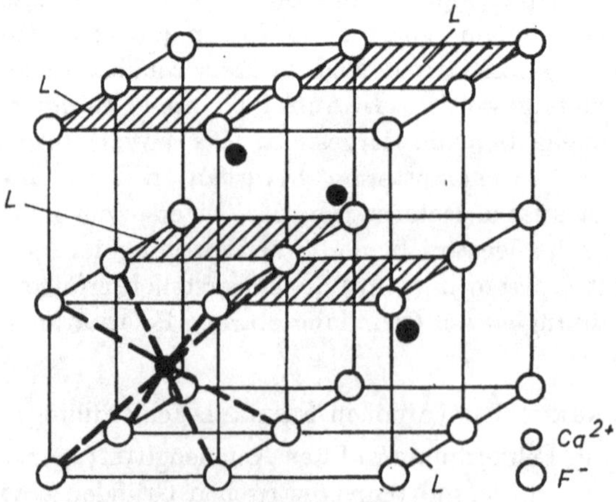

Abb. 8: Elementarzelle des Fluoritgittertyps

1 Teilachtelwürfel mit dem raumzentrierten Ca^{2+}-Ion ist bezüglich der Koordination verstärkt gezeichnet.
L – Leere kubische P-Zellen, Deckflächen abgesetzt

3. *Kombination 2.—4.:* SCHOTTKY-Typ [27a, 43]

Das gleichzeitige Auftreten von Leerstellen im Kationen- und Anionenteilgitter wurde im Jahre 1930 von SCHOTTKY postuliert. Auf Grund energetischer Betrachtungen konnte abgeleitet werden, daß dieser Fehlordnungstyp bei Alkalihalogeniden auftritt (vgl. dazu auch [44]). Die Ausbildung des FRENKEL-Typs (Besetzung von Zwischengitterplätzen mit Alkali-Ionen) ist wegen der vergleichbaren Ionengröße und der auftretenden elektrostatischen Abstoßungskräfte nicht bevorzugt. Abbildung 9 zeigt das paar-

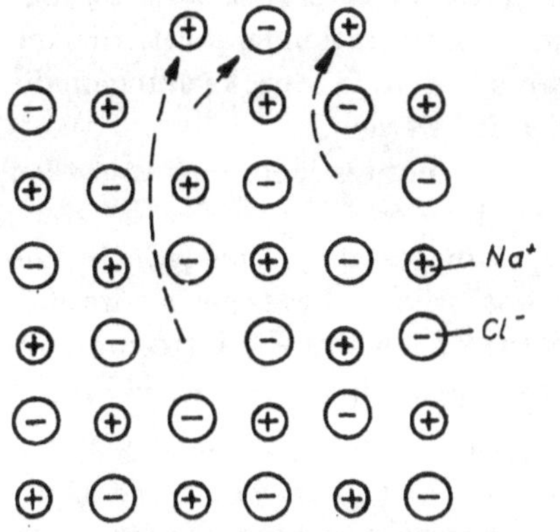

Abb. 9: SCHOTTKY-Fehlordnung im NaCl-Gitter (schematisch)

weise Auftreten der Leerstellen in beiden Ionenteilgittern für den Fall des Natriumchlorids. Die aus ihren Gitterpositionen abgewanderten Na^+- und Cl^--Ionen lagern sich schließlich an geeigneten Gitterpunkten der Kristalloberfläche ab. Eine Bewegung der Kationen und Anionen erfolgt hierbei über die entsprechenden „arteigenen" Leerstellen[1]).

4. *Kombination 1.—3.:* Anti-SCHOTTKY-Typ

Dieser Grenztyp einer strukturellen Fehlordnung, bei dem sich Kationen und Anionen im stöchiometrischen Verhältnis auf Zwischengitterplätzen befinden, ohne daß dabei Leerstellen auftreten, ist im Fall von Ionenkristallen wohl lediglich als mögliche Kombination anzusehen. Die Ausbildung eines derartigen Fehlordnungstyps würde durch Einwandern von Oberflächenionen in Zwischengitterpositionen erfolgen, was energetisch wenig wahrscheinlich ist.

[1]) Die Besetzung einer Leerstelle im Na^+-Ionenteilgitter durch ein Cl^--Ion oder umgekehrt ist aus elektrostatisch-energetischen Gründen nicht möglich.

Bei Metallgittern entspricht die Anti-SCHOTTKY-Fehlordnung dem FRENKELschen Fehlordnungstyp.

Es ist verständlich, daß die hier behandelten Grenztypen auch nebeneinander auftreten. Allerdings unterscheiden sich die einzelnen Fehlstellenarten durch ihre unterschiedlich große Bildungsenthalpie (Kap. 5.2.). Wegen der exponentiellen Abhängigkeit der Fehlstellenkonzentration von den ΔH^0-Werten wird bei gegebener Temperatur der Fehlordnungstyp mit der niedrigsten Bildungsenthalpie vorherrschend sein. Die somit in großer Konzentration auftretenden Fehlstellen bezeichnet man als *Majoritätsfehlstellen* [43c]. Im Gegensatz zu diesen zeichnen sich die *Minoritätsfehlstellen* durch eine vergleichsweise große Bildungsenthalpie aus, was zwangsläufig zu Konzentrationen führt, die um Größenordnungen kleiner sind. Folglich brauchen in Bilanzgleichungen die Minoritätsfehlstellen zumeist nicht berücksichtigt werden.

Entsprechend ist es möglich, in ternären und höherwertigen Ionenkristallen die betreffenden Fehlordnungstypen zu klassifizieren. Wegen der Existenz strukturell ungleichwertiger Zwischengitterplätze gestaltet sich jedoch eine Bestimmung der verschiedenen Grenztypen wesentlich schwieriger als im Fall binärer Kristalle. Von SCHMALZRIED und WAGNER stammt die erste umfangreiche Behandlung der Fehlordnungserscheinungen in Spinellphasen [45].

Die Elementarzelle der Spinelle enthält 32 Sauerstoffionen in nahezu kubisch dichtester Packung (vgl. auch Kap. 2.3.3.1.). Dadurch entstehen 64 tetraedrisch und 32 oktaedrisch koordinierte Lücken. Im Gitter des Normalspinells (AB_2O_4) sind ein Achtel der Tetraederlücken durch A^{2+}-Ionen und die Hälfte der Oktaederlücken durch B^{3+}-Ionen besetzt. Somit ergibt sich beispielsweise für den Mg—Al-Spinell die Summenformel für die Elementarzelle zu $Mg_8Al_{16}O_{32}$, d. h., die der Formel $MgAl_2O_4$ entsprechenden Ionen sind in einem Achtel der Elementarzelle des Spinellgitters enthalten.

Es sind — ausgehend von einer regulären Besetzung der Gitterplätze mit den Kationen A^{2+} und B^{3+} sowie der O^{2-}-Ionen — folgende Möglichkeiten einer Fehlordnung zu betrachten:

Kationen A^{2+} bzw. B^{3+} auf Zwischengitterplätzen
Leerstellen im Teilgitter der Kationen A^{2+} bzw. B^{3+}
Kationen A^{2+} auf Gitterplätzen des B^{3+}-Ionenteilgitters
Kationen B^{3+} auf Gitterplätzen des A^{2+}-Ionenteilgitters

Das Auftreten von O^{2-}-Ionen auf Zwischengitterplätzen braucht wegen der nahezu dichtesten Kugelpackung im Sauerstoffionen-Teilgitter nicht postuliert zu werden. Ebenso kann man voraussetzen, daß bei einer gegebenen Temperatur der Fehlordnungsgrad im Kationenteilgitter wesentlich größer ist als die Konzentration von Anionenleerstellen.

Im Zusammenhang mit dem Auftreten von Fehlstellen stellt sich die Frage nach dem jeweiligen *Fehlordnungsgrad*, d. h. dem Verhältnis der Zahl der Fehlstellen (*Punktfehler*) n zur Zahl der gesamten Gitterplätze N_0. Die Gleichgewichtskonzentration von Punktfehlern ergibt sich aus der BOLTZMANN-Beziehung (Kap. 5.2.) zu

$$n = N_0 \exp - \frac{\Delta G}{RT}. \tag{1}$$

ΔG — Freie Reaktionsenthalpie für die Bildung eines Fehlstellenpaars nach dem FRENKELschen oder SCHOTTKYschen Fehlordnungstyp

Tabelle 6 enthält einige Werte für Fehlordnungsgrade, die nach dieser Formel unter Annahme einiger plausibler ΔG-Werte für drei verschiedene Temperaturen berechnet wurden [27a, 46]. Man erkennt, daß sich für mittlere Temperaturen und sinnvolle ΔG-Werte (vgl. Kap. 5.2.) ein Fehlordnungsgrad in der Größenordnung von etwa 10^{-4} bis 10^{-3} ergibt, d. h. jeder zehntausendste bis tausendste Gitterplatz ist fehlgeordnet. Ein Vergleich mit experimentell bestimmten Werten bestätigt die Richtigkeit dieser Aussage (Tab. 7).

Tabelle 6: Fehlordnungsgrade von Punktfehlern nach WAGNER und SCHOTTKY

$\Delta G \cdot 10^{-4}$ in J mol^{-1}	$T = 400$ K	850 K	1200 K
4,19	$2 \cdot 10^{-3}$	$4 \cdot 10^{-2}$	$1 \cdot 10^{-1}$
10,47	$2 \cdot 10^{-7}$	$4 \cdot 10^{-4}$	$6 \cdot 10^{-3}$
16,74	$1 \cdot 10^{-8}$	$4 \cdot 10^{-6}$	$2 \cdot 10^{-4}$

Tabelle 7: Fehlordnungsgrad von Metall- und Ionenkristallen[1]) [47]

Metallkristall	Stabil bis[2]) (K)	$\frac{n}{N_0} \cdot 10^3$	Ionenkristall	Stabil bis[3]) (K)	$\frac{n}{N_0} \cdot 10^3$
Ag	1234	0,17	γ-Cu_2S	376	0,2
Cu	1356	0,20	β-AgI	418	0,88
Au	1336	0,72	NaCl	1074	3,2
Al	933	(0,90) 2,2	γ-CuI	642	9
Pb	601	2,3	AgBr	695	24

[1]) $\frac{n}{N_0}$-Werte für Temperaturen unmittelbar vor dem Schmelz- bzw. Umwandlungspunkt

[2]) Schmelzpunkt

[3]) Schmelz- bzw. Umwandlungspunkt

3.2.2. Fehlstellenassoziate und Farbzentren

Die hier behandelten isolierten Gitterfehlstellen können — je nach ihrer Natur — auf Grund elektrostatischer, chemischer, elastischer oder magnetischer Kräfte miteinander wechselwirken. Dabei kommt es zur Ausbildung sogenannter *Fehlstellenassoziate* oder *-komplexe.*

Ein einfacher Fall ist die Bildung von *Doppelleerstellen* in Metallen, die gegenüber dem Auftreten jeweils zweier benachbarter Leerstellen thermodynamisch begünstigt sind. Während beispielsweise im Nickel die Standardbildungsenthalpie für isolierte Leerstellen 134 kJ mol^{-1} beträgt, beläuft sich der ΔH^0-Wert bei Doppelleerstellen auf rd. —29 kJ mol^{-1} [48].

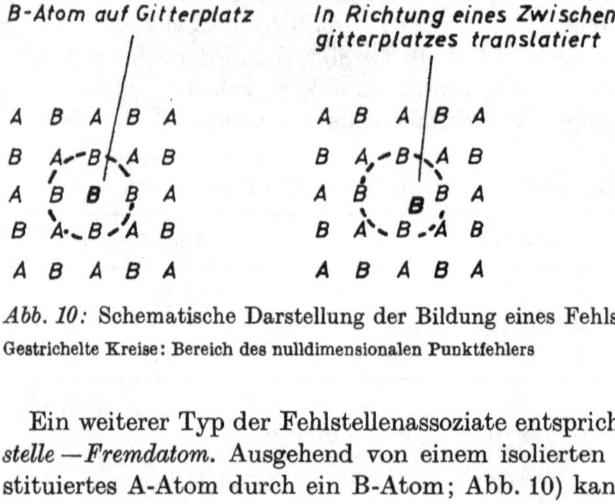

Abb. 10: Schematische Darstellung der Bildung eines Fehlstellenassoziats
Gestrichelte Kreise: Bereich des nulldimensionalen Punktfehlers

Ein weiterer Typ der Fehlstellenassoziate entspricht der Kombination *Leerstelle—Fremdatom.* Ausgehend von einem isolierten Punktfehler[1]) (z. B. substituiertes A-Atom durch ein B-Atom; Abb. 10) kann durch Verschieben des B-Atoms vom Substitutionsplatz in eine exzentrische Lage ein Zustand realisiert werden, der als *Fehlstellenkomplex* anzusehen ist. Im Grenzfall ergibt sich die Kombination „Leerstelle—Fremdatom auf Zwischengitterplatz“. Die Standardbildungsenthalpie derartiger Assoziate schwankt innerhalb gewisser Grenzen. So beträgt sie für den Komplex „Leerstelle im Au-Gitter—Pd-Atom“ rd. —82 kJ mol^{-1}, während bei der Kombination „Leerstelle im Pb-Gitter—In- oder Tl-Atom“ ΔH^0 etwa 0 ist [49].

[1]) Selbstverständlich sind die Atome, die sich in unmittelbarer Nachbarschaft des isolierten Punktfehlers befinden, geringfügig von ihren „idealen“ Gitterplätzen verschoben, so daß der (nulldimensionale) Punktfehler eine Ausdehnung von mindestens 2 Netzebenenabständen hat.

Die Bildung eines neutralen Fehlstellenkomplexes bei Ionenkristallen ist beispielsweise die Folge der Dotierung von Alkalihalogeniden mittels Erdalkalihalogeniden (Abb. 11). Wegen der Elektroneutralitätsforderung tritt für jedes in das KCl-Gitter eingebrachte Ca^{2+}-Ion ein unbesetzter Platz im K^+-Ionenteilgitter auf[1]) [50]. Die durch das Ca^{2+}-Ion charakterisierte Fehlstelle besitzt gegenüber dem Gitter eine positive Ladung, die Leerstelle im K^+-Ionenteilgitter entsprechend eine negative. Somit kommt es auf Grund einer elektrostatischen Wechselwirkung zwischen den beiden Fehlstellen zur Bildung eines neutralen Komplexes.

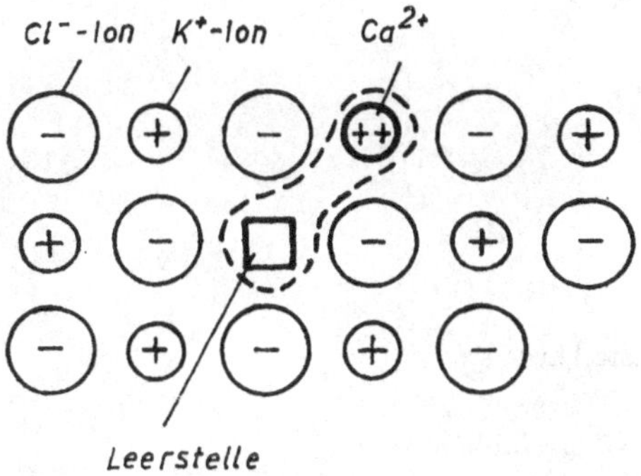

Abb. 11: Fehlstellenkomplex im Ca^{2+}-dotierten Kaliumchlorid

Weitere Arten von Fehlstellenassoziaten beobachtet man in Alkalihalogeniden, die einer Behandlung mit Alkalimetalldämpfen, dem Einfluß von Röntgenstrahlung, Neutronen- oder Elektronenbeschuß ausgesetzt bzw. der Elektrolyse (im festen Zustand) unterworfen worden sind. Hierbei kommt es zu einer charakteristischen Verfärbung der ansonsten im gesamten sichtbaren Spektralbereich durchsichtigen Alkalihalogenidkristalle. Beispielsweise tritt für Natriumchlorid das Absorptionsmaximum bei 465 nm auf, was zu einer gelborangen Kristallfarbe führt (Abb. 12).

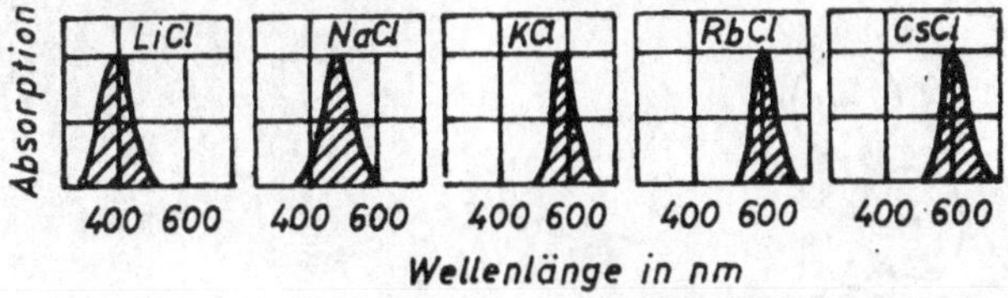

Abb. 12: Optische Absorption bei Alkalihalogeniden: F-Bänder (nach [33])

[1]) Die erwähnte Dotierung wird bewußt zur Erzeugung von Kationenleerstellen benutzt; vgl. auch Kap. 3.3.2.

Im einfachsten Fall bildet sich aus einer Lücke im Anionenteilgitter und einem Leitungselektron ein Fehlstellenassoziat, das als *F-Zentrum* (*F* von Farbe) bezeichnet wird (Abb. 13).

Entsprechend der wellenmechanischen Beschreibung des Elektronenzustandes in der oktaedrisch koordinierten Anionenlücke ist die Aufenthaltswahrscheinlichkeit des Überschußelektrons in der Nähe der Kationen am größten.

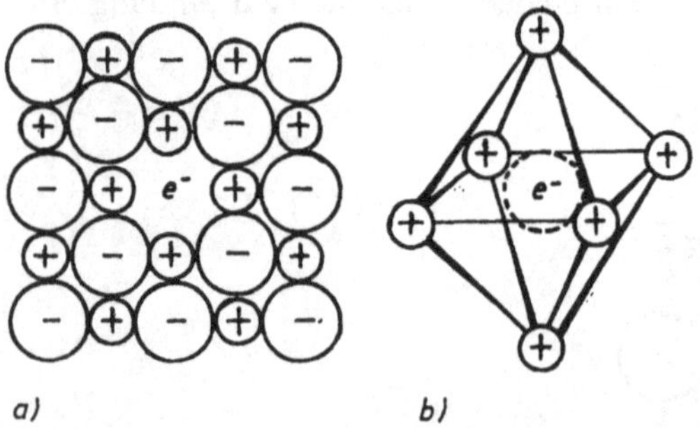

Abb. 13: *F*-Zentrum in Alkalihalogenid-Kristallen
a) Zweidimensionale Darstellung
b) Koordinationsoktaeder mit gebundenem Überschußelektron

Das mit dem Auftreten des *F*-Zentrums verbundene Anionendefizit (s. a. Kap. 3.3.2.) bedingt einen Überschuß an Alkalimetallionen, der bei den mit Alkalimetalldampf behandelten Proben in der Größenordnung von 10^{16} bis 10^{19} Ionen/cm^3 liegt.

F-Zentren können untereinander assoziieren, dabei bilden sich *M-Zentren* (zwei benachbarte *F*-Zentren) und *R-Zentren* (drei aneinandergrenzende *F*-Zentren innerhalb der [111]-Ebene; Abb. 14). Weiterhin kann es zur Ausbil-

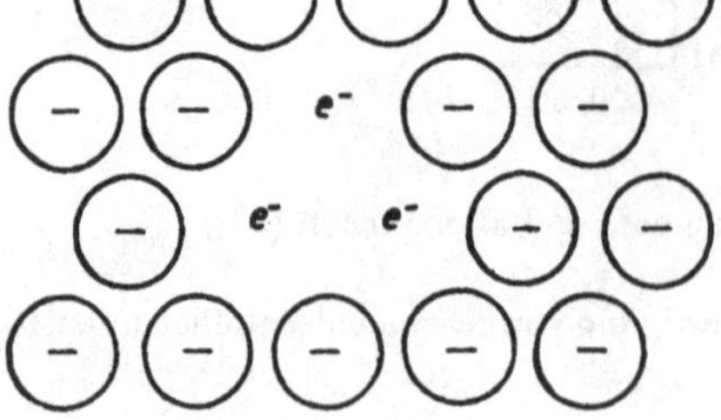

Abb. 14: *R*-Zentrum einer (111)-Netzebene des NaCl-Gitters

dung eines Assoziats zwischen einem *F*-Zentrum und einem substituierten Alkaliion (Na^+- an Stelle des K^+-Ions im Gitter von KCl) kommen: *F_A-Zentrum.*

Ebenso besteht die Möglichkeit zum Einfang von Defektelektronen; hierzu vgl. man z. B. [33, S. 755ff.].

3.2.3. Linienfehler

Die eindimensionalen Gitterbaufehler sind dadurch gekennzeichnet, daß die Grenzfläche zwischen den einzelnen Gitterbereichen des gestörten Kristallgebiets *atomare* Abmessungen aufweist. Die wichtigsten Linienfehler sind die sogenannten *Versetzungen,* die in ihren Grenzfällen als *Stufen-* bzw. *Schraubenversetzung* auftreten. Zwischen ihnen gibt es zahlreiche Übergänge. Die Versetzungen entstehen u. a. auf Grund von Nichtgleichgewichtsvorgängen während des Erstarrens der Schmelze bzw. beim Kristallwachstum aus Lösungen. Zweifelsohne ist hierfür die Ausscheidung von Gitterleerstellen während des Abkühlens bzw. Wachstumsprozesses von Bedeutung.

Das Zustandekommen einer *Stufenversetzung* (Abb. 15) kann man sich derart vorstellen, daß in den regulären Gitterverband „von oben" eine zusätzliche Gitterebene eingeschoben ist. Diese endet im Bereich der Versetzungslinie, die senkrecht zur Bildebene liegt.

Die *Schraubenversetzung* (Abb. 16) ist das Ergebnis der Verschiebung eines Gitterteils rechts und links eines gedachten Schnittes um einen Translationsbetrag.

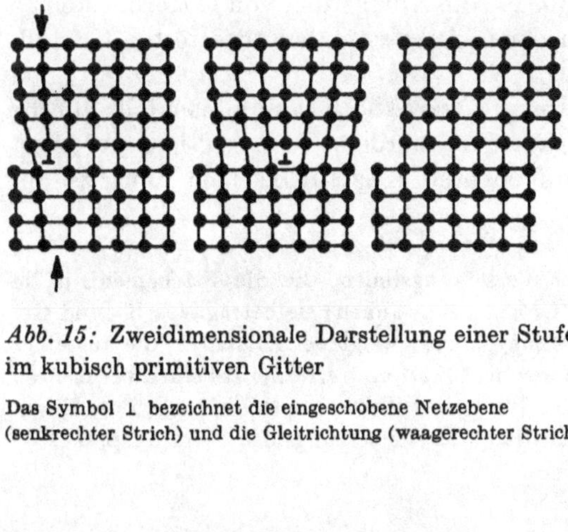

Abb. 15: Zweidimensionale Darstellung einer Stufenversetzung und ihrer Wanderung im kubisch primitiven Gitter

Das Symbol ⊥ bezeichnet die eingeschobene Netzebene (senkrechter Strich) und die Gleitrichtung (waagerechter Strich)

Versetzungen zeichnen sich durch eine vielfältige Wirkungsweise aus[1]). So können sie durch das Kristallgitter wandern (Abb. 15). Das Abgleiten von zwei benachbarten Gitterbereichen längs der sogenannten Gleitebene ist für die plastische Verformbarkeit von Stoffen von größter Wichtigkeit. In der rechten Teilabbildung ist die Versetzung aus der ursprünglichen Kristallbegrenzung ausgetreten und hat eine Gleitstufe erzeugt.

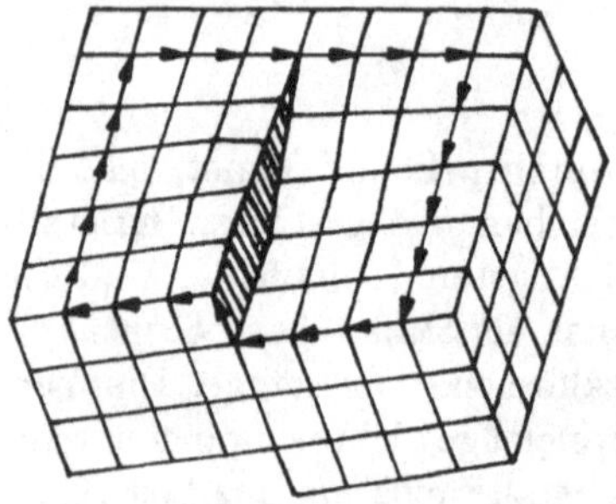

Abb. 16: Schraubenversetzung mit eingezeichnetem Umlauf

An den Versetzungen erfolgt eine bevorzugte Ablagerung von Fremdatomen, was bei relativ niedrigen Temperaturen zur Ausbildung einer Verunreinigungs„wolke" führt. Diese diffundiert bei höheren Temperaturen von den Gitterfehlern fort und gibt diese für eine Bewegung bei der Verformung frei.

Das Auftreten bewegter Versetzungen führt (beispielsweise bei Alkalihalogenid-Kristallen) zu einer Änderung der Konzentration der für die Leitfähigkeit verantwortlichen Leerstellen in den betreffenden Ionenteilgittern. Dadurch ergibt sich ein unterschiedliches elektrisches Verhalten verschieden verformter Proben.

Versetzungen üben einen Einfluß auf das Kristallwachstum aus. So ist im Fall der Schraubenversetzung (Abb. 16) die Anlagerung von Gitterbausteinen an die Stufe energetisch gegenüber einem Anbau auf den ungestörten Kristallflächen begünstigt.

Das Auftreten von *Kleinwinkelkorngrenzen* (Abb. 17) kann ebenfalls auf die Existenz von Versetzungen zurückgeführt werden. Die resultierende „Verkippung" der in sich homogen aufgebauten Kristallblöckchen führt zu der Mosaikstruktur (Kap. 3.2.).

[1]) Die Versetzungsdichte (Anzahl der Versetzungslinien, die die Flächeneinheit im Kristall schneiden) kann in weiten Grenzen schwanken; sie beträgt für Si- und Ge-Halbleiterkristalle 10^2 bis 10^3 Versetzungen/cm^2, steigt bei Kristallen, die aus einer Schmelze gewachsen sind, auf etwa 10^6 bis 10^8 an und erreicht bei stark verformten Metallkristallen auf Grund ihrer hohen Plastizität Werte von 10^{11} bis 10^{14}. Zum Nachweis von Versetzungen und zur Ermittlung der Versetzungsdichte vgl. Kap. 6.1.

Und schließlich sei erwähnt, daß die Erscheinung einer Stapelfolge von Gitterbausteinen mit langer Wiederholungseinheit (*Polytypie*) ebenfalls zu einer „eindimensionalen" Fehlordnung führen kann. Den Prototyp des Polytypismus stellt das SiC dar, von dem, neben einer kubischen Modifikation, über 140 weitere hexagonal oder rhomboedrisch kristallisierende Formen mit unterschiedlicher Stapelsequenz bekannt sind. Die Wiederholungslänge kann weit über 1000 Schichten betragen, so daß Stapelhöhen von größer 250 nm erreicht werden. Ist die periodische Stapelfolge statistisch an einzelnen Schichtpaaren unterbrochen, so liegt eine eindimensionale Fehlordnung vor.

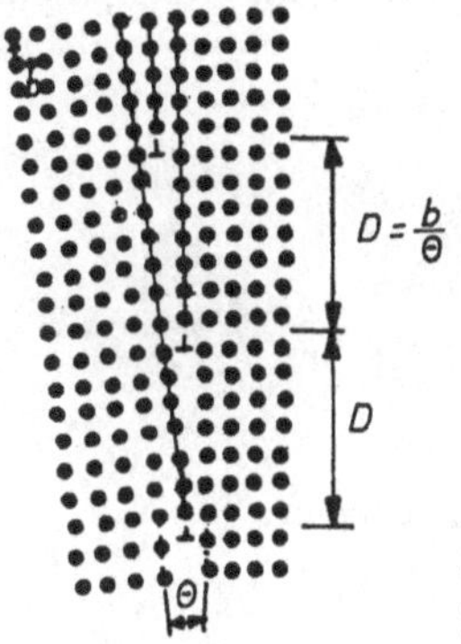

Abb. 17: Aufbau einer Kleinwinkelkorngrenze aus Stufenversetzungen

D – Abstand der Stufenversetzungen innerhalb der Kette

Das Siliciumcarbid bietet ein Beispiel von Festkörpern, die sogenannte *OD-Strukturen* (*order-disorder*) ausbilden. Diese sind durch zweidimensional-periodische Schichten charakterisiert, während in der dritten Raumkoordinate gewisse Abweichungen bezüglich der Translationsperiodizität auftreten. Im Fall des Siliciumcarbids folgen – ausgehend von einer aus C und Si Atomen bestehenden Schicht – für die Anordnung der nächsten Schicht zwei Möglichkeiten, die als Verschiebung dieser Schicht nach rechts oder links beschrieben werden können.

Allgemein läßt sich sagen, daß die OD-Strukturen einen speziellen Fall der strukturellen Fehlordnung bei Festkörpern darstellen, die durch fließende Übergänge zwischen der *Fernordnung* (dreidimensionale periodische Anordnung der Gitterbausteine) und der *Nahordnung* (röntgenamorpher Zustand) gekennzeichnet ist. Es leuchtet ein, daß sich auch der Bindungscharakter in derartigen Substanzen zwischen den Schichten mit kristalliner Ordnung und denen mit Nahordnung unterscheiden kann.

3.2.4. Flächen- und Volumenfehler

Zweidimensionale Baufehler weisen nur noch in einer Richtung atomare Dimensionen auf. Sie treten im Fall des *Polytypismus* immer dann auf, wenn identische Netzebenen bezüglich ihrer Lage zueinander fehlgeordnet sind. Diese

Erscheinung ist beispielsweise beim Zinksulfid (Zinkblende- und Wurtzitstruktur, Abb. 47, S. 123) gefunden worden.

Einen Sonderfall von Stapelfehlordnung stellt die *Antiphasengrenze* dar, bei deren Überschreiten nicht die Zählfolge ABABA ..., sondern AA bzw. BB gilt (Abb. 18). Infolge zunehmender Nahordnung kommt es zur Ausbildung von Antiphasenbereichen, zwischen denen noch eine inhomogene Verteilung des Ordnungsgrades auftritt. Im Kap. 7.3.1. wird auf den Zusammenhang zwischen Stapelfehlern und Umklappvorgängen bei Modifikationswechseln eingegangen.

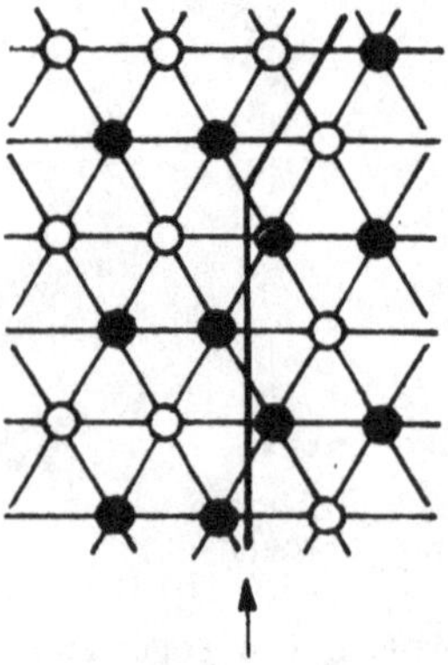

Abb. 18: Auftreten einer Antiphasengrenze (zweidimensional)

Zu den Flächenfehlern zählen weiterhin die aus Versetzungslinien aufgebauten Kleinwinkel- (Feinkorn-)grenzen der Mosaikstruktur (Kap. 3.2.3.). Sie stellen die Übergangsgebiete zwischen den jeweiligen Mosaik„blöckchen" dar und unterscheiden sich nur graduell von den nicht kristallographisch orientierten Grobkorngrenzen. Bei verhältnismäßig kleinen Orientierungsunterschieden zwischen benachbarten Kristalliten erfolgt ein noch teilweise kontinuierlicher Übergang von einem Kristallit zum anderen. Somit unterscheiden sich Grob- und Feinkorngrenzen durch einen mehr oder weniger stark gestörten gitterähnlichen Ordnungszustand. Korngrenzen ermöglichen bei der Diffusion in fester Phase einen Stofftransport (Kap. 4.2.2.); sie sind somit für den Ablauf von Festkörperreaktionen wichtig.

Als letztes Beispiel von Flächenfehlern seien die *Zwillingsebenen* erwähnt, die infolge gesetzmäßiger Verwachsungen von Kristallen gleicher Art auftreten. Abbildung 19 zeigt die Verhältnisse für einen *Berührungs-* oder *Kontaktzwilling,* wie sie u. a. bei 2-3-Spinellen (Kap. 3.2.1.) auftreten. Die beiden Oktaeder sind längs einer Oktaederfläche verwachsen.

Zu den *dreidimensionalen Baufehlern* zählen die makroskopischen Sprünge und Risse im Innern und an der Oberfläche der Kristalle, die Einschlüsse und Poren. Sprünge und Risse kommen durch mechanische oder thermische Behandlung der Festkörper zustande. Nicht vorgesehene Einschlüsse von Fremdsubstanzen entstehen durch deren Aufnahme während des Herstellungsprozesses der Stoffe.

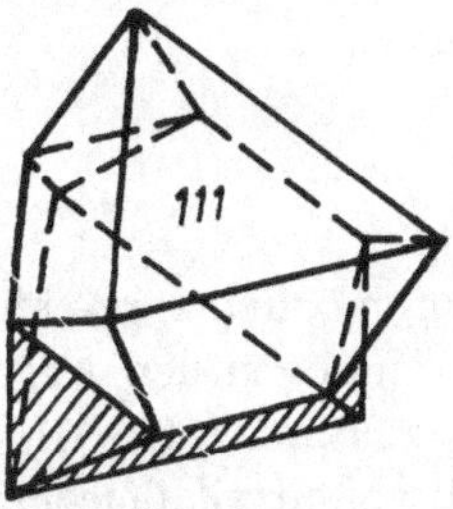

Abb. 19: Spinellzwilling mit der Symmetrieebene (111)

Eine gezielte Erzeugung fein verteilter Einschlüsse in Legierungen wird bei der *Dispersionshärtung* erreicht. Aushärtbar sind beispielsweise Aluminiumlegierungen vom Typ AlCuMg und AlMgSi. Der Aushärteffekt ist auf einen Zerfall der bei höheren Temperaturen homogen aufgebauten Mischkristalle zurückzuführen. Auf Grund des Löslichkeitsrückgangs einer (oder mehrerer) Komponente(n) mit sinkender Temperatur kommt es zu übersättigten Lösungen, die bei längerem Liegenlassen (Kaltaushärtung) bzw. durch Anlassen (Warmaushärtung) unter Ausbildung neuer Phasen zerfallen. Das historisch älteste Beispiel für derartige Legierungen ist das *Duraluminium* (2,5 bis 5 Masse-% Cu, 0,2 bis 1,8 Masse-% Mg, 0,3 bis 1,5 Masse-% Mn, Rest Al). Bei 821 K enthält der Al—Cu-Mischkristall maximal 5,65 Masse-% Cu, für 573 K beträgt die Löslichkeit nur noch 0,6 Masse-% Cu. Bei Raumtemperatur ist praktisch alles Kupfer als $CuAl_2$-Phase ausgeschieden.

Die Anwesenheit von Poren ist für viele Belange der präparativen Festkörperchemie und die Durchführung einiger technisch bedeutsamen Reaktionen (z. B. Erzreduktion) von größter Wichtigkeit. Bei Anwesenheit gasförmiger Reaktanden stehen die Poren als Transportmedium zur Verfügung. Man unterteilt die Poren entsprechend ihres unterschiedlichen Radius r_p in verschiedene Gruppen, z. B.: Mikroporen: $r_p < 0{,}3$ nm, Mesoporen: $0{,}3 < r_p < 100$ nm, Makroporen: $r_p > 100$ nm.

3.3. Chemische Fehlordnung

Realkristalle sind durch die Existenz physikalischer Baufehler, wie sie im Kap. 3.2. behandelt worden sind, sowie durch die Anwesenheit von Fremdsubstanzen gekennzeichnet. Unter letzteren sollen auch arteigene Kationen mit einer von den Matrixkationen abweichenden Ladung verstanden werden (z. B. Cu^{2+}-Ionen im Gitter des Cu_2O; vgl. Kap. 3.3.2.). Für eine Behandlung festkörperchemischer Fragestellungen erweist es sich vielfach als zweckmäßig, die mit der Existenz von Fremdstoffen verbundenen verschiedenen Auswirkungen auf die Eigenschaften der Ausgangskomponente zu betrachten.

3.3.1. Chemische Verunreinigungen

Bei zahlreichen Untersuchungen ist man gezwungen, von möglichst reinen Stoffen auszugehen, so daß die Abreicherung von Verunreinigungen den Ausgangspunkt zahlreicher Präparationsprozesse darstellt, vgl. z. B. [51]. Die Allgegenwart von Elementen bewirkt, daß teilweise die wahren physikalischen und chemischen Eigenschaften von Stoffen bisher nur durch Extrapolation bestimmt werden können. Beispielsweise treten in Metallen noch Fremdatome in Konzentrationsbereichen von 10^{-8} bis 10^{-10} Masse-% mit den physikalischen Baufehlern (Leerstellen, Versetzungen, Stapelfehlern usw.) in Wechselwirkung. Somit läuft die Herstellung reiner Stoffe auch auf die Präparation chemisch definierter Reinststoffe hinaus. Eine nähere Begriffsbestimmung des Terminus *Reinheit* auch im chemischen Sinne zeigt uns den Wandel, den dieser im Laufe der Jahre durchgemacht hat.

Bis vor etwa 40 Jahren war man — soweit extreme Reinheitsforderungen überhaupt gestellt wurden — vielfach bestrebt, eine möglichst weitgehende Abreicherung sämtlicher Verunreinigungen zu erreichen: *Grenzreinheit.*

Mit der Entwicklung der Halbleiterindustrie, der Kerntechnik, der Raketentechnik und einer Reihe anderer technischer und naturwissenschaftlicher Disziplinen traten Großverbraucher auf, die bestimmte (hohe) Reinheitsforderungen an bestimmte Stoffe (für einen bestimmten Verwendungszweck) stellten: *Zweckreinheit.*

Beispiele:

Halbleiterreinheit: Bei Silicium und Germanium sind die Elemente der 5. Hauptgruppe (P, As, Sb) als *Donoren* (*n*-Halbleitung) und die der 3. Hauptgruppe (B, Al, Ga, In) als *Akzeptoren* (*p*-Halbleitung) wirksam[1]). Das heißt man wird bevorzugt auf eine gezielte Abreicherung der in den Klammern aufgeführten Elemente hinarbeiten, sofern man nicht — um z. B. den *n*-Typ bei Silicium und Germanium zu erreichen — von vornherein auf eine extreme Abreicherung der Elemente der 5. Hauptgruppe verzichtet (*gezielte* Rein-

[1]) Bei den $A^{III}B^{V}$-Verbindungen (z. B. GaAs, InSb) sind entsprechend die Elemente der 2. bzw. 6. Hauptgruppe des PSE als Akzeptoren bzw. Donoren wirksam, sofern sie auf A^{III}- bzw. B^{V}-Plätzen eingebaut sind.

heit). Die Abreicherung kann auch so gelenkt werden, daß ein Kompensationseffekt — beispielsweise zwischen Bor (Akzeptorwirkung) und Antimon (Donorwirkung) — erreicht wird.

Nukleareinheit: Die Kerntechnik ist vielfach an Materialien interessiert, die einen möglichst geringen Gehalt an Elementen mit hohem Neutronenabsorptionsquerschnitt (hauptsächlich bezüglich thermischer Neutronen) besitzen: Reaktorgraphit, Umhüllungsmaterialien der Brennelemente, Brennelemente selbst, Kühlmittel, Konstruktionswerkstoffe der heißen Zone usw. Die Abreicherung der Elemente mit Wirkungsquerschnitten über 200 barn (1 barn = 10^{-24} cm^2) — z. B. Bor (750 barn), Cadmium (2400 barn), Samarium (6500 barn) und Gadolinium (44000 barn) — muß dabei mindestens auf einen Gesamtgehalt von 10^{-6}% getrieben werden, während der Anteil der Elemente mit Absorptionsquerschnitten von 10 bis 200 barn (z. B. Mn, Co, Ta, Hf, Ag, Au) durchaus 10^{-4}% (1 ppm) betragen darf.

Aus der Sicht einer festkörperchemischen und -physikalischen Betrachtungsweise sollen somit unter „chemischen" Verunreinigungen lediglich Fremdatome und -ionen in solchen Konzentrationen verstanden werden, daß sie als Punktfehlstellen (Kap. 3.2.1.) wirken. Sie beeinflussen folglich in starkem Maße auch den Fehlordnungszustand der Kristalle und somit deren festkörperchemisches Reaktionsvermögen.

3.3.2. Nichtstöchiometrie und heterotype Mischphasen

Bei zahlreichen Stoffen mit ionogener bzw. ionogen-kovalenter Bindung findet man charakteristische Abweichungen von einer stöchiometrischen Zusammensetzung. Wegen der Elektroneutralitätsforderung ergeben sich eine Reihe von Konsequenzen hinsichtlich der Besetzung von Gitter- und Zwischengitterplätzen mit Kationen, Anionen bzw. Elektronen. Folgende Grenzfälle können hierbei unterschieden werden:

- *Nichtmetallüberschuß:* Leerstellen im Kationenteilgitter. Anionen auf Zwischengitterplätzen.
- *Metallüberschuß:* Leerstellen im Anionenteilgitter. Kationen sowie Elektronen auf Zwischengitterplätzen.

Der Nichtmetallüberschuß kann durch ein Kationendefizit bzw. die Anwesenheit von zusätzlichen Anionen realisiert werden. Aus räumlich-energetischen Gründen liegt zumeist der erstgenannte Fall vor. Beispiele hierfür sind bei den Oxiden die Verbindungen Cu_2O, FeO, CoO, NiO (jeweils Idealformel). Bei ihnen tritt ein von der Temperatur und vom Nichtmetallpartialdruck abhängiger Metallunterschuß auf. In Abb. 20 ist dieser Sachverhalt schematisch für Kupfer(I)-oxid dargestellt. Die mit der Existenz von zwei Leerstellen im

Cu^{+}-Ionenteilgitter verbundene (negative) Überschußladung wird durch zwei Cu^{2+}-Ionen kompensiert. Diese stellen im Sinne des Bändermodells jeweils den Ort eines *Defektelektrons* dar; auf Grund der – im Vergleich zu den Kationen – größeren Beweglichkeit der Defektelektronen bestimmen letztere beim Anlegen eines elektrischen Feldes vorrangig den Stromtransport (*p-Leitung*). Die Kupferionenwanderung erfolgt über Leerstellen im Cu^{+}-Ionenteilgitter.

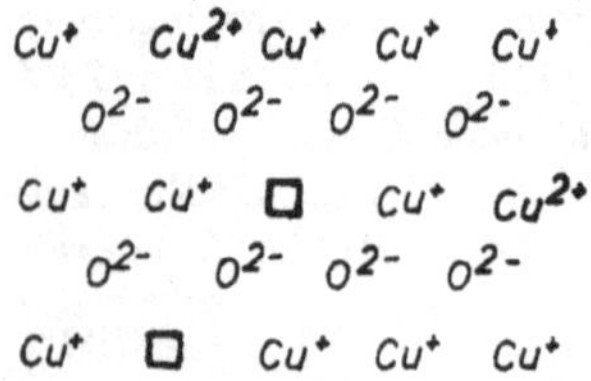

Abb. 20: Fehlordnung im Kupfer(I)-oxid (p-Halbleiter)
□ : Leerstelle im Cu^{+}-Ionenteilgitter

Die Richtigkeit der Vorstellungen von einer überwiegenden Elektronendefektleitung konnte schon frühzeitig durch Untersuchungen zur Abhängigkeit der elektrischen Leitfähigkeit vom Sauerstoffdruck ($p > 1{,}33$ Pa) [52] sowie durch HALL-Effekt- und Thermokraftmessungen [53] erbracht werden.

Auch in den anderen der oben angeführten Verbindungen wurde im wesentlichen Elektronendefektleitung sowie Kationenwanderung über Leerstellen der jeweiligen Kationenteilgitter nachgewiesen. Im Fall der zweiwertigen Matrixkationen (Fe^{2+}, Co^{2+}, Ni^{2+}) erfolgt die Kompensation einer Leerstelle durch jeweils zwei Kationen der Ladungsstufe +3 (Abb. 21).

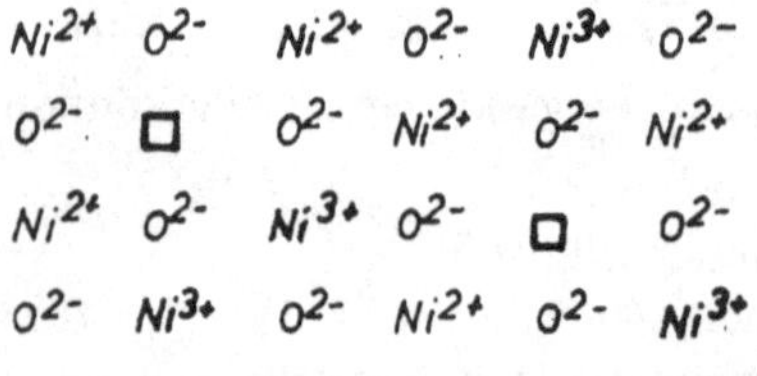

Abb. 21: Fehlordnung im Nickel(II)-oxid (p-Halbleiter)
□ : Leerstelle im Ni^{2+}-Ionenteilgitter

Der *p*-Leitungstyp kann bei einigen Verbindungen auch durch die Existenz von zusätzlichen Anionen im Zwischengitter bestimmt werden. Ein Beispiel hierfür bietet das kubisch kristallisierende Uranium(IV)-oxid[1]), in dessen Gitter, ausgehend von der Idealzusammensetzung UO_2, etwa 10% überschüssige Sauerstoffionen eingebaut werden können, ehe merkliche Strukturverände-

[1]) Das System U–O gehört mit zu den komplexesten der bekannten Oxidsysteme. Abweichungen der stöchiometrischen Formeln von der Idealzusammensetzung gehören bei den Uraniumoxiden zur Regel.

rungen auftreten. Die UO_2-Phase zeigt einen breiten Existenzbereich: $UO_{2...2,5}$. Wegen der Eigenschaft des Uraniums, mehrere Oxydationsstufen vergleichbarer Beständigkeit auszubilden, sind im chemisch fehlgeordneten Gitter des Uranium(IV)-oxids zur Ladungskompensation sowohl U^{5+}- als auch U^{6+}-Ionen vorhanden (Abb. 22).

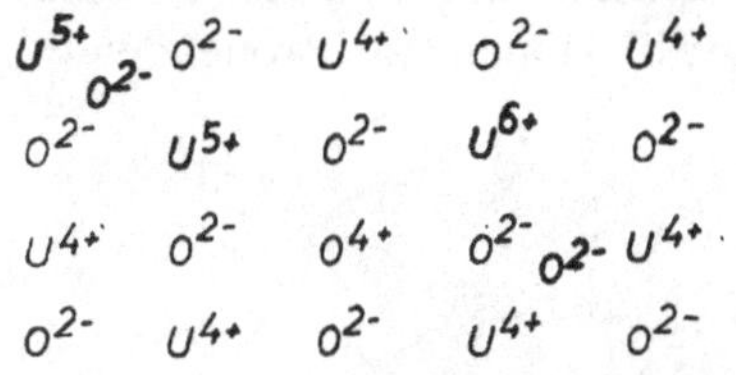

Abb. 22: Fehlordnung im Uranium(IV)-oxid (p-Halbleiter)

Das Auftreten eines Metallionenüberschusses auf Grund der Existenz von Leerstellen im Anionenteilgitter wurde bereits im Zusammenhang mit der Existenz von Fehlstellenassoziaten in Ionenkristallen behandelt: *F*-Zentren (Kap. 3.2.2.). Bei Zufuhr von Alkaliatomen zu einem Alkalihalogenidkristall entsteht eine äquivalente Zahl von Anionenlücken, die in einem ideal aufgebauten Gitter jeweils wie eine isolierte positive Ladung wirken. Folglich werden die von den eingebrachten Alkaliatomen stammenden Valenzelektronen durch die Lücken des Anionenteilgitters eingefangen.

Weiterhin sind zahlreiche Verbindungen bekannt, bei denen ein Metallionenüberschuß aus der Existenz zusätzlicher Kationen plus Elektronen resultiert (z. B. CdS, ZnO, BeO, jeweils Idealformel). In Abb. 23 ist ein diesem Tatbestand entsprechendes zweidimensionale Fehlordnungsmodell für Cadmiumsulfid dargestellt. Die Existenz der dem Leitungsband zur Verfügung stehenden freien Elektronen bestimmt den elektrischen Leitungstyp: *n-Leitung.*

Die Untersuchung heterotyper Mischphasen hat ergeben, daß durch Zusatz eines anderswertigen Kations die Fehlordnungserscheinungen im Matrixkristall gezielt beeinflußt werden können. Ein Beispiel wurde bereits im Zusammenhang mit der Bildung von Fehlstellenkomplexen behandelt: Alkalihalogenid dotiert mit einem Erdalkalihalogenid (Kap. 3.2.2.).

Von Wagner [54], Verwey u. Mitarb. [55] und Hauffe [56] konnte erstmals gezeigt werden, daß die Elektronenstörstellenkonzentration eines oxidi-

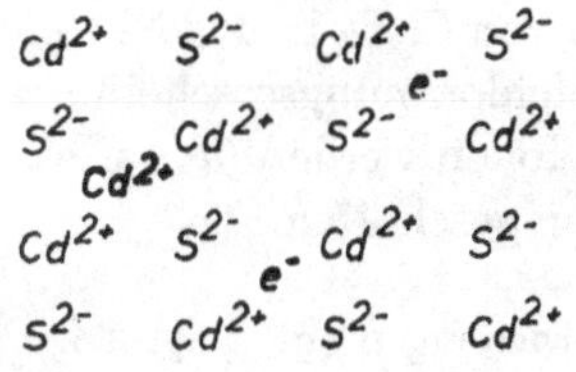

Abb. 23: Fehlordnung im Cadmium(II)-sulfid (n-Halbleiter)
e^- – Leitungselektron

schen Halbleiters durch Zusatz anderswertiger Kationen definiert um Zehnerpotenzen geändert werden kann.

So erhöht sich durch Einbau von Li_2O in das Gitter des *p*-leitenden Nickel(II)-oxids deutlich die elektrische Leitfähigkeit [55]. Abbildung 24 zeigt schematisch die Verhältnisse der Ionen- und Elektronenfehlordnung in der heterotypen Mischphase $NiO-Li_2O$. Das Matrixgitter des chemisch reinen Nickel(II)-oxids ist durch Leerstellen im Kationenteilgitter sowie Ni^{3+}-Ionen (Elektronendefekt-

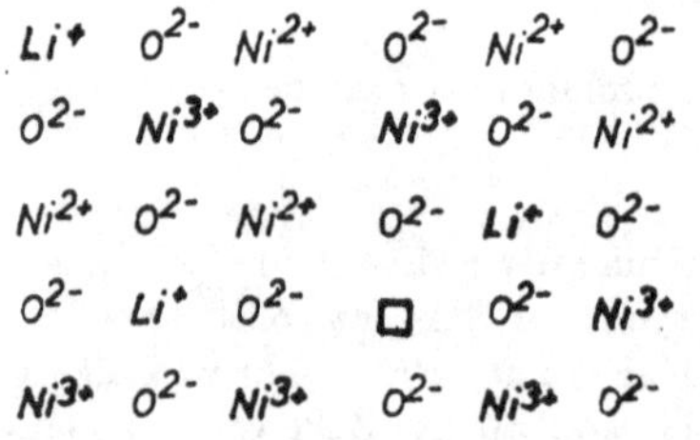

Abb. 24: System $NiO-Li_2O$: Ionen- und Elektronenfehlordnung
□ : Leerstelle im Ni^{2+}-Ionenteilgitter

stellen) auf Ni^{2+}-Plätzen gekennzeichnet (vgl. Abb. 21). Aus Elektroneutralitätsgründen müssen bei Substitution von Ni^{2+}-Ionen durch dotierte Li^+-Ionen jeweils zwei von ihnen für ein Ni^{2+}-Ion vom Gitter aufgenommen werden. Jedes Li^+-Ion, das sich auf einem ursprünglichen Ni^{2+}-Gitterplatz befindet, repräsentiert eine einfach negative Überschußladung gegenüber dem Gitter. Auf Grund der Neigung des Nickel(II)-oxids, Defektelektronen zu bilden bzw. Sauerstoff aufzunehmen, kann man nachstehende Reaktionsgleichung[1]) formulieren, aus der die Bildung weiterer Defektelektronen bei Li_2O-Zusatz zu Nickel(II)-oxid ersichtlich ist:

$$2(\mathrm{Ni}|\mathrm{Ni}|) + \mathrm{Li_2O} + 1/2\,\mathrm{O}_{2(\mathrm{Gas})} \rightleftharpoons 2(\mathrm{Li}|\mathrm{Ni}|') + 2|e|^{\cdot} + 2\,\mathrm{NiO}.$$

$Ni|Ni|$ — Ni^{2+}-Ion auf regulärem Gitterplatz,
$Li|Ni|'$ — Li^+-Ion auf Ni^{2+}-Gitterplatz (eine negative Überschußladung),
$|e|^{\cdot}$ — Defektelektron

Entsprechend findet man als Folge eines Zusatzes höherwertiger Kationen (z. B. Cr^{3+}, Al^{3+}, Ga^{3+}) bei Nickel(II)-oxid eine Abnahme der elektrischen Leitfähigkeit (Abb. 25). In Abb. 26 ist die mit dem Einbau von Cr_2O_3 in das Nickel(II)-oxid-Gitter verbundene Ionen- und Elektronenfehlordnungserscheinung schematisch dargestellt. Durch den Einbau von Cr^{3+}-Ionen werden (aus Elektroneutralitätsgründen) zusätzlich Ni^{2+}-Ionenleerstellen geschaffen.

[1]) Zur Formulierung von festkörperchemischen Reaktionsgleichungen vgl. Kap. 3.4.

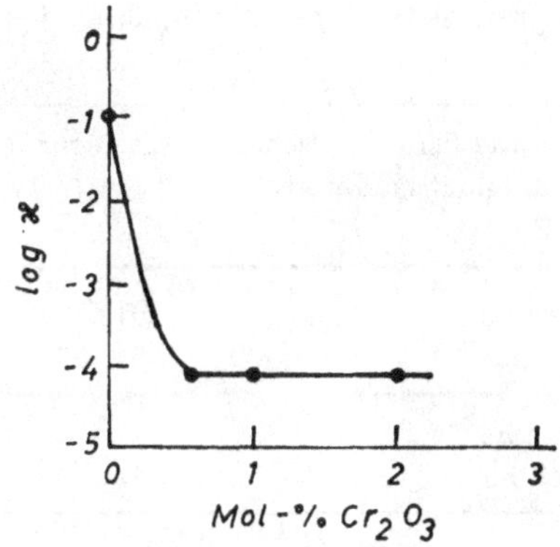

Abb. 25: System $NiO-Cr_2O_3$: Elektrische Leitfähigkeit $\varkappa$ von Mischkristallen bei 673 K in Luft (p = 0,1 MPa), nach [56a]

Abb. 26: System $NiO-Cr_2O_3$: Ionen- und Elektronenfehlordnung
□: Leerstelle im Ni^{2+}-Ionenteilgitter

Die an dotierten (oxidischen) p-Halbleitern gewonnenen Erkenntnisse können sinngemäß auf entsprechende n-Halbleiter übertragen werden. Wegen des n-Halbleitungstyps der Ausgangsoxide kann man auf eine entgegengesetzte Änderung der elektrischen Leitfähigkeit beim Einbau anderswertiger Kationen schließen, was durch das Experiment bestätigt wurde (Tab. 8). Im Fall der Mischphase $ZnO-Li_2O$ (Abb. 27) ist die Zahl der Zinkionen auf Zwischengitter-

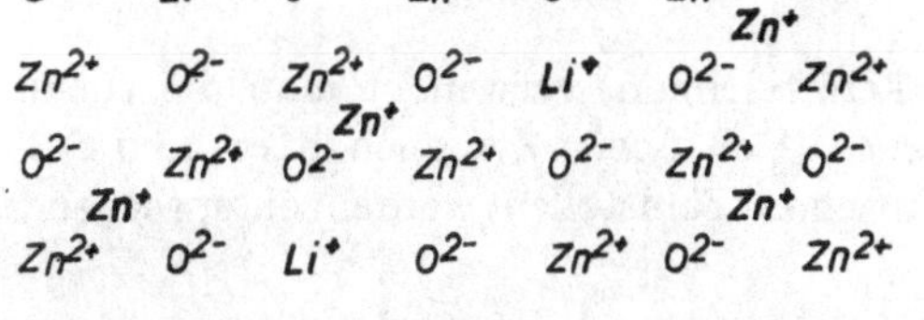

Abb. 27: System $ZnO-Li_2O$: Ionen- und Elektronenfehlordnung
e^- – Leitungselektron

Tabelle 8: Abhängigkeit der elektrischen Leitfähigkeit heterotyper Mischphasen bei kleinen Fremdoxidzusätzen[1])

System A—B	Leitungscharakter des Matrixoxids	Änderung der elektrischen Leitfähigkeit bei Zusatz von B	Literatur
$NiO-Li_2O$	*p*-Halbleitung	Zunahme	[55]
$NiO-Cr_2O_3$		Abnahme	[56a, 57]
$ZnO-Li_2O$	*n*-Halbleitung	Abnahme	[56b]
$ZnO-Cr_2O_3$		Zunahme	[56b]

[1]) Die Angaben beziehen sich auf T = 673 K und p_{Luft} = 0,1 MPa

plätzen größer als die Zahl der freien Leitungselektronen, bei der Mischphase $ZnO-Cr_2O_3$ (Abb. 28) treten entsprechend die umgekehrten Verhältnisse auf.

Zusammenfassend sei festgestellt, daß erst die Kenntnis der Fehlordnungserscheinungen in Ionen- und Valenzkristallen eine Erklärung der bei festkörperchemischen Reaktionen auftretenden Stoff- und Ladungstransportprozesse ermöglicht (z. B. Kap. 4 und 7.2.4.).

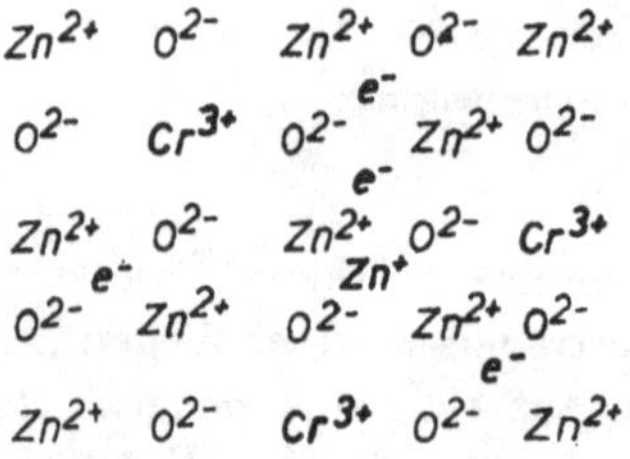

Abb. 28: System $ZnO-Cr_2O_3$: Ionen- und Elektronenfehlordnung
e^- – Leitungselektron

3.4. Fehlstellensymbolik

Die Bezeichnung der einzelnen Fehlordnungsstrukturelemente kann in verschiedener Weise erfolgen. Bei der Festlegung der einzelnen Symbole hat man sich in starkem Maße auch von Zweckmäßigkeitsgründen bei der Darstellung leiten lassen.

Um Fehlstellen formelmäßig zu kennzeichnen, verwendet man die chemischen Symbole der beteiligten Teilchen. Den Leer-, Zwischengitter- und Substitutionsstellen sowie den elektronischen Fehlstellen werden entsprechende Zeichen zugeordnet.

Weiterhin sind Leerstellenpaare zu berücksichtigen, und es muß eine Unterscheidung zwischen Eigen- und Fremdfehlstellen erfolgen. Zusätzlich sollte in den Symbolen die effektive Ladung (Überschußladung) des betreffenden Fehlers gegenüber dem ungestörten Gitter zum Ausdruck kommen. Die letzte Forderung kann allerdings bei zahlreichen Betrachtungen entfallen, da die jeweilige Überschußladung unmittelbar aus der Natur der Fehlstelle folgt, z. B.:

A^{+}-Ion auf Gitterplatz eines B^{2+}-Ions: 1 negative Überschußladung

A^{2+}-Ion auf Gitterplatz eines B^{+}-Ions: 1 positive Überschußladung

A^{+}- bzw. A^{2+}-Ion auf Gitterplatz eines B^{+}- bzw. B^{2+}-Ions: neutral

In Tab. 9 sind für die vier Grenztypen von einfachen Punktfehlern (Kap. 3.2.1.) die von SCHOTTKY vorgeschlagenen Symbole zusammengestellt.

Tabelle 9: Fehlstellensymbolik nach SCHOTTKY

Punktfehler	Bezeichnung[1]) nach	
	SCHOTTKY-HAUFFE[2]) [43c, 58]	SCHOTTKY [59]
Kationen auf Zwischengitterplätzen	$K\bigcirc^{\cdot}$	$K^{\cdot}$
Leerstellen im Kationenteilgitter	$K\square'$	$\|K\|'$
Anionen auf Zwischengitterplätzen	$A\bigcirc'$	A'
Leerstellen im Anionenteilgitter	$A\square^{\cdot}$	$\|A\|^{\cdot}$

[1]) Die Angabe der Effektivladung erfolgt durch Punkt- oder Strichkennzeichnung: ˙ für einfach positiv, ′ für einfach negativ; K — Kation, A — Anion

[2]) Ältere Bezeichnung

Am Beispiel atomarer Fehlordnungsarten in einem Normalspinell der allgemeinen Formel $A^{II}B^{III}O_4$ (vgl. Kap. 3.2.1.) soll — ohne Kennzeichnung der Überschußladung und der strukturellen Art (tetraedrisch oder oktaedrisch koordinierter Zwischengitterplatz) — die Störstellensymbolik nach SCHOTTKY [59] kurz vorgestellt werden [45]:

A|A|: Kation A auf normalem Platz des A-Kationenteilgitters

B|B|: Kation B auf normalem Platz des B-Kationenteilgitters

A bzw. B:	Kation A bzw. Kation B auf Zwischengitterplatz
|A| bzw. |B|:	Leerstellen im Teilgitter der Kationen A bzw. B
A|B|:	Kation A auf Gitterplatz der B-Kationen
B|A|:	Kation B auf Gitterplatz der A-Kationen
O|O|:	Anion (Sauerstoff) auf normalem Gitterplatz
O:	Anion (Sauerstoff) auf Zwischengitterplatz
|O|:	Leerstelle im Sauerstoffionenteilgitter

Die von KRÖGER und VINK [27b, 27d, 60–62] eingeführte neue Fehlstellensymbolik, die sich heutzutage allgemein durchgesetzt hat (vgl. z. B. [11] und [14]), basiert auf der Zerlegung eines fehlgeordneten Kristalls in seine realen Gitterpunktplätze. Die einzelnen Strukturelemente (Ideal- und Fehlordnungsstruktur) werden wie folgt bezeichnet (allgemein)[1]):

$$S_P{}^L \text{ bzw. } V_P{}^L$$

S – Stoff,
V – Leerstelle (engl. vacancy ≙ Leerstelle, Lücke),
L – Überschußladung gegenüber dem Idealkristall ($^{\cdot}$ positiv, $'$ negativ; $^{\times}$ neutral),
P – kristallographisch definierter Platz (regulärer Gitterplatz, Zwischengitterplatz),
ein quasifreies Elektron erhält das Symbol e', ein Defektelektron wird mit $h^{\cdot}$ (engl., positive hole ≙ Defektelektron) gekennzeichnet.

Für einige der beim Silberbromid auftretenden Strukturelemente (Kap. 3.2.1.) ergeben sich somit folgende Symbole:

$Ag_{Ag}^{\times}$:	Ag^+-Ion auf regulärem Gitterplatz (elektroneutral)
$Ag_i^{\cdot}$:	Ag^+-Ion auf Zwischengitterplatz (i von engl. interstitial site ≙ Zwischengitterplatz[2])) (elektropositiv)
V_{Ag}':	Leerstelle im Ag^+-Ionenteilgitter (elektronegativ)
$V_i^{\times}$:	Unbesetzter Zwischengitterplatz (elektroneutral)

Nachfolgend sollen entsprechend der von KRÖGER und VINK [27b, 27d, 60–62] eingeführten Schreibweise von Strukturelementen einige Fehlordnungsgleichgewichte und Festkörperreaktionen formuliert werden.

– FRENKEL-Fehlordnung (im AgBr)

$$Ag_{Ag}^{\times} = V_{Ag}' + Ag_i^{\cdot}$$

[1]) Zur Information über weitere Beispiele einer Kennzeichnung von Punktfehlern in $M^{2+}X^{2-}$-Verbindungen vgl. man in [40], S. 46/47.

[2]) Da der Index i vielfach in anderer Bedeutung verwendet wird (z. B. als Laufzahl bzw. Stoffindex), tritt für die Kennzeichnung der Zwischengitterplatzanordnung auch der Buchstabe Z [11].

— SCHOTTKY-Fehlordnung (im NaCl)

$$Na_{Na}^{\times} + Cl_{Cl}^{\times} = V_{Na}' + V_{Cl}^{\cdot} + NaCl$$

— Anti-FRENKEL-Fehlordnung (im CaF_2)

$$F_F^{\times} = V_F^{\cdot} + F_i'$$

— Silicium-Dotierung von GaAs (vgl. auch [7])
Besetzt das Si (4 Valenzelektronen) jeweils Ga-Gitterplätze, wirkt es als Donor:

$$Si_{Ga} = Si_{Ga}^{\cdot} + e'$$

Befindet sich das Si auf As-Gitterplätzen (As: 5 Valenzelektronen), tritt Akzeptorwirkung ein:

$$Si_{As} = Si_{As}' + h^{\cdot}$$

— Entsprechend können Assoziationsgleichgewichte behandelt werden. Als Beispiel sei die Komplexbildung zwischen Punktfehlstellen in Alkalihalogeniden (z. B. KCl) und heterovalenten Fremdionen erwähnt (vgl. Kap. 3.2.2. und 3.3.2.), die zu einem elektroneutralen Assoziat führt:

$$V_K' + Ca_K^{\cdot} = [VCa]$$

— Die rationelle Formulierung der bei nichtstöchiometrisch zusammengesetzten Verbindungen (Kap. 3.3.2.) auftretenden Fehlordnungsgleichgewichte sei an zwei Beispielen gezeigt:

a) Fehlstellengleichgewicht in binären Oxiden, z. B. $Co_{1-\delta}O$

Cobalt(II)-oxid weist einen von der Temperatur und dem Sauerstoffpartialdruck abhängigen Metallunterschuß auf (Kap. 5.2.), der sich durch Entfernung von Co^{2+}-Ionen unter Zurücklassung von Leerstellen im Kationenteilgitter einstellt. Durch Aufoxydation von Co^{2+}-Ionen in den dreiwertigen Zustand wird die Elektroneutralität des Gitters erreicht. Die Reaktion von Co^{2+}-Ionen mit Sauerstoff lautet:

$$3\,Co^{2+} + 1/2\,O_{2(Gas)} = V'' + 2\,Co^{3+} + CoO^{1)} \quad \text{bzw.}$$

$$3\,Co_{Co}^{\times} + 1/2\,O_{2(Gas)} = V_{Co}'' + 2\,Co_{Co}^{\cdot} + CoO.$$

b) Fehlstellengleichgewicht in heterotypen Mischphasen

Für die auf S. 56 formulierte Reaktionsgleichung, die die Bildung zusätzlicher Defektelektronen beim Zusatz von Li_2O zu Nickel(II)-oxid beschreibt, lautet die Gleichung:

$$2\,Ni_{Ni}^{\times} + Li_2O + 1/2\,O_{2(Gas)} = 2\,Li_{Ni}' + 2h^{\cdot} + 2\,NiO.$$

[1]) Die entstandene CoO-„Molekel" (Gittermolekel) wird zunächst als an der Oberfläche des Cobalt(II)-oxid-Kristalls fixiert gedacht; vgl. entsprechend Abb. 9, S. 41.

— Es ist seit langem bekannt, daß in Oxiden mit Fluoritstruktur (Abb. 8), z. B. CeO_2, ZrO_2, ThO_2, UO_2, nach Dotierung niederwertiger Ionen (als Folge der Ladungskompensation) Sauerstoffionenleerstellen entstehen. Damit ist eine ionische Leitfähigkeit verbunden, die durch eine Bewegung von O^{2-}-Ionen im Gitter hervorgerufen wird (*Festkörperelektrolyte*). Derartige Leerstellen im Sauerstoffionenteilgitter werden durch folgende Reaktionen gebildet (vgl. z. B. [63]:

$$Mf_2O_3 \xrightarrow{MO_2} 2Mf'_{Me} + V_O^{\cdot\cdot} + 3O_O \qquad d = 1, \text{ z. B. im System } CeO_2/Y_2O_3$$

$$MfO \xrightarrow{MO_2} Mf''_{Me} + V_O^{\cdot\cdot} + O \qquad d = 2, \text{ z. B. im System } CeO_2/CaO$$

Mf — Fremdkation
MO_2 — Wirtsystem
d — Wertigkeitsunterschied der Kationen

Man erkennt, daß für jedes dreiwertige Fremdkation eine halbe und für jedes zweiwertige Fremdkation eine Sauerstoffionenleerstelle ($V_O^{\cdot\cdot}$) entsteht.

4. Stofftransport

4.1. Einleitung

Der Ablauf anorganischer Festkörperreaktionen wird wesentlich durch den Stofftransport mittels Diffusion bestimmt. Somit kommt der phänomenologischen Beschreibung des Diffusionsvorganges und dem Studium der Transportmechanismen eine große Bedeutung zu. Diffusionsvorgänge in Festkörpern unterscheiden sich in mancher Hinsicht von denen in Gasen und Flüssigkeiten. Die auffälligste Erscheinung bei Festkörperreaktionen ist die (zumeist) geringe Diffusionsgeschwindigkeit der beteiligten Atome und Ionen (sowie die der Leerstellen, s. u.). Betrachtet man beispielsweise die *Eigen-(Selbst-)diffusion* der Teilchen in Gasen, Flüssigkeiten und Festkörpern, so ergeben sich große Differenzen in der Größe des Abstandes, um den sich jeweils ein Teilchen in der Zeiteinheit von seinem Ausgangspunkt entfernt. Für Gase beträgt dieser Wert unter Normalbedingungen etwa 1 cm in einigen Sekunden, bei Flüssigkeiten sind die Geschwindigkeiten der ungerichteten Wanderung etwa um den Faktor 10^{-5} kleiner, und in Festkörpern werden nur noch Wanderungsgeschwindigkeiten von 1 cm/(mehrere d — 10^{12} a) erreicht.

Neben den Gesetzmäßigkeiten der Eigendiffusion ist für ein näheres Verständnis von Festkörperreaktionen die Kenntnis der Diffusionsvorgänge wichtig, die sich bei der Reaktion eines Festkörpers mit einem zweiten Festkörper, einer Flüssigkeit bzw. einem Gas abspielen: *Chemische Diffusion.*

Für den Stofftransport in festen Phasen kommen die *Volumen-*, *Korngrenzen-* und *Oberflächendiffusion* in Frage. Abbildung 29 enthält eine schematische Darstellung der möglichen Diffusionsarten bei einem polykristallinen Körper. Allgemein läßt sich sagen, daß bei hohen Temperaturen der Stofftransport vorrangig durch Volumendiffusion erfolgt (Kap. 4.2.2.).

Die Interpretation gewonnener Meßdaten zum Diffusionsprozeß erfordert weiterhin eine genaue Kenntnis der äußeren Faktoren, die den Diffusionsvorgang beeinflussen können. So ist beispielsweise für einen weitgehend „idealen" Kontakt zwischen den miteinander reagierenden Kristalliten zu sorgen, um

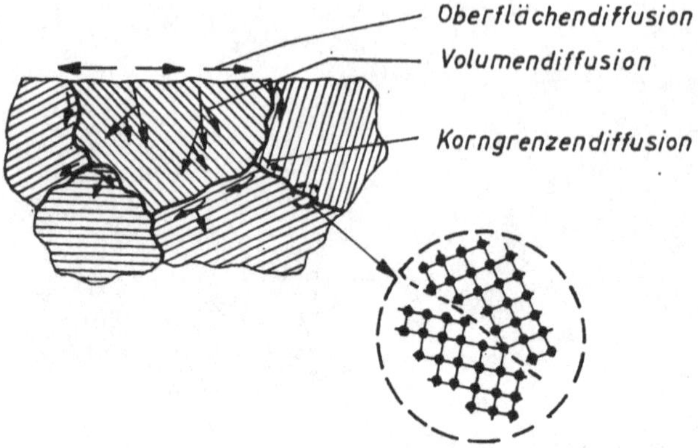

Abb. 29: Zweidimensionales Schema der Diffusionsmöglichkeiten bei einem polykristallinen Körper

aussagekräftige Resultate zu erhalten. Die Forderung nach einer möglichst vollständigen Berührung der festen Reaktanden kann speziell bei Pulverreaktionen jedoch nur in den seltensten Fällen realisiert werden (vgl. Kap. 7.1.2.).

In Abb. 30 wird auf einige Möglichkeiten hingewiesen, die die Einstellung definierter Ausgangsbedingungen bei der Untersuchung von Diffusionsvorgängen verhindern können.

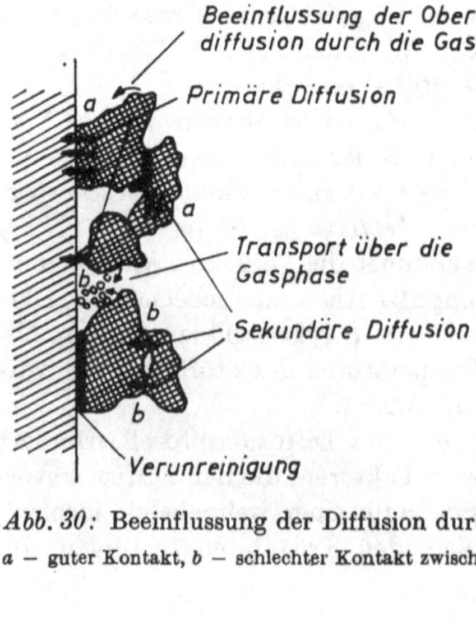

Abb. 30: Beeinflussung der Diffusion durch äußere Faktoren
a – guter Kontakt, *b* – schlechter Kontakt zwischen den Kristalliten

4.2. Diffusion in festen Phasen

4.2.1. Volumendiffusion

Es wurde schon mehrfach darauf hingewiesen, daß für den Stofftransport in festen Phasen die Fehlordnung der Kristalle bestimmend ist[1]). Zwar liegen die Fehlordnungsgrade selbst in der Nähe des Schmelzpunktes lediglich im Bereich von 10^{-4} bis 10^{-3} (Kap. 3.2.1., Tab. 6 und 7), doch sind es gerade die Fehlordnungsstellen, die vorrangig eine Volumen- (Gitter-)diffusion ermöglichen.

Einen Beweis für die Bedeutung von Leerstellen beim Stofftransport in Ionenkristallen liefert zum Beispiel die Untersuchung der Ionenleitfähigkeit in Alkali- und Silberhalogeniden, die mit zweiwertigen Kationen (z. B. Mg^{2+}, Ca^{2+}, Cd^{2+}) dotiert worden sind (Kap. 6.1.). Die Ergebnisse belegen, daß bei nicht zu hohen Temperaturen die Ionenleitfähigkeit direkt proportional der Menge an dotiertem M^{2+}-Ion ist, wobei der Stoff- und Ladungstransport aber hauptsächlich durch das Alkalimetall- bzw. Silberkation erfolgt. Ursache hierfür ist die mit der Dotierung zwangsläufig verbundene Schaffung (zusätzlicher) Leerstellen im Kationenteilgitter der Matrixverbindung (Kap. 3.2.2.).

In Abb. 31 ist eine Reihe möglicher Diffusionsmechanismen schematisch dargestellt.

Beim *Platzwechselmechanismus* (Abb. 31a) tritt ein Teilchenaustausch durch

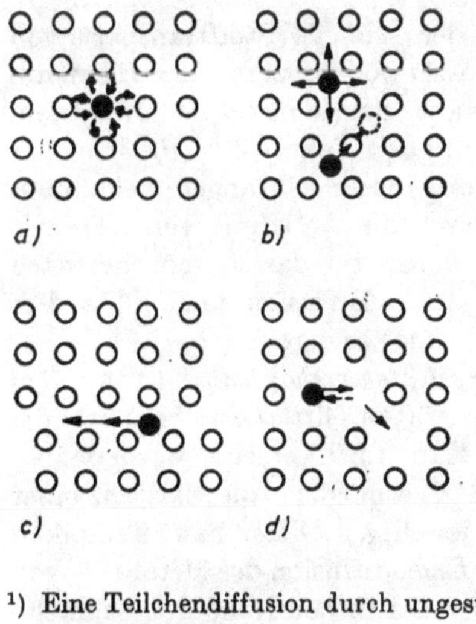

Abb. 31: Schematische Darstellung möglicher Diffusionsmechanismen

a) Platzwechselmechanismus
b) Direkter bzw. indirekter Zwischengitterplatzmechanismus
c) Versetzungslinienmechanismus
d) Leerstellenmechanismus

[1]) Eine Teilchendiffusion durch ungestörte Gitterbereiche sollte nur in Ausnahmefällen bei hohen Temperaturen stattfinden.

Rotation um einen Mittelpunkt auf, wobei auch mehr als zwei Gitterbausteine rotieren können. Dieser Mechanismus sollte nur dann wirksam werden, wenn in einem größeren Gitterbereich keine weiteren mikroskopischen Baufehler vorliegen. Bei Ionenverbindungen dürfte aus energetischen Gründen der Platzwechselmechanismus unwahrscheinlich sein. Aber auch bei Metallen sind für den direkten Platzwechsel sehr hohe Aktivierungsenergien erforderlich. Dies ist verständlich, da hierbei eine starke örtliche Verzerrung von Gitterbereichen eintreten müßte. Für Kupfer errechnet sich ein Wert der Aktivierungsenergie von 11,0 eV [64].

Der *direkte Zwischengitterplatzmechanismus* (Abb. 31 b) trifft für Teilchen zu, die zum Beispiel entsprechend dem Frenkelschen Fehlordnungsmodell (Kap. 3.2.1.) Positionen im Zwischengitter einnehmen. Zwischengitterteilchen können auch durch Verschieben von regulären Gitterteilchen in das Zwischengitter erzeugt werden (*indirekter* Zwischengitterplatzmechanismus, Abb. 31 b, unten). Nach dem letztgenannten Mechanismus erfolgt zumeist die Kationendiffusion in Schwermetallhalogeniden.

Bei den reinen Metallen mit dichtest gepackter Struktur dagegen ist der Zwischengitterplatzmechanismus der Eigendiffusion energetisch benachteiligt (Aktivierungsenergie für Kupfer: 10,0 eV [64]), während sich für Einlagerungsmischkristalle Aktivierungsenergiewerte ergeben können, die einer Diffusion über Zwischengitterplätzen entsprechen. Je nach Gitterstruktur spielen hierbei oktaedrisch bzw. tetraedrisch koordinierte Lücken die Hauptrolle.

Ein besonders auffälliges Beispiel stellt der schnelle Stofftransport von Metallen der Ib-, IIb bzw. VIIIb-Gruppe des Periodensystems der Elemente in Basismetallen der III. und IV. Hauptgruppe dar [65]. So ist im System Pb—Au bei 500 K die Gold(fremd)diffusion um den Faktor $6{,}1 \cdot 10^4$ schneller als die Eigendiffusion des Bleis. Eine Erklärung dieses seit langem bekannten Phänomens [66] sowie analoger Fälle ist durch die Annahme von „Fremdatom-Matrixatom-Komplexen" möglich, bei denen für das Fremdatom nach dem sogenannten *Diplon-Mechanismus* [67] eine Diffusion über Oktaederlücken (Dissoziationssprung bzw. Rotationssprung) erfolgt.

Beim Stofftransport nach dem *Versetzungslinienmechanismus* (Abb. 31 c) findet eine Teilchenbewegung entlang der gestörten Gitterbereiche statt, die durch Versetzungen (und Korngrenzen, vgl. Kap. 4.2.2.) erzeugt worden sind.

Im Fall des *Leerstellenmechanismus* (Abb. 31 d) ermöglicht die Existenz einer ausreichenden Zahl von Leerstellen in dem jeweiligen Gitter bzw. Teilionengitter eine Teilchenwanderung. So erfolgt die Eigendiffusion der Metalle — von Ausnahmen abgesehen — über Leerstellen, wobei in der Nähe des Schmelzpunktes zumeist auch Doppelleerstellen (Kap. 3.2.2.) auftreten. Für die Aktivierungsenergie der Selbstdiffusion ergeben sich bei Metallen folgende Werte [68, S. 222]: Al ~ 120, Ag ~ 185, Cu ~ 207, Ni ~ 284 und Pt ~ 285 kJ mol^{-1}.

Beispiele für die Kationenwanderung nach dem Leerstellenmechanismus liefern u. a. einige nichtstöchiometrisch zusammengesetzte Verbindungen, worauf im Zusammenhang mit der Fehlordnung des Cu_2O-Gitters bereits hingewiesen wurde (Kap. 3.3.2.).

Beim Leerstellenmechanismus entspricht die Diffusion eines Teilchens der Wanderung der Leerstelle in die entgegengesetzte Richtung. Der Platzwechsel eines Teilchens beim Vorliegen einer Gitterlücke in einem bestimmten Gitterbereich kann formell durch eine größere Zahl von Diffusionsschritten beschrieben werden, wie in Abb. 32 schematisch dargestellt ist. Andererseits wird die

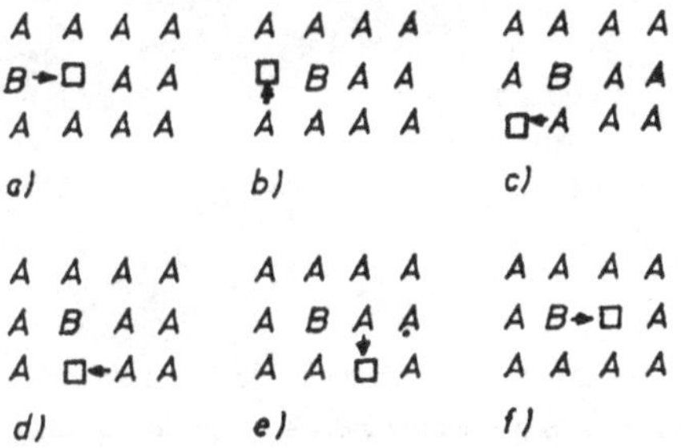

Abb. 32: Platzwechselmechanismus über Gitterlücken nach Wagner-Schottky

Wanderung eines Teilchens in „Vorwärtsrichtung“ nur dann vonstatten gehen, wenn es wiederum auf eine benachbarte Gitterlücke trifft. Ansonsten tritt der Gitterbaustein mit der von ihm erzeugten Leerstelle in Wechselwirkung (vgl. Abb. 31d). Ein ähnlicher Sachverhalt trifft auch für den indirekten Zwischengittermechanismus zu. Man spricht in derartigen Fällen von einem *Korrelationseffekt der Eigendiffusion,* der durch einen entsprechenden Faktor beschrieben werden kann [69], vgl. auch [70—72].

Neben dem Transport von Atomen bzw. Ionen kommt es in einer Reihe von Fällen zweifelsohne auch zur Wanderung *kollektiver* Teilchen (Kap. 2.3.2. und 7.2.4.3.). So wurde von Kolditz u. Mitarb. gefunden, daß bei beginnender thermischer Zersetzung von Hexafluorosilicaten ($M_2[SiF_6]$, M: K, Rb, Cs, Tl, NH_4) durch eine SiF_4-Abspaltung stark fehlgeordnete Gitterbereiche entstehen [73]. Für die Wanderung der Siliciumkomponente im Gitter werden dabei nicht Si^{4+}-Ionen angenommen. Vielmehr sollte es sich hierbei um den Transport von Si—F-Einheiten handeln (z. B. SiF_3^+- neben F^--Ionen), die einen weiteren Grund für die ausgeprägte Reaktivität der Hexafluorosilicate bei beginnender Zersetzung darstellen.

Um – ausgehend vom idealen Kristallgitter – ganz allgemein einen Platzwechsel der Teilchen entsprechend den in Abb. 31 b–d[1]) angeführten Mechanismen durchführen zu können, muß dem System neben der *Fehlordnungsenergie* (Kap. 5.2.) ein weiterer Energiebetrag (die sog. *Schwellen-* oder *Wanderungsenergie*) zugeführt werden. Letzterer entspricht der Größe, die zur Überwindung der Energiebarriere zwischen dem Fehlordnungsplatz und der zu besetzenden Position erforderlich ist.

In Abb. 33 ist der Verlauf der potentiellen Energie für einen Gitterbaustein bezüglich verschiedener Translationspositionen schematisch dargestellt, vgl.

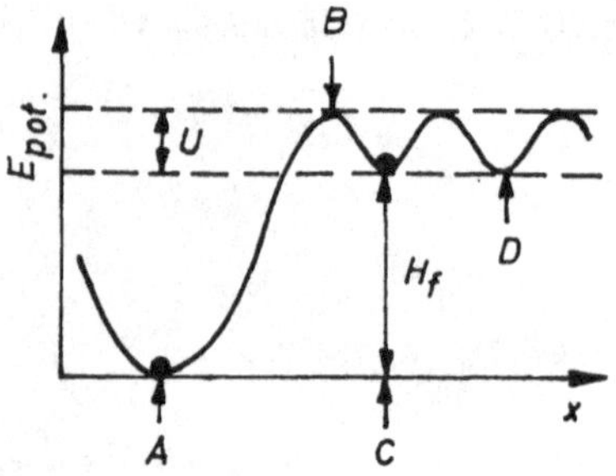

Abb. 33: Potentialverlauf für Gitterteilchen beim Auftreten einer Fehlordnung

x – Translationskoordinate; H_f – Fehlordnungsenergie; U – Schwellenenergie; A – regulär besetzter Gitterplatz; C – Zwischengitterplatz, besetzt; D – Zwischengitterplatz, unbesetzt; B – Sattelpunktslage beim Übertritt in das Zwischengitter

auch [47, 69]. Man erkennt, daß das auf einem Zwischengitterplatz befindliche Teilchen (Position C) noch die Energie U erhalten muß, um auf den benachbarten freien Zwischengitterplatz (Position D) zu gelangen.

Die Leerstellendiffusion über einen Sattelpunkt hinweg trifft beispielsweise für die dreiwertigen Ionen des Normalspinells (Kap. 3.2.1.) zu, die in einem Elementarschritt von einem besetzten zu einem unbesetzten Oktaederplatz gelangen können [74]. Für die Diffusion der zweiwertigen Kationen sind die Verhältnisse etwas komplizierter. Die M^{2+}-Ionen müssen mindestens einen Zwischengitterplatz durchlaufen, um von einem besetzten auf einen ursprünglich unbesetzten tetraedrisch koordinierten Platz zu kommen. Den kürzesten und energetisch günstigsten Weg vermittelt ein Zwischengitterplatz mit Oktaedersymmetrie (Abb. 34).

[1]) Bei der Diffusion nach dem Platzwechselmechanismus entfällt der Anteil an aufzuwendender Fehlordnungsenergie. In diesem Fall tritt neben der Schwingungsenergie die Aktivierungsenergie auf, die für den Ringtausch erforderlich ist.

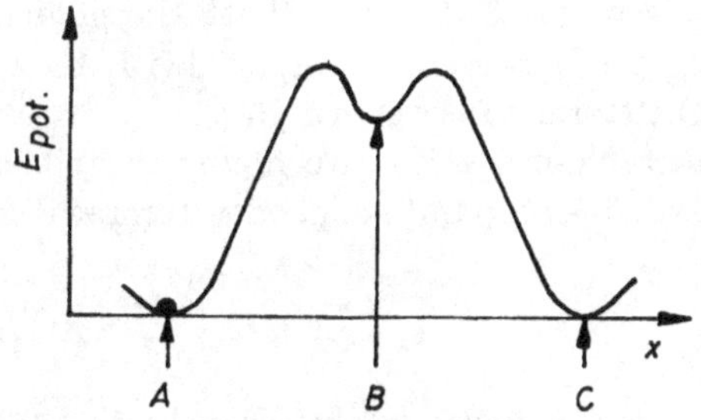

Abb. 34: Potentialverlauf der Diffusion zweiwertiger Kationen im Gitter des Normalspinells, nach [74]

x – Translationskoordinate; A – besetzter Gitterplatz mit Tetraedersymmetrie; B – Zwischengitterplatz mit Oktaedersymmetrie (Translationskoordinaten $\frac{1}{8}\,\frac{1}{8}\,\frac{1}{8}$); C – Unbesetzter Tetraederplatz im Teilgitter der zweiwertigen Ionen (Translationskoordinaten $\frac{1}{4}\,\frac{1}{4}\,\frac{1}{4}$)

Die mathematische Beschreibung der Diffusionsprozesse erfolgt durch die beiden FICKschen Gesetze. Das 1. Gesetz verknüpft den resultierenden Teilchenfluß mit dem Konzentrationsgradienten, der die treibende Kraft[1]) der Diffusion darstellt:

$$\vec{J} = -D \operatorname{grad} c. \tag{2}$$

$\vec{J}$ in g cm^{-2} s^{-1},
D – Diffusionskoeffizient in cm^2 s^{-1},
c – Konzentration in g cm^{-3}

Die zeitliche Änderung der Konzentration wird durch das 2. FICKsche Gesetz beschrieben:

$$\frac{\partial c}{\partial t} = \operatorname{div}(D \operatorname{grad} c). \tag{3}$$

t – Diffusionszeit in s

In einer Reihe von Fällen reichen die hier formulierten Gesetze zur Beschreibung der Diffusionsvorgänge in Festkörpern aus. Werden höhere Genauigkeiten in den Aussagen verlangt, so muß die Konzentrationsabhängigkeit der

[1]) Streng genommen gilt diese Aussage nur bei einem Konzentrationsausgleich in einer Phase. Ansonsten ist der Ausgleich der chemischen Potentiale μ oder, bei geladenen Teilchen, der der elektrochemischen Potentiale η zu betrachten.

Diffusionskoeffizienten berücksichtigt werden (z. B. [75]). Tritt durch den Stofftransport zugleich eine Wanderung der Bezugsebene ein, ist das 1. FICKsche Gesetz durch einen sogenannten Driftterm zu erweitern [75].

Weiterhin ist natürlich ihre Temperaturabhängigkeit in Rechnung zu stellen. Im allgemeinen nehmen die Diffusionskoeffizienten mit steigender Temperatur exponentiell zu:

$$D = D_0 \exp\left(-E_{AV}/RT\right). \tag{4}$$

D_0 — temperaturunabhängiger Frequenzfaktor (Aktionskonstante) in $cm^2\,s^{-1}$,
E_{AV} — Aktivierungsenergie der Volumendiffusion in $kJ\,mol^{-1}$,
R — universelle Gaskonstante ($8{,}314\ J\,K^{-1}\,mol^{-1}$),
T — absolute Temperatur in K.

Der Frequenzfaktor D_0 kann aus Messungen zur Temperaturabhängigkeit der Diffusion experimentell bestimmt werden. Abbildung 35 enthält Meßwerte zur Eigendiffusion von ^{103}Pd in Palladiumeinkristallen. Die Auswertung nach Gl. (4) liefert im vorliegenden Fall einen D_0-Wert von $0{,}205\ cm^2\,s^{-1}$. Die Aktivierungsenergie beträgt rund $266\ kJ\,mol^{-1}$.

Andererseits läßt sich D_0 u. a. aus der folgenden Beziehung herleiten [77]:

$$D_0 = \alpha r_0^2 \nu_{gr} \exp\left(\Delta S/R\right). \tag{5}$$

α — empirische Konstante, die die Gittersymmetrie charakterisiert,
r_0 — Sprungdistanz (sie entspricht etwa der Gitterkonstante),
ν_{gr} — DEBYEsche Grenzfrequenz[1]),
ΔS — Entropieänderung infolge der Gitterverzerrung während des Sprunges ($\Delta S/R$ — Diffusionsentropiefaktor).

Betrachtet man im atomaren Bereich die Platzwechselströme durch eine Grenzfläche, so läßt sich beispielsweise für Metalle ableiten, daß ein Gitteratom in der Nähe des Schmelzpunktes erst einen Sprung nach etwa 10^6 Schwingungen vollzieht. Diese Aussage ergibt sich wie folgt [75]:

Für den Teilchenfluß $\mathfrak{J}_i$ gilt:

$$\mathfrak{J}_i = -\frac{1}{6}\,\lambda^2\,\Gamma_i\,\frac{\partial N_i}{\partial x}, \tag{5a}$$

[1]) Das Schwingungsspektrum der Bausteine im Kristallgitter wird wesentlich von der Art und Stärke der Gitterkräfte bestimmt. Die obere Grenzfrequenz ν_{gr} ist durch die endliche Anzahl der schwingenden Gitterbausteine festgelegt. Sie beträgt etwa 10^{13} Schwingungen s^{-1}.

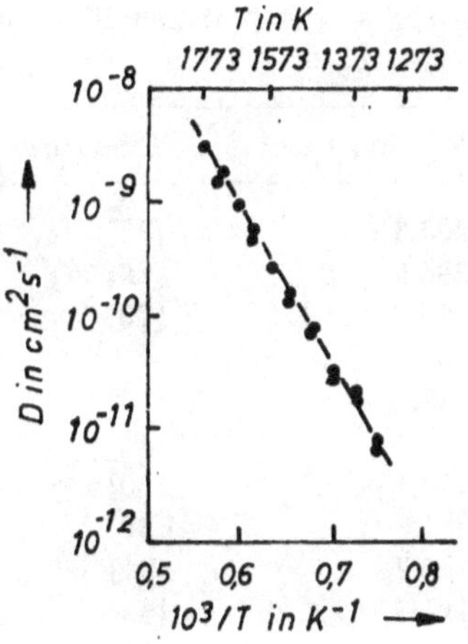

Abb. 35: Temperaturabhängigkeit der Eigendiffusion von ^{103}Pd in Pd-Einkristallen; Temperaturbereich: 1330–1776 K [76]

so daß der Diffusionskoeffizient D_i durch

$$D_i = \frac{1}{6}\lambda^2\Gamma_i \tag{5b}$$

bestimmt ist.

λ entspricht der elementaren Sprungweite des Gitteratoms (r_0 in Gl. (5)). Für das kubisch flächenzentrierte Gitter beträgt $\lambda = 1/2 < 110 >$, d. h. im Fall des Gitters für Gold folgt ein λ-Wert von $3 \cdot 10^{-8}$ cm ($\lambda^2 \sim 10^{-15}$ cm²). Der Selbstdiffusionskoeffizient D^* hat in der Nähe des Schmelzpunktes einen Wert von rd. 10^{-8} cm² · s⁻¹. Mit diesen Angaben ergibt sich aus Gl. (5b) die Sprungfrequenz Γ_i zu etwa 10^7 s⁻¹. Diese muß mit der Schwingungsfrequenz der Gitteratome (Debyesche Grenzfrequenz ν_{gr}, s. Gl. (5)) verglichen werden, woraus sich der genannte Wert von etwa 10^6 Schwingungen ergibt, die einem Sprung des Gitteratoms vorausgehen.

Ein analoger Sachverhalt trifft auch für die Beweglichkeit der Leerstellen zu [68]. Deren Sprungfrequenz beträgt rd. 10^{10} s⁻¹. Für das Goldgitter (kürzester Atomabstand: rd. $3 \cdot 10^{-8}$ cm, s. o.) ergibt sich eine „Driftgeschwindigkeit" der Leerstelle von rd. 10^{-3} cm s⁻¹, während ihre durchschnittliche Bewegungsgeschwindigkeit $10^{10}\ s^{-1} \cdot 3 \cdot 10^{-8}$ cm = 300 cm s⁻¹ beträgt!

In Tab. 10 sind für einige Diffusionssysteme (Eigen- und Fremddiffusion) die Bestimmungsgrößen zur Berechnung der Diffusionskoeffizienten zusammengestellt (vgl. a. [40]). Die nach Gl. (5) errechneten D_0-Werte liegen im Bereich von etwa 10^{-2} bis 10 cm² s⁻¹. Man erkennt, daß sie zumeist in guter Übereinstimmung mit den experimentell beobachteten Werten sind, sofern man bei-

Tabelle 10: Frequenzfaktor D_0 und Aktivierungsenergie E_{AV} der Volumendiffusion in Festkörpern

Substanz/System	D_0 in $cm^2\ s^{-1}$	E_{AV} in $kJ\ mol^{-1}$	Literatur
Cu	0,6	205,3	[26]
γ-Fe	0,58	284,5	[26; 78]
Cd ‖ c	$5 \cdot 10^{-2}$	76,3	[79]
⊥ c	0,1	80,0	
β-Sn ‖ c	$3{,}6 \cdot 10^{-6}$	39,4	[26]
‖ a	$9{,}2 \cdot 10^{-8}$	28,1	
Ni in γ-Fe	0,44	279,1 ± 6,7	[80]
Au in Cu	$2{,}0 \cdot 10^{-4}$	317,6	[26]
Ag^+ in AgCl	1,46	85,9	[81]
Na^+ in AgCl	8,81	114,8	[82]
Zn in ZnO	1,3	308,8	[83]
Fe in Fe_3O_4	10	313,0	[84]
O in NiO	$6{,}2 \cdot 10^{-4}$	240,9	[85]
Cu in Cu1Ni[1])	1,86	246,6	[86]
Au in Au49Cd[1])	1,50	130	[87]
Fe in Fe25,5Mn[1])	$1{,}20 \cdot 10^{-1}$	251,6	[88]
C in W6,8Re[1])	$2{,}24 \cdot 10^{-3}$	151,1	[89]
C in BeO	$(4 \pm 1) \cdot 10^{-3}$	252,9	[90]
F in NaF	$4{,}1 \cdot 10^{4}$	298,5	[91]

[1]) Zahl: Masse-% der Zweitkomponente

spielsweise von den ausgesprochen deutlichen Anisotropie-Effekten absieht (β-Sn).

Die mit den Beziehungen (4) und (5) beschriebenen Sachverhalte lassen erkennen, daß die Größe der Diffusionskoeffizienten im wesentlichen von den Gitterkonstanten, Grenzfrequenzen sowie den beim Sprung der diffundierenden Teilchen in die neue Gleichgewichtslage auftretenden Gitterdeformationen abhängt: Bei kleinerer Packungsdichte des Gitters sowie niedrigeren Grenzfrequenzen und größeren örtlichen Gitterdeformationen werden entsprechend höhere D-Werte erhalten.

In Tab. 11 sind für einige Ionen die Diffusionskoeffizienten in verschiedenen Matrixgittern aufgeführt [92]. Die Abstufungen der Werte innerhalb entsprechender Kombinationen lassen sich in einfacher Weise mittels gittergeometrischer Gesichtspunkte erklären. Der höhere D-Wert für die Diffusion des Li^+-Ions im AgBr-Gitter gegenüber dem für das Na^+-Ion ergibt sich aus dem vergleichsweise kleineren Radius des Li^+-Ions (r_{Li^+}: 0,068 nm, r_{Na^+}: 0,098 nm); die Unter-

Tabelle 11: Diffusionskoeffizienten D von Ionen in Silberhalogeniden

System	Temperatur in K	$D \cdot 10^6$ in $cm^2\,s^{-1}$
Li^+ in AgBr	573	0,076
Na^+ in: AgCl	573	$2{,}1 \cdot 10^{-4}$
AgBr	573	$2{,}3 \cdot 10^{-3}$
Cl^- in AgBr	623	$5{,}0 \cdot 10^{-5}$

schiede für die Diffusion von Na^+-Ionen im AgCl- bzw. AgBr-Gitter folgen aus der geringeren Packungsdichte des AgBr-Gitters (r_{Cl^-}: 0,181 nm, r_{Br^-}: 0,196 nm). Trotz höherer Versuchstemperatur (vgl. 623 K) ist der D-Wert für Cl^- im AgBr geringer als der des Na^+-Ions, was sich in erster Näherung ebenfalls durch die unterschiedlichen Radien der diffundierenden Ionen erklären läßt.

4.2.2. Korngrenzen- und Oberflächendiffusion

Die Existenz höherdimensionaler Kristallbaufehler (Kap. 3.2.) schafft zusätzliche, energetisch begünstigte Plätze für den Stofftransport durch Diffusion, da in derartigen Gitterbereichen der Kristallverband gelockert ist[1]). Folglich ergeben sich — bei vergleichbaren Fehlstellenkonzentrationen — höhere Sprungfrequenzen der Teilchen, was sich nach Gl. (5) unmittelbar auf die Größe der D_0-Werte und damit auf die Diffusionskoeffizienten auswirkt. Weiterhin sind für das jeweilige System die Aktivierungsenergie-Werte der Korngrenzendiffusion kleiner als die der Volumendiffusion. Beispielsweise betragen für die Diffusion von Thorium in Wolfram die betreffenden Aktivierungsenergien 393,6 kJ mol^{-1} (Korngrenzendiffusion) bzw. 502,4 kJ mol^{-1} (Volumendiffusion) [95]. Man hat errechnet, daß in diesem System die Geschwindigkeit des Stofftransports über Korngrenzen bei 2400 K rund hundertmal größer ist als bei reiner Volumendiffusion. Molybdän diffundiert bei 1873 K in einem Wolframpulver (mittlerer Korndurchmesser $2 \cdot 10^4$ nm) etwa zehnmal schneller als in einem Wolfram-Einkristall.

Für kubisch flächenzentrierte Metalle ergibt sich als grobe Richtgröße, daß die Werte der Aktivierungsenergie für die Diffusion in Großwinkelkorngrenzen etwa 50% der Aktivierungsenergie bei Volumendiffusion entsprechen. Zur

[1]) Die Breite der Gitterfehler ist teilweise starken Schwankungen unterworfen. Bei Metallen rechnet man vielfach mit einem Wert von 0,5 nm für die wirksame Korngrenzenbreite [93]. Bei Ionenkristallen treten teilweise Werte von einigen 10^3 nm auf, z. B. [94]; vgl. auch [69].

Ermittlung genauerer Relationen ist jedoch die Kenntnis des jeweiligen freien Volumens in der Korngrenze erforderlich.

Allgemein gilt, daß die Wanderung von Atomen (und Ionen) im Bereich der Korngrenzen vielfach stark beschleunigt wird. Allerdings besteht keineswegs immer eine direkte Proportionalität zwischen der Anzahl der Korngrenzen (die umgekehrt proportional der Kristallitgröße ist) und den beobachteten Effekten; vgl. dazu die in [69] angeführten Beispiele.

Unabhängig von diesem Tatbestand hat man es in den meisten Fällen mit einer Überlagerung der verschiedenen Diffusionsarten zu tun. Bei der rechnerischen Behandlung der Diffusion verfährt man vielfach sinngemäß so, wie im Kap. 4.2.1. für die Volumendiffusion gezeigt wurde. Beispielsweise läßt sich die Temperaturabhängigkeit der Diffusion entsprechend Gl. (4) beschreiben:

$$D_V/D_K = \text{const} \exp\,[-(E_{AV} - E_{AK})/RT]. \tag{6}$$

D_V bzw. D_K — Koeffizienten für Volumen- bzw. Korngrenzendiffusion in $cm^2 \cdot s^{-1}$,
E_{AV} bzw. E_{AK} — Aktivierungsenergie der Volumen- bzw. Korngrenzendiffusion in $kJ \cdot mol^{-1}$

Oben wurde bereits erwähnt, daß $E_{AV} > E_{AK}$ ist. Aus diesem Grunde wird bei höheren Temperaturen der Anteil an Volumendiffusion den der Korngrenzendiffusion übertreffen; bei niedrigeren Temperaturen tritt der umgekehrte Effekt auf. Diese Schlußfolgerung konnte experimentell bestätigt werden. So ergaben sich beispielsweise für polykristallines Silber folgende ARRHENIUS-Gleichungen [96]:

$$\text{Oberhalb } 973\text{ K}: D_{Ag} = 0{,}895 \exp(-192{,}5/RT) \tag{7}$$

$$\text{Unterhalb } 973\text{ K}: D_{Ag} = 0{,}23 \cdot 10^{-4} \exp(-110{,}6/RT). \tag{8}$$

Ebenso beeinflussen Versetzungen den Ablauf der Diffusion. Sind derartige Gitterstörungen an Korngrenzen beteiligt, so hängt die Diffusion sehr stark von der räumlichen Orientierung der Versetzungslinien bezüglich der Korngrenzen ab. Bei Parallelstellung werden höhere Diffusionsgeschwindigkeiten erreicht als bei senkrechter Anordnung.

In Tab. 12 sind für einige Systeme die mit dem Auftreten verschiedener Diffusionstypen verknüpften Bestimmungsgrößen für die Berechnung der Diffusionskoeffizienten zusammengestellt. Trotz der teilweise großen Fehlergrenzen (vorrangig bei den D_0-Werten) erkennt man deutlich die Abstufung in der Wirkung von Volumen-, Korngrenzen- und Versetzungsdiffusion.

Tritt eine Wanderung von Kristallbausteinen bzw. adsorbierten Teilchen auf Kristalloberflächen ein, so spricht man von *Oberflächendiffusion*. Übersichtliche Verhältnisse werden hierbei zumeist erhalten, wenn die Oberfläche an eine

Tabelle 12: Frequenzfaktor D_0 und Aktivierungsenergie E_A für Volumen-, Korngrenzen- und Versetzungsdiffusion

System	Temperaturbereich in K	D_0 in $cm^2\,s^{-1}$	E_A in kJ mol^{-1}	Diffusionstyp	Literatur
$^{113}Sn/^{123}Sn$ in Sn	423–498	$0{,}78\,{}^{+0{,}54}_{-0{,}32}$	95,5 ± 2,1	Volumen	[97]
	312–398	$\left(6{,}44\,{}^{+5{,}9}_{-4{,}9}\right)\cdot 10^{-2}$	40,0 ± 2,9	Korngrenzen	[98]
^{63}Ni in Ni	1422–1663	$1{,}39\,{}^{+0{,}9}_{-0{,}6}$	276,1 ± 6,3	Volumen	[80]
	1123–1373	$\left(1{,}75\,{}^{+2{,}1}_{-1{,}0}\right)\cdot 10^{-2}$	118,2 ± 8,4	Korngrenzen	[80]
	773–873	20	154,6	Versetzungen	[99]
^{63}Ni in γ-Fe	1403–1453	$0{,}44\,{}^{+0{,}3}_{-0{,}2}$	279,1 ± 6,7	Volumen	[80]
	1213–1403	$\left(7{,}7\,{}^{+4{,}0}_{-2{,}6}\right)\cdot 10^{-1}$	152,5 ± 4,6	Korngrenzen	[80]

bezüglich aller Reaktanden inerte Atmosphäre bzw. an das Vakuum grenzt. Ein Unterschied zur Korngrenzendiffusion besteht darin, daß die auf der Oberfläche wandernden Teilchen lediglich der einseitigen Beeinflussung durch das Kraftfeld des in seiner Translationsperiodizität unterbrochenen Gitters unterworfen sind. Die Werte der Diffusionskonstanten sind entsprechend groß; sie gleichen in ihrer Größenordnung denen in Lösungen bzw. Schmelzen (rd. $10^{-5}\,cm^2\,s^{-1}$).

Auf die Erscheinung der Oberflächendiffusion hat erstmals Volmer hingewiesen [100]. Bei seinen Untersuchungen zur Kristallisation von Quecksilber aus der Gasphase fand er eine anfänglich große Beweglichkeit der kondensierten Hg-Atome, ehe diese durch Oberflächendiffusion den energetisch günstigsten Kristallplatz eingenommen hatten. In der von Kossel und Stranski um 1930 entwickelten molekularkinetischen Theorie des Kristallwachstums [101] kommt der Oberflächendiffusion adsorbierter Teilchen eine zentrale Rolle zu. Diese wandern auf der Kristallfläche zu dem Gitterplatz, an dem sie mit der größten Anlagerungsenergie eingebaut werden. In jüngerer Zeit sind zahlreiche weitere Belege für die große Bedeutung des Anteils der Oberflächendiffusion am Stofftransport erbracht worden; vgl. z. B. die Zusammenstellung in [8].

Tabelle 13: Platzwechselenergie E_A und Diffusionskonstanten D (auf 600 K umgerechnet) für die Oberflächendiffusion von Barium auf Wolfram-Einkristallen [102]

W-Fläche	E_A in kJ mol^{-1}		T_D[1])	$D \cdot 10^{14}$ in cm^2 s^{-1}
	exp.	theor.	in K	
(110)	19,3	18,3	≈ 260	≈ 60000
(122)	26,1	21,2	310	34000
(111)	48,3	45,4	590	260
(001)	63,7	62,8	800	8,3
(112)	73,4	70,5	≈ 900	≈ 1,8

[1]) Temperatur, die zur Erzielung eines Oberflächendiffusionskoeffizienten von $2{,}6 \cdot 10^{-12}$ cm^2 s^{-1} eingestellt wurde

Es leuchtet ein, daß die Vorgänge der Oberflächendiffusion in starkem Maße flächenspezifischen Gegebenheiten unterworfen sind. Je nach Indizierung der jeweiligen Kristallfläche ergeben sich deutliche Unterschiede z. B. in den Werten der Aktivierungs- (Platzwechsel-)energie und des Diffusionskoeffizienten (Tab. 13). In [103] sind Untersuchungsergebnisse zur Diffusion von Palladium auf Wolframoberflächen angeführt.

4.3. Chemischer Transport von Stoffen über die Gasphase

Unter *chemischen Transportreaktionen* versteht man ganz allgemein solche Reaktionen, bei denen sich ein fester oder flüssiger Stoff A mit Gasen B unter Bildung ausschließlich gasförmiger Produkte C umsetzt. Diese reagieren dann an anderen Stellen des Systems unter Rückbildung von A [104]:

$$nA_{(s,l)} + mB_{(g)} + \cdots \rightleftharpoons xC_{(g)} + \cdots. \tag{9}$$

Beispiel: $Ni_{(s)} + 4\,CO_{(g)} \rightleftharpoons Ni(CO)_{4(g)}$

Somit hat als Folge der Reversibilität der Reaktion ein Transport des Stoffes A über die Gasphase stattgefunden[1]). Eine weitere Voraussetzung für den chemischen Transport ist das Vorliegen eines Konzentrationsgefälles, das sich bei Temperaturunterschieden, Änderung der Druckverhältnisse oder bei Differenzen in den ΔG^0-Werten zweier Bodenkörper einstellen kann.

[1]) Hierbei wird vorausgesetzt, daß der zu transportierende Bodenkörper A in dem gewählten Temperaturbereich einen vernachlässigbaren Dampfdruck besitzt.

Im Sinne der erfolgten Begriffsbestimmung gehören die chemischen Transportreaktionen in die Kategorie der Festkörperreaktionen (Kap. 2.2.). Im Kap. 7.1.2. wird ausführlicher auf die Bedeutung der Transportreaktionen für die präparative Festkörperchemie eingegangen. Hier soll lediglich ihre Rolle aus der Sicht des Stofftransports durch Diffusion kurz skizziert werden.

Grundsätzlich läßt sich jeder chemische Transportvorgang in drei Teilschritte zerlegen:

a) Reaktion zwischen Gasphase und Ausgangsbodenkörper bei einer bestimmten Temperatur.
b) Stofftransport in der Gasphase.
c) Rückreaktion zwischen Gasphase und (abgeschiedenem) Bodenkörper bei einer Temperatur, die von der unter a) angegebenen verschieden ist[1]).

Im Fall hinreichend hoher Temperaturen stellt sich bei den Teilschritten a) und c) das Gleichgewicht zwischen Gasphase und Bodenkörper schnell ein. Demnach ist die Gasbewegung der geschwindigkeitsbestimmende Teilvorgang. In abgeschlossenen Reaktionssystemen kann der Stofftransport über die Gasphase prinzipiell durch *Diffusion* und *Konvektion* erfolgen. Liegt im System der Gesamtdruck im Bereich von rund 10^{-4} bis etwa $3 \cdot 10^{-1}$ MPa, so ist die Diffusion vorherrschend, bei höheren Drücken gewinnt die Konvektion zunehmend an Bedeutung.

In Tab. 14 sind für einige Stoffklassen typische Transportgleichungen angeführt. Die Transportrichtung wird durch das Vorzeichen der molaren Bildungsenthalpie $\Delta_B H^0$, die Größe der Standardentropie $\Delta_B S^0$ sowie die Molzahländerung in der Gasphase bestimmt [104].

Zum chemischen Transport einer Vielzahl von Stoffen unter Mitwirkung von Gaskomplexen vgl. man z. B. [105], daselbst weitere Literatur. Nutzt man als „Transportmittel" Al_2Cl_6, so lassen sich zahlreiche Metallhalogenide im Temperaturgefälle 400 °C → 350 °C transportieren [106], und man erhält bei relativ niedriger Temperatur gut ausgebildete Einkristalle:

$$MCl_{2,s} + Al_2Cl_6 \rightleftharpoons MAl_2Cl_{8,g} \quad \Delta_R H > 0$$

M: Mg, Ca, Cr, Mn, Fe, Co, Ni, Cu, Pd, Pt

Ein interessantes Beispiel bieten gasförmige Polysulfide beim chemischen Transport und bei Sulfidsynthesen von Übergangsmetallen mit Schwefel, z. B. [107]. Ebenso ist ein Transport von Ta_2O_5 und Nb_2O_5 mit Schwefel möglich

[1]) Vereinbarungsgemäß wird die niedrigere Temperatur mit T_1, die höhere mit T_2 bezeichnet.

Tabelle 14: Transportgleichgewichte nach SCHÄFER [104]

Stoffklasse	Beispiele[1])	Temperaturgradient Angaben in K
Elemente	$\underline{Ni} + 4CO \rightleftharpoons Ni(CO)_{4(g)}$	353 → 473
	$\underline{W} + 3Cl_2(6Cl) \rightleftharpoons WCl_{6(g)}$	673 → 1673
	$\underline{Ir} + 1{,}5O_2 \rightleftharpoons IrO_{3(g)}$	1598 → 1403
	$\underline{Al} + 0{,}25Al_2S_{3(g)} \rightleftharpoons 0{,}75Al_2S_{(g)}$	1573 → 1273
	$\underline{Fe} + 2HCl \rightleftharpoons FeCl_{2(g)} + H_2$	1273 → 1073
Oxide	$\underline{IrO_2} + 0{,}5O_2 \rightleftharpoons IrO_{3(g)}$	1373 → 1173
	$\underline{Fe_2O_3} + 6HCl \rightleftharpoons 2FeCl_{3(g)} + 3H_2O$	1273 → 1073
	$\underline{SiO_2} + SiI_{4(g)} \rightleftharpoons 2SiO_{(g)} + 4I_{(g)}$	1543 → 1273
	$\underline{SiO_2} + 2SiI_{2(g)} \rightleftharpoons 2SiO_{(g)} + SiI_{4(g)}$	
Halogenide	$\underline{VCl_3} + 0{,}5Cl_2 \rightleftharpoons VCl_{4(g)}$	573 → 523
	$\underline{NbCl_{3(s)}} + NbCl_{5(g)} \rightleftharpoons 2NbCl_{4(g)}$	663 → 628
	$\underline{MoCl_{3(s)}} + MoCl_{5(g)} \rightleftharpoons 2MoCl_{4(g)}$	573 → 523
Sulfide,	$\underline{FeS} + I_{2(g)} \rightleftharpoons FeI_{2(g)} + 0{,}5S_{2(g)}$	1173 → 973
Selenide,	$\underline{CdS} + I_{2(g)} \rightleftharpoons CdI_{2(g)} + 0{,}5S_{2(g)}$	1273 → 673
Telluride	$\underline{ZnSe} + I_{2(g)} \rightleftharpoons ZnI_{2(g)} + 0{,}5Se_{2(g)}$	1323 → 1073
	$\underline{CrTe} + I_{2(g)} \rightleftharpoons CrI_{2(g)} + 0{,}5Te_{2(g)}$	1298 → 1123

[1]) Die Symbole der Stoffe, deren Transport über die Gasphase erfolgt, sind unterstrichen

[108]. Der Transport von TaS_2 und NbS_2 erfolgt bei niedrigeren Temperaturen und höheren Schwefeldrücken von $T_2 \rightarrow T_1$:

$$MS_{2,s} + x/8\, S_{8,g} = MS_{(x+2),g} \quad \text{(endotherm)},$$

während sich bei höheren Temperaturen oder niedrigeren Schwefeldrücken ein Transport zur heißeren Zone ($T_1 \rightarrow T_2$) ergibt:

$$MS_{2,s} + x/2\, S_{2,g} = MS_{(x+2),g} \quad \text{(exotherm)}.$$

Bei M = Ta konnte von SCHÄFER für $(x + 2)$ der Wert 5 (eventuell auch 6) abgeleitet werden [107b].

Für den Transport von SiS_2 über gasförmige Polysulfide ergeben sich analoge Sachverhalte [109]:

$$SiS_{2,s} + x/8\, S_{8,g} = SiS_{(x+2),g} \quad \text{(endotherm)}$$

$$SiS_{2,s} + x/2\, S_{2,g} = SiS_{(x+2),g} \quad \text{(exotherm)}$$

$$SiS_{2,s} = SiS_{2,g} \quad \text{(endotherm)}$$

$$SiS_{2,s} = SiS_g + 0{,}5\, S_{2,g} \quad \text{(endotherm)}$$

Ebenso wird TiS_2 über gasförmige Polysulfide transportiert [109].

Die Untersuchungen belegen insgesamt, daß bei zahlreichen Sulfidsynthesen aus stöchiometrischen Ansätzen der Elemente (T z. B. 1000 K) immer dann ein Transport des Sulfids über gasförmige Polysulfide erfolgt, solange noch gasförmiger Schwefel vorliegt. Erst nach dessen völligem Verbrauch setzt der Transport aus [109].

Die in diesem Kapitel angeführten Beispiele zeigen trotz ihres Auswahlcharakters, daß es möglich sein sollte, bei Wahl geeigneter Reaktionsbedingungen und entsprechender „Transportmittel" auch zahlreiche weitere Stoffe einem Transport über die Gasphase zu unterwerfen. Bei komplizierten Synthesen gestattet es das „Kooperative Transportmodell", ausgehend von thermodynamischen Daten, optimale experimentelle Bedingungen für die angestrebte Synthese vieler fester Stoffe einzustellen [110].

5. Zur Thermodynamik von Festkörperreaktionen

5.1. Einleitung

Die Festkörperthermodynamik gehört zu den eigenständigen Disziplinen, die für eine erfolgreiche Bearbeitung festkörperchemischer Probleme notwendig sind (Kap. 2.1.).

Allgemein unterscheidet man in der Thermodynamik zwischen drei Arten einer Betrachtungsweise:

Allgemeine oder phänomenologische Thermodynamik,
statistische Thermodynamik,
kinetische Theorie der Stoffe als spezielle Variante der statistischen Behandlung.

Hierbei stellt die statistische Thermodynamik das Bindeglied zwischen den Aussagen der allgemeinen Thermodynamik und den Gesetzmäßigkeiten her, die das atomistisch-strukturelle Modell des Festkörpers beschreiben.

Für die Festkörperchemie ist in vielen Fällen bestimmend, daß sie sich auf zahlreichen Teilgebieten als eine „Chemie der Kristallbaufehler" entwickelt hat. Somit spielt auch die *Fehlstellenthermodynamik* im Rahmen der festkörperthermodynamischen Untersuchungen eine zentrale Rolle. Sie liefert zum einen wesentliche Grundlagen für ein näheres Verständnis der Transportphänomene (Kap. 4). Zum anderen ist zu beachten, daß sich die Festkörperchemie vielfach mit Gleichgewichten bzw. partiellen Gleichgewichten und stationären Zuständen zwischen der festen Phase eines Reaktanden und anderen Phasen beschäftigen muß. Damit ergibt sich als weitere wichtige Aufgabe der Fehlstellenthermodynamik die Untersuchung des Einflusses anderer koexistierender Phasen auf die Konzentration und Art der spezifischen Fehlstellen in der Ausgangskomponente. Hierbei handelt es sich nahezu ausschließlich um die Betrachtung von Punktfehlstellen, die meßbare Gleichgewichtskonzentrationen aufweisen (Kap. 5.2.).

Ebenso ist in einer ganzen Reihe von Fällen (z. B. Halbleiter, nichtstöchiometrische intermetallische Phasen) der Einfluß der Elektronenkonzentration auf die Fehlordnungsthermodynamik zu berücksichtigen. Beispielsweise konnte ENGELL zeigen, daß in bestimmten β-HUME-ROTHERY-Phasen die Bildung von Leerstellen in starkem Maße durch den Anstieg der Elektronenenergie (als Folge der Legierungsbildung) bedingt ist [111].

Weiterhin befaßt sich die Festkörperthermodynamik mit den klassischen Untersuchungsgebieten der chemischen Thermodynamik: Bestimmung der Molwärmen, Bereitstellung von Standardwerten der Enthalpie-, Entropie- und Freien Enthalpie-Änderungen bei Verbindungsbildung aus den Elementen usw. Hinzu kommen die Untersuchungen spezieller thermodynamischer Probleme, die bei Festkörperreaktionen auftreten: Phasen- sowie Ordnung-Unordnungs-Umwandlungen, Lösungen von Gasen in Festkörpern, speziell in Metallen, Existenz von Phasen hoher Fehlordnung (extended defects) usw.

In gleicher Weise wie bei der Klassifizierung von Festkörperreaktionen (Kap. 2.3.) ergeben sich für eine Systematisierung der Festkörperthermodynamik unterschiedliche Gesichtspunkte [14].

Die Behandlung nach *stofflichen Gesichtspunkten* basiert auf der Einteilung der Festkörper entsprechend ihrem Hauptbindungstyp (Ionenkristalle, Metallkristalle, kovalente Kristalle, Molekülkristalle) bzw. dem Ordnungsgrad der Aggregation (siehe Gläser).

Im Fall der Klassifizierung nach *thermodynamisch-methodischen Merkmalen* ist zwischen Ein- und Mehrstoffsystemen zu unterscheiden. Bei letzteren sind wiederum ein- und mehrphasige Systeme zu betrachten, die entsprechend den Gebieten der Mischphasenthermodynamik bzw. heterogenen Gleichgewichte behandelt werden.

Bei der Gliederung nach *phänomenologischen Aspekten* werden die Teilgebiete, die sich mit Fehlstellen, Nichtstöchiometrie, Phasenumwandlungen usw. beschäftigen, zur Grundlage des Klassifizierungsprinzips gemacht.

Entsprechend den vielfältigen Bedürfnissen der präparativen Festkörperchemie bietet die Darstellung festkörperthermodynamischer Themenkomplexe auf der Grundlage von Stoffklassen eine Reihe unmittelbarer Vorteile. Diese sind zumeist rein methodischer Art (vgl. auch Kap. 2.3.2.) und allerdings nur dann nutzbar, wenn von einer genauen Kenntnis der thermodynamisch-methodischen sowie phänomenologischen Gesichtspunkte ausgegangen werden kann.

5.2. Fehlstellenthermodynamik

Die Fehlstellenthermodynamik befaßt sich mit Untersuchungen zur Fehlstellenkonzentration als Funktion der unabhängigen thermodynamischen Variablen. Das Auftreten einer Fehlordnung in Festkörpern ist thermodynamisch verständlich. Bekanntlich ist im stabilen thermodynamischen Gleichgewicht der angestrebte Zustand unter isotherm-isobaren Bedingungen durch einen Minimalwert der Freien Enthalpie G gekennzeichnet[1]):

$$G = U + pV - TS_f = H_f - TS_f. \tag{10}$$

U — Innere Energie,
p — Druck,
V — Volumen,
T — absolute Temperatur,
S_f — Fehlordnungsentropie,
H_f — „Fehlordnungsenergie", Bildungsenthalpie der Defekte (vgl. auch Kap. 4.2.1., Abb. 33)

Aus Gl. (10) folgt, daß der Einfluß des Energieterms TS_f auf die Größe von G um so stärker ist, je höher die Temperatur wird; d. h. mit steigender Temperatur wird die Freie Enthalpie in zunehmendem Maße von der Entropie des Systems bestimmt. Eine Entropiezunahme ist gleichbedeutend mit einer Erhöhung der Fehlordnung[2]).

Dem Aufwand an Bildungsenthalpie der Defekte steht ein mit der Temperatur wachsender Energiegewinn TS_f infolge der Fehlordnungsentropie entgegen. Das für den Gleichgewichtszustand geltende Minimum der Freien Bildungsenthalpie ist gewissermaßen als Kompromiß zwischen Enthalpieaufwand und Entropieänderung anzusehen.

Es wurde bereits mehrfach darauf hingewiesen, daß von den vielfältigen Kristallfehlern (Kap. 3.2.) lediglich die nulldimensionalen Baufehler (Punktfehler) im thermodynamischen Gleichgewicht vorkommen. Das läßt sich wie folgt beweisen:

Ein Kristall bestehe aus N_0 Atomen und weise n Punktfehler (Leerstellen) auf. Die Bildungsenthalpie pro Defekt soll ε betragen. Somit ergibt sich als Gesamtwert der Bildungsenthalpie aller Defekte

$$H = n \cdot \varepsilon. \tag{11}$$

[1]) Nachfolgend wird stets vorausgesetzt, daß die Einstellung der Fehlordnungsgleichgewichte keinerlei kinetischen Hemmungen unterworfen ist.

[2]) Selbst bei $T = 0$ K ist keine vollständige Lokalisierung der Gitterbausteine vorhanden, da diese (als schwingungsfähige Gebilde) noch eine kinetische Nullpunktsenergie vom Betrag $1/2\ h\nu$ (ν — Schwingungsfrequenz) je Schwingungsfreiheitsgrad besitzen. Somit können bereits diese auftretenden Abweichungen von den kristallographisch fixierten Gitterpunkten als prinzipielle Störungen des Kristallgitters angesehen werden.

Die Zahl der möglichen Plätze für einen Punktfehler liegt in der Größenordnung N_0; für die Zahl der möglichen Anordnungen (thermodynamische Wahrscheinlichkeit W) folgt:

$$W = \frac{N_0!}{n!(N_0 - n)!}. \tag{12}$$

Wegen

$$S = k \ln W \tag{13}$$

k — Boltzmann-Konstante ($1{,}3806 \cdot 10^{-23}$ J K^{-1})

ergibt sich für den Beitrag $G = H - TS$ zur Freien Enthalpie der Punktfehler

$$\Delta G = n \cdot \varepsilon - kT \ln \frac{N_0!}{n!(N_0 - n)!}. \tag{14}$$

Da

$$\ln x! \approx x \ln x \tag{15}$$

ist, geht Gl. (14) über in

$$\Delta G \approx n \cdot \varepsilon - kT\{N_0 \ln N_0 - (n \ln n) - [(N_0 - n) \ln (N_0 - n)]\}. \tag{16}$$

Auf Grund der Gleichsgewichtsbedingung

$$\left(\frac{\partial \Delta G}{\partial n}\right)_{pT} = 0 \tag{17}$$

erhält man aus Gl. (16) schließlich die Bildungsenthalpie eines Punktdefektes:

$$\left(\frac{\partial \Delta G}{\partial n}\right)_{p,T} \approx \varepsilon - kT[-\ln n - 1 + \ln (N_0 - n) + 1] \tag{18}$$

$$\approx \varepsilon - kT \ln \frac{N_0 - n}{n} = 0 \tag{19}$$

d. h.:

$$\varepsilon \approx kT \ln \frac{N_0 - n}{n}. \tag{20}$$

Da die Anzahl n der Punktfehler sehr klein gegenüber der Gesamtatomzahl N_0 ist ($n \ll N_0$), folgt unmittelbar

$$\frac{n}{N_0} \cong \exp(-\varepsilon/kT). \tag{21}$$

Man erkennt, daß die Fehlstellenkonzentration exponentiell mit der Temperatur zunimmt. Für $T > 0$ ist die Konzentration an Punktdefekten ungleich Null; diese Aussage gilt auch für einen unendlich großen Kristall.

Das Auftreten ein-, zwei- und dreidimensionaler Fehler führt zu folgenden Beziehungen (vgl. auch [112]):

Eindimensionale Baufehler, z. B. Versetzungen (Kap. 3.2.3.)

Der Kristall bestehe wiederum aus N_0 Atomen, und die Zahl der Linienfehler betrage l. Eine Linie enthält $N_0^{1/3}$ Atome, entsprechend ergibt sich für den Gesamtenthalpiebetrag aller Linienfehler

$$H = l \cdot N_0^{1/3}\varepsilon. \tag{22}$$

ε — Bildungsenthalpie eines „Fehlers" innerhalb einer Atomreihe

Eine Linie läßt sich auf $N_0^{2/3}$ verschiedene Möglichkeiten anordnen, so daß für die thermodynamische Wahrscheinlichkeit W die Beziehung

$$W = \frac{N_0^{2l/3}}{l!} \tag{23}$$

gilt.

Der Beitrag G zur Freien Enthalpie der Linienfehler ist somit

$$\Delta G = lN_0^{1/3}\varepsilon - lkT \ln \frac{N_0^{2l/3}}{l!} \tag{24}$$

$$\cong lN_0^{1/3}\varepsilon - lkT \ln (N_0^{2/3}/l) - kTl. \tag{25}$$

Die Anzahl der Versetzungslinien im Gleichgewicht wird folglich durch

$$l \cong N_0^{2/3} \exp(-\varepsilon N_0^{1/3}/kT) \tag{26}$$

beschrieben. Aus dieser Gleichung folgt, daß die Anzahl der eindimensionalen Fehler l gegen Null geht, wenn $N_0 \to \infty$.

Ebenso lassen sich die Beziehungen für die Anzahl *zweidimensionaler Fehler* (Flächenfehler q) bzw. die der *dreidimensionalen Fehler* (Volumenfehler v) im Gleichgewicht ableiten:

$$q \cong N_0^{1/3} \exp(-\varepsilon N_0^{2/3}/kT) \tag{27}$$

$$v \cong \exp(-\varepsilon N_0/kT). \tag{28}$$

ε — Bildungsenthalpie eines „Fehlers" innerhalb einer fehlgeordneten Fläche bzw. eines fehlgeordneten Volumens

Man ersieht aus den Gln. (27) und (28), daß auch bei den höherdimensionierten Kristallbaufehlern deren Gleichgewichtskonzentrationen für $N_0 \to \infty$ (unendlich großer Kristall) gegen Null gehen. Folglich hat man bei Gleichgewichtsbetrachtungen von Kristallbaufehlern lediglich die Punktfehler in Rechnung zu stellen.

Die mit Gl. (21) formulierte Beziehung gilt für den einfachsten Fall einer Fehlordnung (Fehlstelle). Unter Annahme eines durchschnittlichen Wertes für die Bildungsenthalpie der Fehlstellen von 1 eV $\cong$ 96,5 kJ mol^{-1} (vgl. Tab. 15) und $T = 1000$ K resultiert für den Fehlordnungsgrad ein Wert von $n/N_0 \approx 10^{-5}$, d. h., demnach wäre jeder hunderttausendste Gitterplatz fehlgeordnet (vgl. auch Tab. 6).

Bei der SCHOTTKY-Fehlordnung (Kap. 3.2.1.) treten gleich viele Leerstellen im Kationen- und Anionenteilgitter auf. Hierbei erhält man für die Fehlstellenkonzentration die Beziehung

$$n \cong N_0 \exp\left(-\varepsilon_p/2kT\right). \quad (29)$$

ε_p — Bildungsenthalpie eines Fehlstellenpaares

Im Fall der FRENKEL-Fehlordnung (Kap. 3.2.1.) ergibt sich die Zahl n der Fehlstellen zu:

$$n \cong (N_0 N')^{1/2} \exp\left(-\varepsilon_i/2kT\right). \quad (30)$$

N_0 — Zahl der Gitterplätze,
N' — Zahl der Zwischengitterplätze,
ε_i — Enthalpiebetrag zur Überführung eines Ions (Kations) von einem Gitterplatz auf einen Zwischengitterplatz

Tabelle 15 enthält für eine Reihe von Metall- und Ionenkristallen die Werte der molaren Fehlordnungsenthalpie.

Tabelle 15: Bildungsenthalpie von Punktfehlern bei Metall- und Ionenkristallen (nach [47])

Metallkristall	ΔH^0 in kJ mol^{-1}	Ionenkristall	ΔH^0 in kJ mol^{-1}
Pb	37,7 ± 2,5	β-AgI	108,9 ± 8,3
Al	73,7 ± 6,7	γ-Cu_2S	129,9 ± 4,1
Au	90,9 ± 8,4	AgBr	135,8 ± 1,3
Ag	105,2 ± 9,6	NaCl	192,7 ± 8,3
Cu	113,1 ± 10,5	γ-CuI	192,7 ± 16,8

Auf die in Festkörpern vorliegenden Fehlordnungsgleichgewichte läßt sich ebenfalls das Massenwirkungsgesetz anwenden. Zur Beschreibung des Reaktionsgleichgewichtes werden die Teilchen auf regulären Gitterplätzen sowie die strukturell möglichen bzw. besetzten Fehlstellen herangezogen. Dieses Vorgehen sei am Beispiel eines AB-Kristalls mit FRENKEL-Fehlordnung (z. B.: AgBr) erläutert, für deren Ausbildung folgende Reaktionsgleichung gilt:

$$A_A^\times + V_i^\times \rightleftharpoons V_A' + A_i^\cdot. \tag{31}$$

Mit den entsprechenden Konzentrationen kann der Massenwirkungsausdruck und somit die Gleichgewichtskonstante K der Reaktion (31) formuliert werden:

$$\frac{C_{V_A'} \cdot C_{A_i^\cdot}}{C_{A_A^\times} \cdot C_{V_i^\times}} = K. \tag{32}$$

Wegen

$$\Delta G^0 = -RT \ln K \tag{33}$$

und

$$\Delta G^0 = \Delta H^0 - T\Delta S^0 \tag{34}$$

ergibt sich für K:

$$K = \exp\left(\frac{-\Delta G^0}{RT}\right) = \exp\left(\frac{-\Delta H^0}{RT}\right) \exp\left(\frac{\Delta S^0}{R}\right). \tag{35}$$

In Tab. 16 sind für Silberbromid die Standardwerte der Reaktionsenthalpie ΔH^0 und -entropie ΔS^0 von Fehlstellenreaktionen zusammengestellt [113]. Wegen weiterer Werte für andere Reaktionen vgl. [14, S. 236].

Die letzte Gleichung in Tab. 16 beschreibt die Abhängigkeit der Fehlstellenkonzentration im AgBr von der Bromaktivität (als einer weiteren unabhängi-

Tabelle 16: Thermodynamische Daten für Fehlstellenreaktionen im Silberbromid

Reaktion	ΔH^0 in kJ mol^{-1}	ΔS^0 in J K^{-1} mol^{-1}
$Ag_{Ag}^\times = V'_{Ag} + Ag_i^\cdot$	122,8	107,3
$0 = e' + h^\cdot$ [1])	326,8	104,8
$0 = V_{Ag}^\times + V_{Br}^\times$	457,9	140,0
$Ag_{Ag}^\times + Br_{Br}^\times = V'_{Ag} + V_{Br}^\cdot + AgBr$	150,8	−55,7
$1/2\,Br_2 + Ag_{Ag}^\times = AgBr + V'_{Ag} + h^\cdot$	106,4	20,5

[1]) Im Teilchenbild entsprechen diese elektronischen Fehlstellen $Ag'_{Ag}(e')$ bzw. $Br_{Br}^\cdot(h^\cdot)$

gen thermodynamischen Variablen). Man ersieht daraus, daß sich die Fehlstellenthermodynamik nicht nur auf die Behandlung der Gleichgewichtsbeziehungen zwischen den Strukturelementen der Fehlordnung im Kristall zu beschränken hat. Vielmehr besteht in diesem Fall sowie bei ähnlichen Systemen (z. B. Oxiden, Sulfiden) natürlich auch ein Zusammenhang zwischen der Fehlstellenkonzentration und dem Potential der nichtmetallischen Komponente[1]). Das soll abschließend am Beispiel des Cobalt(II)-oxids kurz erläutert werden.

Dieses Oxid gehört zu der Gruppe nichtstöchiometrischer Ionenkristalle, die ein Kationendefizit aufweisen (Kap. 3.3.2.). Die betreffende Fehlstellenreaktion bei geringen Sauerstoffpotentialen lautet (vgl. auch Kap. 3.4.):

$$3\,\mathrm{Co}_{\mathrm{Co}}^{\times} + 1/2\,\mathrm{O}_2 = V_{\mathrm{Co}}'' + 2\,\mathrm{Co}_{\mathrm{Co}}^{\cdot}(+\,\mathrm{CoO}). \tag{36}$$

Es wird vorausgesetzt, daß sich das System im thermodynamischen Gleichgewicht befindet; unter isotherm-isobaren Bedingungen hat die Freie Enthalpie einen Minimalwert angenommen. Entsprechend den oben dargelegten Ausführungen kann für die Fehlstellenreaktion (36) folgender Massenwirkungsausdruck formuliert werden:

$$\frac{x_{V_{\mathrm{Co}}''} \cdot x_{\mathrm{Co}_{\mathrm{Co}}^{\cdot}}^2 \cdot a_{\mathrm{CoO}}}{a_{\mathrm{Co}_{\mathrm{Co}}^{\times}}^3 \cdot p_{\mathrm{O}_2}^{1/2}} = K = \exp - \frac{\Delta G^0}{RT}. \tag{37}$$

x_i — Molenbruch

Für das Cobalt(II) oxid, CoO ($\mathrm{Co}_{1-\delta}\mathrm{O}$), ergibt sich die Aktivität 1 (geringes Kationendefizit; bei $p_{\mathrm{O}_2} = 0{,}98 \cdot 10^5$ Pa und 1273 K beträgt $\delta = 6{,}5 \cdot 10^{-3}$ [114]); ebenso befinden sich die $\mathrm{Co}_{\mathrm{Co}}^{2+}$-Strukturelemente ($\mathrm{Co}_{\mathrm{Co}}^{\times}$) im Standardzustand, so daß unmittelbar folgt:

$$x_{V_{\mathrm{Co}}''} \cdot x_{\mathrm{Co}_{\mathrm{Co}}^{\cdot}}^2 = K \cdot p_{\mathrm{O}_2}^{1/2}. \tag{38}$$

Auf Grund der Fehlordnung im Cobalt(II)-oxid, die der im Nickel(II)-oxid entspricht[2]) (vgl. Abb. 21), besteht die Beziehung

$$2x_{V_{\mathrm{Co}}''} \approx x_{\mathrm{Co}_{\mathrm{Co}}^{\cdot}}. \tag{39}$$

[1]) Der Partialdruck der elektronegativen Komponente (z. B. Brom-, Sauerstoff- bzw. Schwefelpartialdruck) ist eine experimentell bequem zu handhabende Größe.

[2]) Für $\mathrm{Ni}_{1-\delta}\mathrm{O}$ ergibt sich bei $p_{\mathrm{O}_2} = 0{,}98 \cdot 10^5$ Pa und 1273 K das Kationendefizit zu $\delta \approx 5 \cdot 10^{-5}$ [115].

Damit ergibt sich durch Einsetzen von $x_{Co_{Co}^{\cdot}}$ aus (39) in Gl. (38) schließlich für die Sauerstoffpotentialabhängigkeit der Fehlstellenkonzentration im $Co_{1-\delta}O$:

$$x_{V_{Co}''} = (1/4\,K)^{1/3}\,p_{O_2}^{1/6}. \tag{40}$$

Analog dem hier gezeigten Beispiel können die entsprechenden Abhängigkeiten auch für höhere Ionenverbindungen und ternäre Mischphasen gewonnen werden (vgl. dazu die Beispiele in [14]). Allerdings gestaltet sich in derartigen Fällen die Ermittlung funktionaler Beziehungen wegen der großen Zahl möglicher Fehlordnungstypen wesentlich komplizierter.

Ein weiterer Fall liegt dann vor, wenn sich zwar zwischen Matrixverbindung und koexistierender Gasphase das Gleichgewicht eingestellt hat, dieses jedoch nicht bezüglich der Fremdatome des Gitters zutrifft. Die Fremdatome können für sich kein wirkliches Gleichgewicht ausbilden. Zur Behandlung derartiger partieller Gleichgewichte vgl. man zum Beispiel die Angaben in [7].

6. Experimentelle Methoden zur Untersuchung von Festkörperreaktionen

Das nähere Studium anorganischer Festkörperreaktionen basiert auf einer genauen Kenntnis der Fehlordnung, des Stofftransports, der thermodynamischen und kinetischen Gesetzmäßigkeiten sowie einer umfassenden Charakterisierung der Ausgangs-, Zwischen- und Endprodukte. Zur Untersuchung des Festkörpers sowie der ablaufenden Reaktionen werden zahlreiche Methoden der experimentellen Physik und Chemie herangezogen, die auch von anderen Arbeitsgebieten her bekannt sind. Dabei ergeben sich wegen des engen Zusammenhangs zwischen Fehlordnung, Stofftransport und Festkörperreaktion teilweise Überschneidungen hinsichtlich der angewandten Methoden.

6.1. Nachweis der Fehlordnung und Bestimmung von Fehlordnungsdaten

Zahlreiche Festkörpereigenschaften hängen unmittelbar von der Fehlordnung ab: Elektrische Leitfähigkeit, Diffusionsverhalten, Röntgenbeugung, Molwärme bei hohen Temperaturen, Gitterausdehnung usw. Somit ist es andererseits möglich, durch Untersuchung derartiger Eigenschaften eine Überprüfung der Fehlordnungsmodelle vorzunehmen sowie Fehlordnungsdaten zu ermitteln (vgl. z. B. [40]).

Messungen der *elektrischen Leitfähigkeit* haben in starkem Maße dazu beigetragen, speziell den Fehlordnungszustand in Ionenkristallen (mit mehr oder weniger großem Anteil an kovalenter Bindung) und die Beeinflussung der Fehlordnung durch Temperatur und Gaszusammensetzung (Kap. 5.2.) sowie Fremdionen (Kap. 3.3.2.) zu untersuchen. Entsprechend dem Auftreten einer (überwiegenden) Kationen-, Anionen- bzw. Elektronenfehlordnung (Defektelektronen und freie Elektronen) in Kristallen sind die Leitfähigkeitsmessungen durch Überführungsuntersuchungen zu ergänzen, um die Anteile der verschiedenen Ladungsträger am Stromtransport zu ermitteln. Dieses ist mittels der TUBANDTschen Überführungsmethode möglich [116]. In Abb. 36 sind das Meßprinzip sowie die bei der Untersuchung von Silberiodid auftretenden Elektrodenreaktionen angegeben. Zwischen den Silberelektroden befinden sich α-AgI-Zylinder, die mit ihren geschliffenen Stirnflächen fest aneinandergepreßt sind. Ebenso ist für einen möglichst idealen Kontakt zwischen den Silberelektroden und den AgI-Zylindern zu sorgen[1]). Mittels des Coulometers C läßt

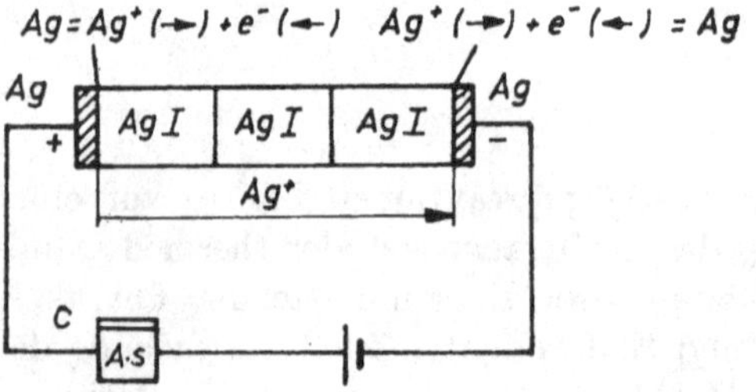

Abb. 36: Versuchsanordnung zur Messung der Überführungszahlen im AgI sowie Phasengrenzreaktionen
C – Coulometer

sich die durch die Zylinder geflossene Strommenge bestimmen, und folglich können die zu transportierenden Ionenäquivalente errechnet werden. Durch Auswägen der einzelnen Zylinder nach Abschluß des Versuches kann ein Vergleich mit den berechneten Ionenäquivalenten vorgenommen werden. Man fand, daß die Stromleitung im Temperaturbereich 373–673 K (Argonatmosphäre) ausschließlich durch Silberionen bewirkt wird [116]. Iodidionen und Elektronen sind unter diesen Reaktionsbedingungen an der Stromleitung praktisch nicht beteiligt. Werden die Überführungsmessungen (am AgI) dagegen in Gegenwart von Ioddampf durchgeführt, beobachtet man einen bestimmten Anteil an Defektelektronenleitung [117, 118].

Neben dem Auswägen der einzelnen Tabletten zieht man zur Bestimmung der Überführungszahlen auch die *Markierungsmethode* heran. Danach werden vor Beginn des Versuchs „inerte“ Markierungen (z. B. Pt-Drähte) an bestimmten

[1]) Bei der Untersuchung zahlreicher Verbindungen (z. B. α-Ag_2S, AgBr) tritt an der Katode eine Metallfadenbildung auf, die zu einem elektrischen Kurzschluß führt. In derartigen Fällen müssen Hilfselektrolyte angewandt werden. Für Überführungsmessungen ergeben sich dann Ketten der Art: Silberkatode/AgI/AgI/Ag_2S/Ag_2S/Silberanode.

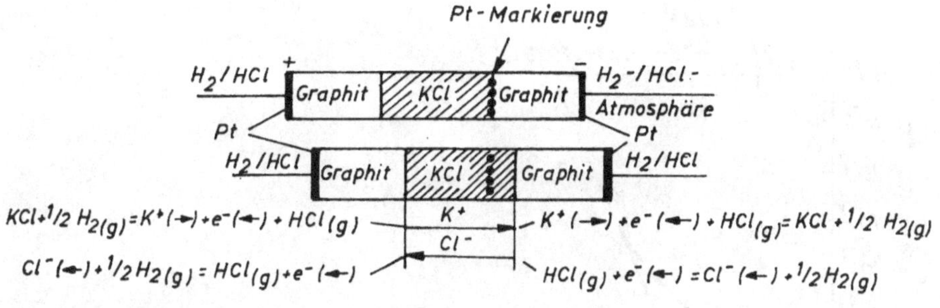

Abb. 37: Messung der Überführungszahlen im KCl: Versuchsanordnung und Phasengrenzreaktionen

Phasengrenzen fixiert. Ihre relative Verschiebung als Folge eines aufgetretenen Stofftransports ermöglicht die Ermittlung der Überführungszahlen.

In Abb. 37 ist dieser Sachverhalt für die Versuchsanordnung zur Messung der Überführungszahlen von K^+- und Cl^--Ionen im KCl dargestellt. Schmalzried [119] konnte nachweisen, daß die K^+-Ionen eine wesentlich größere Beweglichkeit als die Cl^--Ionen besitzen (Überführungszahl t_{K^+}: 0,88, t_{Cl^-}: 0,12, jeweils bei 873 K); folglich wächst — entsprechend der Darstellung in Abb. 37 — der KCl-Kristall nach rechts über die Platinmarkierung hinaus (bei gleichzeitigem Abbau auf der linken Seite).

Zur Ermittlung der Gesamtleitfähigkeit σ benutzt man lediglich eine Tablette, die sich zwischen den beiden Elektroden befindet. Bei diesen Messungen unterscheidet man zwischen zwei Temperaturbereichen. Bei höheren Temperaturen sind der Anteil und die Beweglichkeit der thermischen Fehlordnungszentren so groß, daß diese den Wert der elektrischen Leitfähigkeit bestimmen (Bereich der *Eigenleitung*). Bei mittleren und niedrigen Temperaturen dagegen überwiegt der Einfluß der durch Verunreinigungen hervorgerufenen Fehlstellen. In Abb. 38 ist der Temperaturverlauf der elektrischen Leitfähigkeit von calciumionenhaltigem Kaliumchlorid (Ca^{2+}-Gehalt: 10^{-8} bis 10^{-9} Mol-%) dargestellt [120]. Oberhalb etwa 470 K bestimmt die hohe Beweglichkeit der thermischen Ionenfehlordnungsstellen die elektrische Leitfähigkeit; unterhalb dieser Temperatur macht sich der Einfluß der Fremdionen auf die Fehlordnung deutlich bemerkbar: Die Anwesenheit von Ca^{2+}-Ionen hat die Ausbildung (zusätzlicher) Leerstellen im Kationenteilgitter des Kaliumchlorids zur Folge (vgl. Kap. 3.2.2.), was einen Stoff- und Ladungstransport vorrangig durch die K^+-Ionen nach dem Leerstellenmechanismus (Kap. 4.2.1.) ermöglicht.

Zum Nachweis der Leerstellenbildung können auch weitere klassische Untersuchungsmethoden herangezogen werden. Aus Abb. 11 (s. S. 45) ist ersicht-

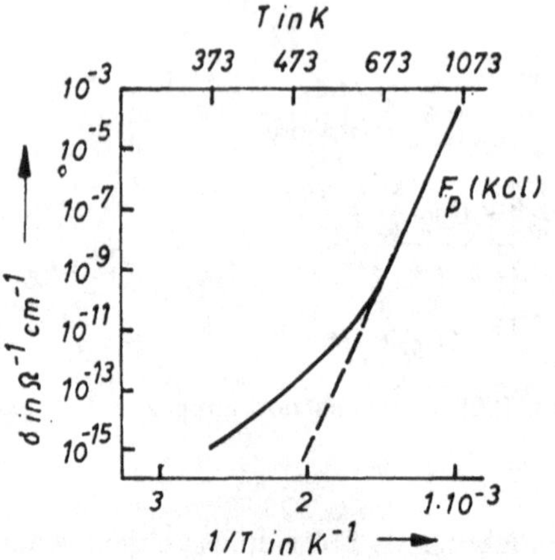

Abb. 38: Eigen- und Fremdleitung im System $KCl-CaCl_2$

lich, daß im System $KCl-CaCl_2$ für jedes dotierte Ca^{2+}-Ion eine Leerstelle im K^+-Ionenteilgitter geschaffen wird. Bei rein additivem Verhalten sollte die *Kristalldichte* mit steigendem Ca^{2+}-Ionen-Gehalt (auf Grund der größeren Molmasse von $CaCl_2$) zunehmen, sofern keine Leestellenbildung auftritt (Abb. 39, Kurve a). Die experimentellen Ergebnisse belegen jedoch, daß eine Substitution von K^+-Ionen durch Ca^{2+}-Ionen die Dichte deutlich verringert (Abb. 39, Kurve b).

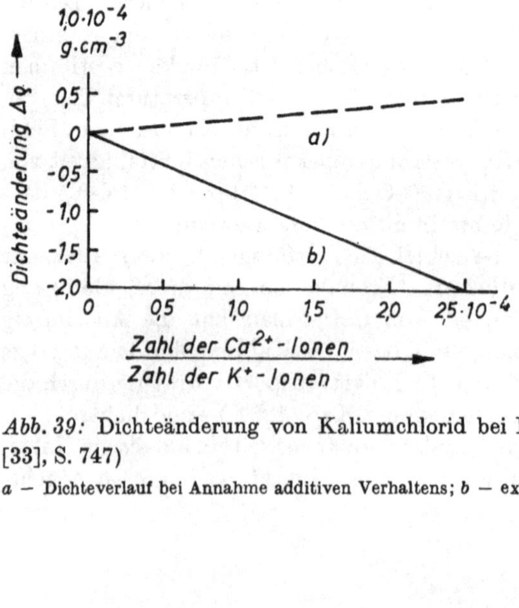

Abb. 39: Dichteänderung von Kaliumchlorid bei Dotierung mit Calciumchlorid (nach [33], S. 747)

a – Dichteverlauf bei Annahme additiven Verhaltens; *b* – experimentelle Werte

Die Leerstellenbildung entsprechend dem SCHOTTKY-Fehlordnungstyp (Kap. 3.2.1.) kann durch Messung der makroskopisch bestimmten *Längenausdehnung* $\Delta L/L$ der Proben beim Erwärmen und der röntgenographisch ermittelten *Gitterausdehnung* $\Delta a/a$ nachgewiesen werden[1]). Bei Kristallen mit SCHOTTKY-Fehlordnung wandern als Folge der Temperaturerhöhung Atome bzw. Ionen aus dem Innern an die Oberfläche und bewirken somit eine zusätzliche Volumenvergrößerung des Kristalls. Die Differenz zwischen den beiden Größen $\Delta L/L$ und $\Delta a/a$ ist ein Maß für die Leerstellenkonzentration. Abb. 40 enthält entsprechende Angaben zum Nachweis der SCHOTTKY-Fehlordnung in Aluminium [121].

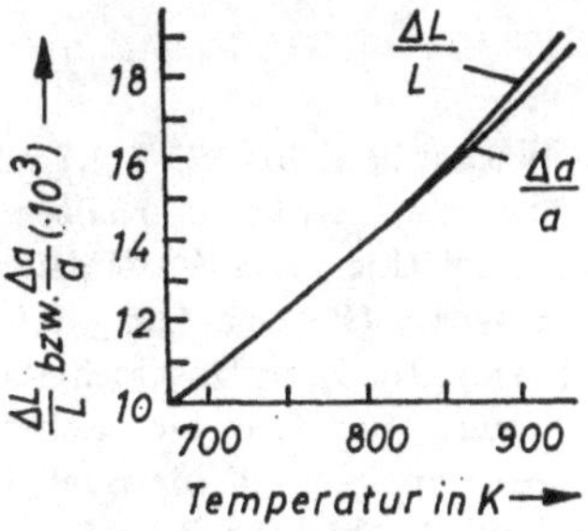

Abb. 40: Unterschiedliche Längenausdehnung von Aluminiumproben als Folge der SCHOTTKY-Fehlordnung

L und *a* gelten für 293 K

Weiterhin ermöglichen *Molwärmemessungen* detaillierte Aussagen zum Fehlordnungsverhalten von Festkörpern. Für die Ausbildung der im thermischen Gleichgewicht auftretenden Punktfehlstellen ist ein bestimmter Energiebetrag erforderlich (Kap. 5.2.), der über den linearen Anstieg der Molwärmen bei tieferen Temperaturen hinausgeht. Aus den Angaben der Abb. 41 folgt der Fehlordnungseinfluß auf die Temperaturabhängigkeit der spezifischen Wärmekapazität von Silberbromid bei konstantem Druck [122, 123]. Man erkennt, daß sich der Fehlordnungsbeitrag zur Molwärme schon bei um 200 K niedrigeren Temperaturen als der Schmelzpunkt bemerkbar macht; er beläuft sich am Schmelzpunkt (695 K) auf etwa 50%. Eine Zusammenstellung weiterer Beispiele, auch von Meßergebnissen an Metallkristallen, findet sich in [47].

Die Ermittlung der Bildungsenthalpie von Fehlstellen durch verschiedene Meßmethoden (Dilatometer- bzw. Molwärmemessungen) führt auch bei Metallen zu weitgehend übereinstimmenden Werten. In [124] wurde aus kalorischen Messungen die molare Bildungsenthalpie von Punktfehlern bei Silber zu $90{,}2 \pm 1{,}6$ kJ mol^{-1} bestimmt.

[1]) Bei Ionenkristallen kann diese Methode zur Unterscheidung zwischen FRENKEL- und SCHOTTKY-Fehlordnung herangezogen werden. Bei kleinen Fehlordnungsgraden tritt im Fall der FRENKEL-Defekte keine makroskopische Volumenvergrößerung auf.

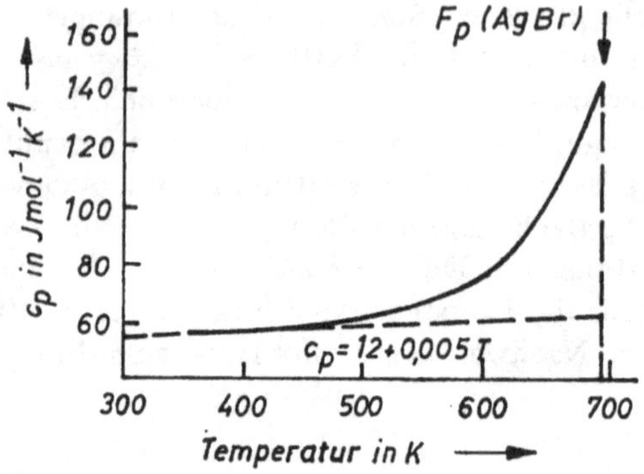

Abb. 41: Molwärme c_p von Silberbromid

Sie entspricht den aus Dilatometermessungen ermittelten Werten (98,6 bis $105 \pm 9{,}7$ kJ mol^{-1}, siehe Angaben in [124]; vgl. auch Tab. 15). Der über die Molwärme erhaltene Fehlordnungsgrad für Silber liegt dagegen mit $(35 \pm 10) \cdot 10^{-4}$ (für 1234 K) deutlich höher als die nach der Dilatometermethode gewonnenen Werte (Bereich $(1{,}6 \pm 0{,}6) \times 10^{-4}$ bis $(4{,}2 \pm 1{,}4) \cdot 10^{-4}$, jeweils für 1234 K; vgl. auch Tab. 7). Diese Unterschiede liegen vorrangig in der angewandten Meßmethode begründet. Bei dilatometrischen Messungen wird die Fehlstellenkonzentration direkt erhalten; prinzipielle Fehlerquellen treten – im Gegensatz zur Molwärmebestimmung – bei dieser Methode nicht auf.

Neben den bisher genannten Methoden lassen sich – entsprechend den jeweiligen Aufgabenstellungen – auch weitere Verfahren zum Nachweis der Fehlordnung bzw. zur Ermittlung von Fehlordnungsdaten einsetzen.

So ist mit Hilfe der Elektronenspinresonanz möglich, Aussagen zur Struktur paramagnetischer lokalisierter Gitterfehler zu machen. Beispielsweise konnte mittels dieser Methode das *F*-Zentrum in Alkalihalogeniden (Kap. 3.2.2., Abb. 13) als Elektron bestimmt werden, das in einer Lücke des Anionenteilgitters gebunden ist. HENNIG gelang mittels ESR-Messungen der Nachweis von $V_{Ag}^{\times}$-Zentren im Silberbromid [125].

HALL-*Effekt*- und *Thermokraft-Messungen* dienen in Kombination mit elektrischen Leitfähigkeitsmessungen zur getrennten Bestimmung der Fehlordnungskonzentration und der Beweglichkeit von Defektelektronen und freien Elektronen [9, 58][1]).

Auch für die Untersuchungen zur Fehlordnung in *ternären* Ionenkristallen stehen entsprechende Methoden bereit, z. B. [45]. Sind z. B. für Spinelle (AB_2O_4) deren Dichte, die röntgenographisch zu bestimmende Gitterkonstante

[1]) Bekanntlich läßt sich durch Leitfähigkeitsmessungen allein nur das Produkt aus der Elektronendichte n und der Beweglichkeit μ bestimmen.

sowie das Verhältnis der Ausgangsoxide (AO, B_2O_3) bekannt, läßt sich die Leerstellenkonzentration im Anionenteilgitter errechnen. Zur Bestimmung der Kationenfehlordnung in ternären Gittern können ebenfalls röntgenographische Untersuchungen beitragen, da es bei Auftreten einer entsprechenden Fehlordnung (z. B. Vertauschungsfehlordnung $A_A \cong B_B$) zur Änderung der Röntgenintensitäten gegenüber denen des ungestörten Gitters kommt. Selbstverständlich hängt für jeden Fehlordnungstyp die Fehlordnungskonzentration i in spezifischer Weise von der thermodynamischen Aktivität der Einzeloxide a_i im Spinell ab [45]:

$$d \ln i = n_i \cdot d \ln a_{AO}. \tag{41}$$

Zum Einfluß von Punktdefekten auf weitere Kristalleigenschaften (z. B. optische Absorption, Lumineszenz, Wechselwirkung von Punktdefekten mit Gitterschwingungen oder Korpuskularstrahlen) orientiere man sich in [126, S. 32ff.].

Weiterhin sei kurz auf den *Nachweis von Versetzungen* sowie die *Abschätzung der Versetzungsdichte* (Kap. 3.2.3.) eingegangen. Erhitzt man im Hochvakuum z. B. NaCl-Kristalle, so bilden sich auf den Würfelflächen typische Abdampfstrukturen aus [127] (Abb. 42), deren Entstehen auf der Grundlage der Theorie des Kristallwachstums und -abbaus erklärt werden kann, vgl. auch [101]. Das Auftreten der Abdampfkreise, -spiralen und -grübchen wird durch die zur Kristalloberfläche durchstoßenden Versetzungen bewirkt. Mittels des von Bassett entwickelten *Golddekorationsverfahrens* [128] können die Abdampfstrukturen sichtbar gemacht werden [129].

In Tab. 17 sind nach [130] einige Angaben zur Ermittlung der Versetzungsdichte zusammengestellt. Entsprechend liegt die obere Nachweisgrenze des Dekorationsverfahrens bei etwa $2 \cdot 10^7$ Versetzungslinien/cm².

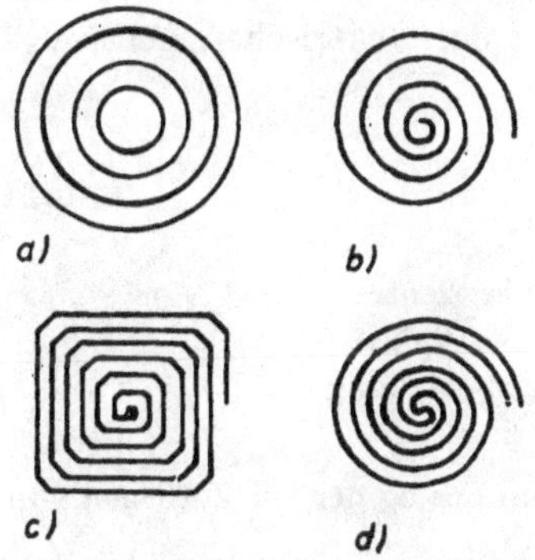

Abb. 42: Schematische Darstellung der um Versetzungen gebildeten Abdampfstrukturen [127]
a) Kreislamellen um Stufenversetzungen
b) bis d) Spiralen um Durchstoßpunkte von Schraubenversetzungen

Tabelle 17: Bestimmung von Versetzungsdichten

Methode	Probendicke	Maximal untersuchbare Dichte (Versetzungslinien/cm^2)
Elektronenmikroskopie	> 100 nm	$10^{11} - 10^{12}$
Transmission von Röntgenstrahlen	0,1 – 1,0 nm	$10^4 - 10^5$
Reflexion von Röntgenstrahlen	$2 \cdot 10^3 - 5 \cdot 10^4$ nm	$10^6 - 10^7$
Ätzgruben	keine Begrenzung	$4 \cdot 10^8$

Es sei noch erwähnt, daß auch mittels *Beugung hochenergetischer Protonen* die durch Fremdatome, Leerstellen und Versetzungen hervorgerufenen Gitterstörungen nachgewiesen werden können. Ein gleiches ist auch durch Anwendung der *Feldemissions-Ionenmikroskopie* möglich (z. B. [131], S. 682]). Diese Methoden gestatten u. a. den Nachweis von Veränderungen in den Gitter- und Gefügestrukturen bei Kernreaktormaterialien, die hohen Neutronen-, α-, oder γ-Strahldosen ausgesetzt sind.

6.2. Untersuchungen des Stofftransports

Bei der Untersuchung der Diffusionsprozesse hat man zwischen Selbstdiffusion, Diffusion von Spurenelementen[1]) und der chemischen Diffusion zu unterscheiden (Kap. 4; vgl. auch [40]). Die Verfolgung derartiger Vorgänge dient zur Klärung der vielfältigsten Abweichungen der Kristalle vom idealen Gitteraufbau sowie des Stoff- und Ladungstransports in ihnen.

Da Diffusion und Ionenleitfähigkeit in Festkörpern auf die gleichen Transportmechanismen zurückzuführen sind, besteht ein unmittelbarer Zusammenhang zwischen dem Diffusionskoeffizienten D und der elektrischen Leitfähigkeit σ (EINSTEIN-Gleichung):

$$D = f\,\frac{\sigma \cdot k \cdot T}{n(ze)^2}. \tag{42}$$

f — Korrelationsfaktor,
k — BOLTZMANN-Konstante,
T — absolute Temperatur,
n — Ionenkonzentration,
z — Ionenwertigkeit,
e — Elementarladung

[1]) Die mathematische Behandlung dieses Prozesses kann analog der bei Vorliegen von Selbstdiffusion erfolgen.

Gleichung (42) gilt allerdings nur dann, wenn

a) alle am Diffusionsprozeß beteiligten Fehlordnungszentren auch zum Ladungstransport beitragen und

b) der elektrische Leitfähigkeitswert keinen Elektronenleitungsanteil enthält.

Der Wert des Korrelationsfaktors ist von der Kristallgittergeometrie sowie der Art und dem Bewegungscharakter der betreffenden Defekte (Fehlstellen) abhängig. Ausführliche Untersuchungen hierzu liegen von verschiedenen Autoren vor, z. B. [132, 133], vgl. auch [134].

Für die Verfolgung von Diffusionsprozessen steht — neben Messungen der elektrischen Leitfähigkeit — eine Reihe von Verfahren zur Verfügung, die auch in anderen Bereichen der Festkörperchemie und -physik eingesetzt werden. Dazu zählen u. a.:

- Chemische Methoden zum Nachweis selbst geringster Stoffmengen (unter Berücksichtigung der Blindwerte)
- optische Verfahren (z. B. Spektralphotometrie, Lumineszensmessungen)
- Röntgenabsorptions- oder -fluoreszens-Methoden
- Einsatz radioaktiver bzw. stabiler Isotope
- Aktivierungsanalyse (zumeist mit thermischen Neutronen)
- Autoradiographie
- Elektronenstrahlmikrosonde
- Massenspektrometrie

Je nach Aufgabenstellung werden die unterschiedlichsten Methoden (teilweise in Kombination) eingesetzt. So kann die Eigendiffusion nur mittels „systemeigener" Isotope bestimmt werden. Im Fall einer β-, γ- oder α-Aktivität ist ihr Nachweis mittels Zählgeräten in zumeist einfacher Weise möglich. Allerdings sind nicht von allen Elementen geeignete Radionuklide bekannt. Dieser Nachteil betrifft z. B. Sauerstoff, Silicium und Stickstoff, was teilweise mit dazu beigetragen hat, daß die Mechanismen bestimmter Festkörperreaktionen (z. B. Silicatbildungsreaktionen) noch nicht vollständig aufgeklärt werden konnten (vgl. Kap. 7.2.4.3.).

In Abb. 43 sind schematisch die Versuchsanordnungen zur Bestimmung von Diffusionskoeffizienten nach der *Sandwich-Methode* (a) bzw. der *chemischen Diffusion* mittels der *Kontaktmethode* (b) dargestellt. Die Stärke der Tracerschicht darf nicht zu groß sein, um die Anforderungen nach einer punktförmigen oder momentanen Quelle erfüllen zu können [69]. Nach Beendigung des Diffusionsversuches wird der Festkörper in einzelne Schichten geteilt und in diesen die Radioaktivität quantitativ bestimmt. Bei harten und spröden Stoffen mißt man vielfach die Aktivität der Restprobe [135].

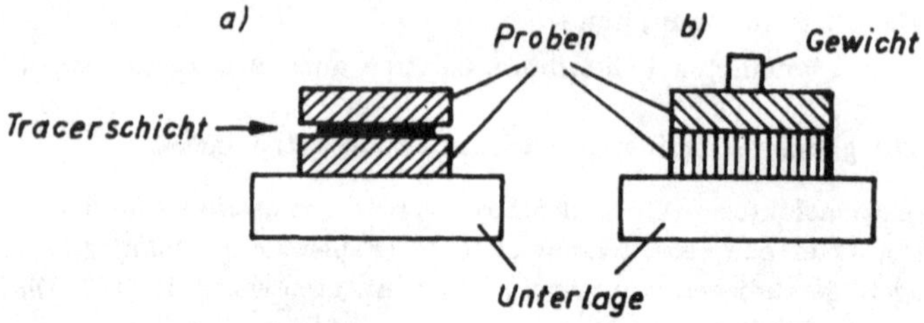

Abb. 43: Versuchsanordnung zur Durchführung von Diffusionsmessungen mittels Isotope

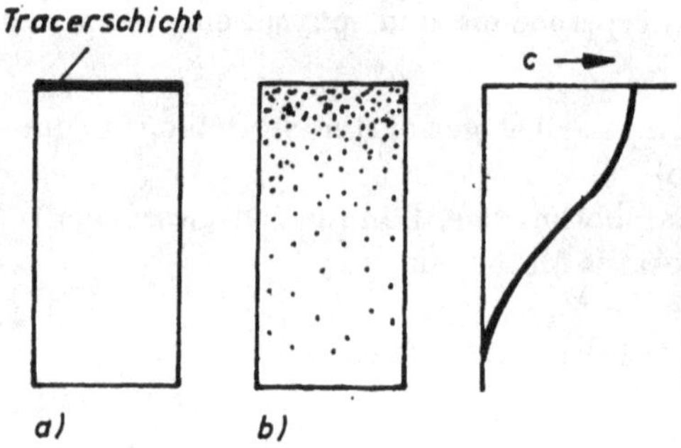

Abb. 44: Konzentrationsprofil bei Diffusionsuntersuchungen (schematisch)
a) Probe vor Beginn des Versuchs
b) Probe mit eindiffundierten Atomen

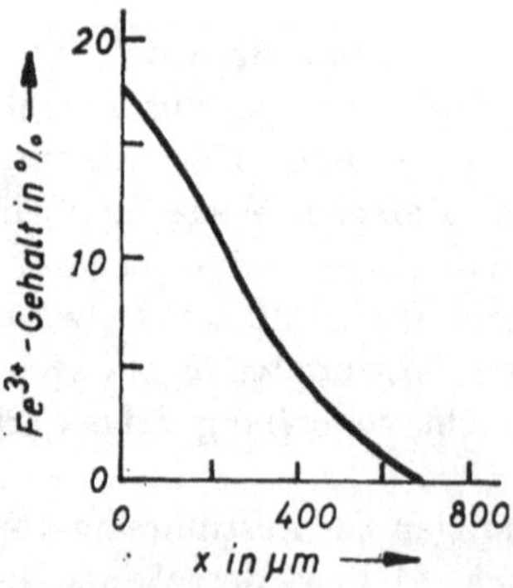

Abb. 45: Diffussionsprofil von Fe^{3+}-Ionen im System $MgO-Fe_2O_3$
(Reaktionstemperatur: 1663 K, Reaktionszeit: 66,5 h)

Abbildung 44 zeigt schematisch das Konzentrationsprofil der radioaktiven Atome längs der Probe, wie es sich nach Durchführung eines Diffusionsexperiments ausgebildet hat.

Im Fall der chemischen Diffusion (vgl. Abb. 43b) unterscheiden sich die Proben hinsichtlich ihrer chemischen Zusammensetzung. Nach Abschluß des

Versuchs ist zwischen den ursprünglichen Ausgangskörpern eine Reaktionsschicht entstanden, deren Gehalt an eindiffundierten Atomen bzw. Ionen qualitativ und quantitativ untersucht werden muß. Hierzu eignet sich in sehr gutem Maße die *Elektronenstrahlmikroanalyse*; sie zeichnet sich durch eine hohe Empfindlichkeit und die Erfaßbarkeit aller Elemente ab Bor aus. In Abb. 45 ist das mittels dieser Methode erhaltene Konzentrationsprofil für die Diffusion von Fe^{3+}-Ionen in MgO wiedergegeben [136].

6.3. Methoden zum Studium von Festkörperreaktionen

Ebenso wie bei den Untersuchungen zur Fehlordnung und zum Diffusionsverhalten stehen für das unmittelbare Studium der Festkörperreaktionen eine Vielzahl von Methoden zur Verfügung. Ihre Einteilung kann nach verschiedenen Gesichtspunkten erfolgen (Tab. 18).

Tabelle 18: Klassifizierung von Untersuchungsmethoden

Einteilung nach	Methoden/Verfahren
arbeitsmethodischen Aspekten	*Kontinuierliche Methoden:* z. B. Thermogravimetrie, Differentialthermoanalyse, Messung der elektrischen bzw. thermischen Leitfähigkeit *Diskontinuierliche Methoden:* z. B. chemische Analyse, Dichtemessungen, kernphysikalische Methoden
Experimentalmethoden	optische, elektrische, magnetische, spektroskopische, Beugungs-, Resonanz- usw. Verfahren
Zielsetzung	z. B. Messung von Verteilungsgleichgewichten mittels chemischer Analyse, Röntgenfluoreszenz, Elektronenstrahlmikrosonde, Aktivierungsanalyse usw.

Es kann nicht Aufgabe dieser „Einführung“ sein, eine umfassende Darstellung der vielfältigen Methoden zur Untersuchung von Festkörperreaktionen zu geben. Vielmehr soll an Hand weniger Beispiele lediglich auf die breite Palette der genutzten Methoden hingewiesen werden, wobei im wesentlichen der Einteilung nach den Experimentalmethoden gefolgt wird (Tab. 19).

Tabelle 19: Methoden zur Untersuchung von Festkörperreaktionen

Methode/Verfahren	Beispiele	Literatur
Chemische Analyse	$BaO + ZnS + 2O_2 \xrightarrow{750\ K} BaSO_4 + ZnO$ (Bestimmung des in Salzsäure schwerlöslichen Bariumsulfats)	—
	Ermittlung der Interdiffusionskoeffizienten, z. B. in den Systemen $ZnO-Fe_2O_3$ und $NiO-Fe_2O_3$	[137]
Thermische Analysenmethoden	—	[138, 139]
Thermogravimetrie/Differentialthermogravimetrie	$CaC_2O_4 \cdot H_2O \xrightarrow[-H_2O]{\sim 370-470\ K} CaC_2O_4 \xrightarrow[-CO]{\sim 670-750\ K} CaCO_3 \xrightarrow[-CO_2]{>970\ K} CaO$	
Thermoanalyse/Differentialthermoanalyse	Untersuchung von Carbonaten, Hydraten, Oxalaten usw. hinsichtlich der Abgabe einer flüchtigen Komponente, der Reaktion zwischen festen Phasen, der Änderung der Kristallstruktur usw.	—
Kalorimetrie	Zersetzungs-, Additions-, Austausch-, Isomerisierungsreaktionen usw.	[140]
Röntgenographische Untersuchungen	—	—
Diffraktometrie	Phasenanalyse, -umwandlung	[141]
	Teilchengrößenbestimmung	[142, 143]
Röntgenfluoreszenzanalyse	Untersuchung von Reaktionsschichten mit planparallelen Phasengrenzen; Bestimmung der Stärke der Reaktionsschichten	[12, 144]
Elektrische Leitfähigkeit	Leitfähigkeitsänderungen bei heterotypen Mischphasen	vgl. Kap. 3.3.2.
	Verbindungsbildung, z. B. $MnS + Cr_2S_3 \rightarrow MnCr_2S_4$	[145]
Magnetische Messungen	Ausbildung der ferromagnetischen Ordnungsphase Ni_3Mn (Cu_3Au-Typ) bei Wärmebehandlung von Ni—Mn-Mischkristallen	z. B. [146] [147, 148]

Anwendung radioaktiver Indikatoren	–	[134]
	Untersuchung der Kinetik von Festkörperreaktionen Löslichkeitsuntersuchungen Adsorptionsmessungen, -erscheinungen Aktivierungsanalyse	
Kernphysikalische Methoden	–	–
Neutronenbeugung	Untersuchung der geordneten und ungeordneten Strukturen in Legierungen (z. B. Fe–Co, Fe–Ni, Ni–Mn)	[149]
	Nachweis magnetischer Strukturen, z. B. Antiferromagnetismus bei MnO	[150]
Magnetische Kernresonanz	Umwandlung $Co_{hex.} \rightleftharpoons Co_{kflz.}$	[151]
MÖSSBAUER-Spektroskopie	Thermischer Zerfall von Oxalatokomplexen des Eisens, z. B. $Ba_3[Fe(C_2O_4)_3]_2 \times 8\,H_2O$	[152, 153] Beispiel: [154]
	γ-Radiolyse von Festkörpern, z. B. von $(NH_4)_2Fe(SO_4)_2 \cdot 6\,H_2O$, $FeC_2O_4 \cdot H_2O$	[155]
	Oxydation disperser Teilchen	[156]
	Ordnungs-Unordnungs-Umwandlungen bei Fe–Co-Legierungen	[157]
Optische Verfahren	–	–
Kristalloptische Analysenverfahren		[158, 159]
	Schichtdickenverringerung und -wachstum, z. B. bei: $PbS + CdO \rightarrow PbO + CdS$	[160]
	Thermische Zersetzungen, z. B. von $CaSO_4 \cdot 2H_2O$	[161]
Spektralphotometrie/ Remissionsmessungen	Ermittlung des Reaktionsbeginns und -endes, Auffindung intermediärer Phasen, z. B. in den Systemen $CoO - MgO - In_2O_3$, $MgO - SiO_2$	[162]
	Spinellbildung im System $Pt/MO - Al_2O_3$ (M: Ni, Co)	[163]
IR-Spektroskopie	Zersetzungsreaktionen von Hydroxiden und Silicaten	[164]

Tabelle 20: Analysenmethoden zur Untersuchung der Struktur und Zusammensetzung von Festkörperoberflächen
(Auswahl; Zusammenstellung nach [173], unter Verwendung von [35, 174–177])

Analysenmethode	Abkürzung	Information
Beugung langsamer Elektronen (*L*ow *e*nergy *e*lectron *d*iffraction)	LEED	Struktur von Oberflächen und adsorbierten Schichten
AUGER-Elektronenspektroskopie (*A*UGER *e*lectron *s*pectroscopy)	AES	Chemische Zusammensetzung von Oberflächen
Hochauflösende Elektronenverlustspektroskopie (*H*igh *r*esolution *e*lectron *e*nergy *l*oss *s*pectroscopy)	HREELS	Struktur und Bindung von Oberflächenatomen und adsorbierten Spezies
Röntgen- und Photoelektronenspektroskopie (*X*-ray and *u*ltraviolet *p*hotoelectron *s*pectroscopy)	XPS UPS	Elektronenstruktur und Oxydationszustand von Oberflächenatomen und adsorbierten Spezies
Spektroskopie mittels gebeugter Ionen (*I*on *s*cattering *s*pectroscopy)	ISS	Struktur und Zusammensetzung von Festkörperoberflächen
Sekundärionen-Massenspektroskopie (*S*econdary *i*on *m*ass *s*pectroscopy)	SIMS	Chemische Zusammensetzung von Festkörperoberflächen
Fast-Atom-Bombardment-Massenspektrometrie	FAB-MS	Chemische Zusammensetzung von Festkörperoberflächen
Erweiterte Röntgenabsorptionsfeinstrukturanalyse (*E*xtended *X*-ray *a*bsorption *f*ine *s*tructure analysis)	EXAFS	Atomare Struktur, Energie und Zusammensetzung adsorbierter Spezies
Festkörperkernresonanz (*Solid state n*uclear *m*agnetic *r*esonance)	Solid-state NMR	Atomare und molekulare Zusammensetzung, Struktur

Tabelle 20 (Fortsetzung)

Analysenmethode	Abkürzung	Information
Infrarotspektroskopie (*I*nfra*r*ed *s*pectroscopy)	IRS	Struktur und Bindung adsorbierter Gase
Thermische Desorptionsspektroskopie (*T*hermal *d*esorption *s*pectroscopy)	TDS	Adsorptionsenergie und Zusammensetzung adsorbierter Spezies

Neben den in einer Auswahl vorgestellten Verfahren stehen dem Festkörperchemiker noch zahlreiche weitere Methoden zur Verfügung, die der Verfolgung von Festkörperreaktionen bzw. der unmittelbaren Analyse der Produkte dienen. Zu ihnen gehören u. a. die *massenspektrographische Analyse* von Feststoffen [165], die zunehmende Nutzung *temperaturprogrammierter Verfahren* (z. B. temperaturprogrammierte Reduktion [166] oder Sulfidierung [167]), der Einsatz verschiedener elektronenmikroskopischer Verfahren (z. B. der *Emissionselektronenmikroskopie* in Anwendung auf Probleme der Oberflächenchemie [168]), AUGER-*Elektronenspektroskopie* und *Röntgenphotoelektronenspektroskopie*, s. auch Tab. 20 (u. a. zur Untersuchung des Anfangsstadiums von Festkörperreaktionen, beispielsweise bei der Oxydation von Ni—Cu-Legierungen [169]) sowie die Vielzahl von *Adsorptionsverfahren* und *katalytischen Prozessen*, die bekanntlich auch das festkörperchemische Geschehen im Volumen und an den Oberflächen bestimmen und erfassen (siehe dazu Tab. 4 sowie beispielsweise [35, 170]).

Zur Untersuchung der Struktur und Zusammensetzung von Festkörperoberflächen (einschließlich der Adsorbatstrukturen) spielen zahlreiche Methoden eine Rolle, die sich auf der Wechselwirkung von Elektronen, Ionen, ev. Neutralteilchen bzw. Photonen mit der Oberfläche bzw. oberflächennahen Schichten gründen[1]) (Tab. 20).

Dabei können, je nach angewandter Methode, Informationen aus 1 bis etwa 15 Monoschichten Tiefe erhalten werden. Die Empfindlichkeit des Nachweises von Elementen und Verbindungen erreicht Größenordnungen zwischen 10^{-2} bis $< 10^{-6}$ einer Monoschicht, was einer absoluten Nachweisgenauigkeit von maximal $< 10^{-17}$ mol entspricht. Eine wesentliche Voraussetzung zur Ge-

[1]) Seit einigen Jahren sind durch die Nutzung neuer Strahlenquellen (*Laser* [171], *Synchrotronstrahlung* und *Neutronenquellen* hoher Intensität [172]) auch auf den Gebieten der Oberflächenphysik und -chemie wesentliche Fortschritte erzielt worden.

winnung aussagekräftiger Ergebnisse ist die Untersuchung der durch Sputtern gereinigten (Einkristall-)Oberflächen im Ultrahochvakuum (10^{-9} mbar). Dadurch ist es erst möglich, über längere Zeiten die Messungen an reinen Festkörperoberflächen durchzuführen und unkontrollierbare Verunreinigungen (z. B. aus Restgasen stammend) zu vermeiden.

Faßt man die Ausführungen dieses Kapitels insgesamt zusammen, so erkennt man bereits an den ausgewählten Beispielen die zahlreichen Möglichkeiten, die sich für die Untersuchungen festkörperchemischer Aufgabenstellungen ergeben. Über Einzelheiten der hier angeführten Methoden sowie weiterer Verfahren, Einsatzgebiete und Anwendungsbeispiele muß auf die Literatur verwiesen werden, z. B. [9, 11, 14, 26, 33, 35, 51, 58, 126, 131, 138, 159, 170, 178, 179].

7. Reaktionen fester Stoffe

7.1. Probleme der präparativen Festkörperchemie

Die gezielte Ausnutzung des Reaktionsvermögens fester Stoffe bei Temperaturen weit unterhalb ihres Schmelzpunktes bietet auch für den auf präparativem Gebiet arbeitenden Chemiker zahlreiche Vorteile. Allerdings ergeben sich hinsichtlich der Festkörperreaktionen bei anorganischen und organischen Stoffen zahlreiche prinzipielle Unterschiede, worauf bereits kurz hingewiesen worden ist (Kap. 2.2.). Wenngleich sich die vorliegende „Einführung" mit den Reaktionen anorganischer Festkörper befaßt, soll nachfolgend auch auf einige Aspekte *organischer* Festkörperreaktionen kurz eingegangen werden, um die verschiedenen Ausgangspunkte zu verdeutlichen und die Eigenständigkeit der beiden Hauptrichtungen innerhalb der Festkörperchemie zu unterstreichen.

7.1.1. *Organische Festkörperchemie*

Die Reaktivität kristalliner organischer Verbindungen wurde schon frühzeitig erkannt. A. Bayer beschäftigte sich um 1880 mit der Bromierung fester ungesättigter Verbindungen (z. B. von o-Nitrozimtsäure [180]) mittels Bromdampf, d. h. einer Thematik, die in jüngerer Zeit wieder aufgegriffen wurde [181]. Bei derartigen Reaktionen handelt es sich jeweils um die Wechselwirkung zwischen einer festen und gasförmigen Phase, in deren Ergebnis ein festes Reaktionsprodukt entsteht. Entsprechend der im Kap. 2.2. dargelegten Begriffsbestimmung liegt somit eine Festkörperreaktion vor.

Gleichermaßen kennt man eine Vielzahl von Reaktionen bei Anwesenheit ausschließlich fester Phasen. Ein einfaches Beispiel bietet das Dibenzoylmethan, $(C_6H_5CO)_2CH_2$, das in zwei kristallinen Modifikationen erhalten werden kann [182]. Die Molekülstruktur der beiden enolischen Formen lautet:

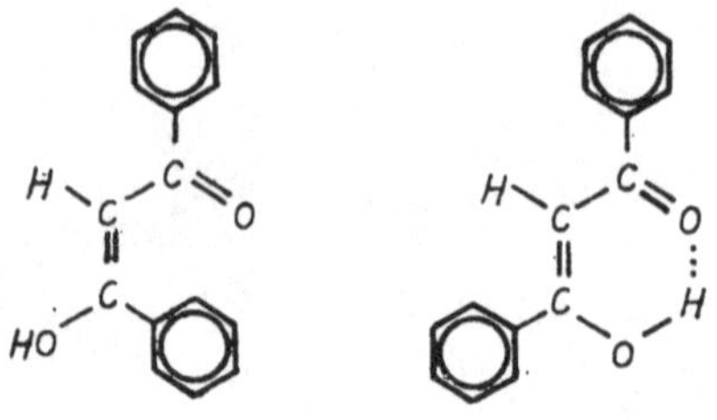

(I) (II)

Die Verbindung I (Schmelzpunkt: 344 K) wandelt sich beim Stehen in die Verbindung II (Schmelzpunkt: 351 K) um, ohne daß sich die äußere Form der (Ein-)kristalle ändert. Der Ausgangskristall zerfällt somit nicht in ein polykristallines Gefüge des Endproduktes. Der Übergang I → II entspricht formell einer Phasenneubildung, die sich im Auftreten eines Stereoisomeren äußert. Letzteres ist mit dem Ausgangskristall (I) isomorph.

Von größter praktischer Bedeutung ist die Kenntnis der Vorgänge, die sich in fester Phase beim Wachstum und der Verknüpfung von Polymerketten abspielen, z. B. [140, 183]. Es ist verständlich, daß beispielsweise das Kettenwachstum durch die Beweglichkeit der monomeren und polymeren Moleküle gesteuert und begrenzt wird. Platzwechselvorgänge werden in geeigneten niedermolekularen festen Stoffen so ablaufen, daß ein Positionstausch von Molekülen stattfindet. Bei hochmolekularen Stoffen tritt an Stelle der freien Diffusion die gebundene Diffusion, bei der ein Platzwechsel nur unter Mitführung der auf den Nachbargitterplätzen befindlichen Kettenglieder möglich ist. Dadurch wird zwangsläufig die Beweglichkeit der Baueinheiten sehr stark herabgesetzt. Ein Stofftransport entsprechend den im Kap. 4 erläuterten Diffusionsmechanismen, die für anorganische Systeme zutreffen, ist bei organischen Reaktionen zumeist ausgeschlossen. Nur in den seltensten Fällen tritt ein Stofftransport zwischen verschiedenen Phasen auf. Die überwiegende Mehrheit organischer Festkörperreaktionen beruht auf der Ausnutzung einer engen Verknüpfung von Reaktivität und molekularer Packung der Moleküle unter Berücksichtigung spezifischer Molekülbeweglichkeiten. Somit sind derartige Reaktionen von rein topochemischer Natur, d. h., sie werden von der Topologie des Kristallaufbaus im Sinne minimaler Änderungen der Atomanordnungen kontrolliert. Diese Aussage sei am Beispiel des Verhaltens der drei verschiedenen Modifikationen der o-Ethoxy-transzimtsäure erläutert [184], vgl. auch [185]. Die UV-Bestrahlung von Kristallen der α- bzw. β-Modifikation führt zu Dimeren (*Photocycloaddition*), die sich hinsichtlich der Molekülsymmetrie unterscheiden:

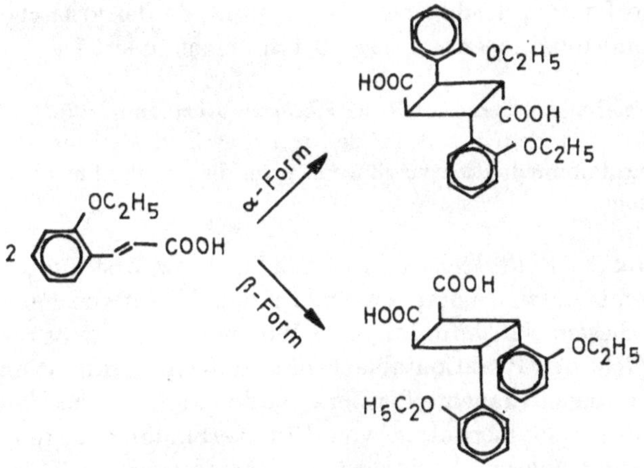

Bei Bestrahlung von Kristallen der γ-Form bzw. von Lösungen der Zimtsäure und ihrer Derivate tritt keine Photocycloaddition ein. Voraussetzung für derartige *Vierzentrendimerisationen* ist ein geeigneter Abstand der reaktiven Doppelbindungen (etwa 0,4 nm) [185]. Je nach Packungsweise der Moleküle im Gitter wird das zentrosymmetrische Dimere (bei α-Typ-Packung) bzw. spiegelsymmetrische Dimere (bei β-Typ-Packung) erhalten (allgemein):

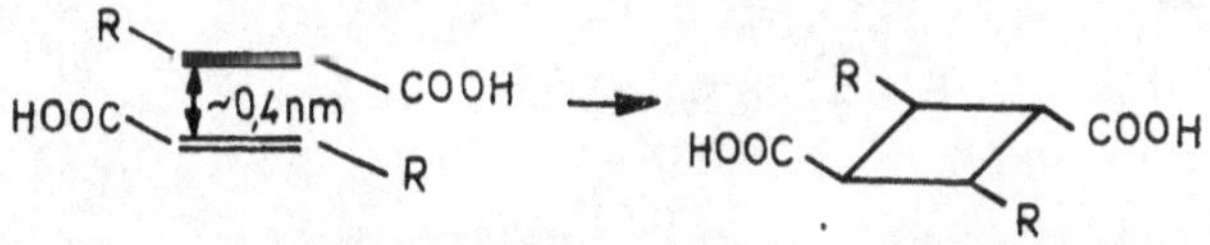

bzw.

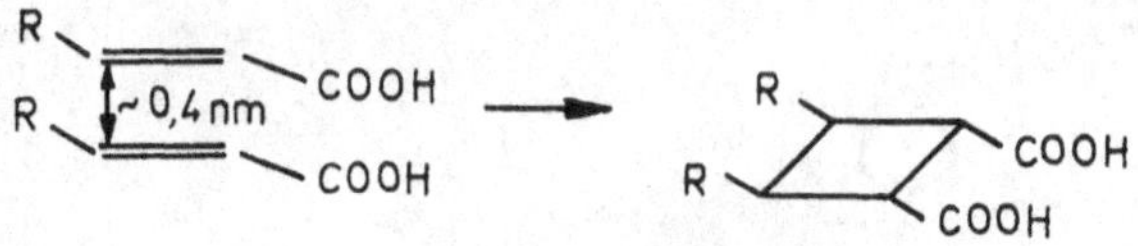

Bei der photostabilen γ-Form ist der Abstand zwischen den reaktiven Doppelbindungen deutlich größer als 0,4 nm. Eine Dimerisierung wäre somit erst nach weitgehender Reorganisation des Molekülgitters denkbar, was jedoch zu dessen Zerstörung führt. Ebenso ist verständlich, daß in Lösungen von Zimtsäure und ihren Derivaten keine Photocycloaddition erfolgen kann, da der kritische Abstand zwischen den Doppelbindungen von etwa 0,4 nm nicht fixiert ist.

Die beschriebenen Dimerisierungen treten auch bei *Photooxydation* und *-reduktion* organischer Moleküle auf. Erstere verlaufen z. B. bei der unerwünschten Alterung von Plasten, Fasern usw., während Photoreduktionsvorgänge u. a. für die Ausbleichung von Farbstoffen verantwortlich sind.

Das Prinzip *gitterkontrollierter Reaktionen* läßt sich auch in bestimmten Bereichen der Polymerchemie nutzen. Voraussetzung für den Ablauf von Festkörperreaktionen sind in diesem Fall bifunktionelle Monomere; ihre günstige Packung im Gitter ermöglicht den Reaktionsablauf, ohne daß eine Translation von Gitterbausteinen zu erfolgen braucht. Letztere würde, wie z. B. im Fall einer erzwungenen Festkörperpolymerisation von Vinylverbindungen [186], zu einer Zerstörung des Gitters führen. Nachfolgendes Schema zeigt die Polymerisation von Diolefinen, die in kristallinen Phasen nach dem α-Typ (s. o.) gepackt sind [187].

Bei Bestrahlung der gelösten oder rekristallisierten Polymere mit kurzwelligem UV-Licht ($\lambda < 340$ nm) wird die Polymerisation vollständig rückgängig gemacht.

Diese wenigen Beispiele mögen genügen, um die Spezifik organischer Festkörperreaktionen anzudeuten. Für ein vertiefendes Studium muß auf Spezialliteratur (z. B. [188]) verwiesen werden.

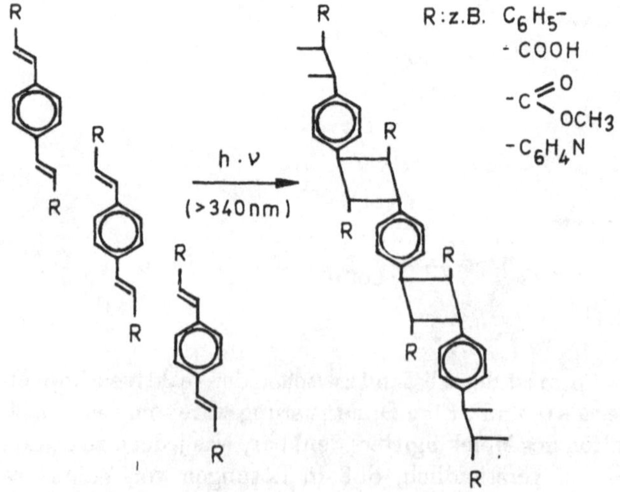

7.1.2. Anorganische Festkörperchemie

Die klassische Art der Durchführung vieler Festkörperreaktionen besteht in der Umsetzung von Pulvergemischen aus den einzelnen Komponenten bei hohen Temperaturen während langer Versuchszeiten. Diese ungünstigen Bedingungen liegen teilweise in den Besonderheiten derartiger Reaktionen begründet. Bekanntlich ist die Beweglichkeit der meisten zum Stofftransport beitragenden Gitterbausteine selbst bei hohen Temperaturen vergleichweise gering (Kap. 4.1.). Hinzu kommen die großen Diffusionswege, die von den Teilchen zurückgelegt werden müssen, um einen vollständigen Umsatz zu ermöglichen. Ein Beispiel soll das illustrieren.

Es sei angenommen, daß die auf eine äußerst kleine Korngröße zermahlenen Kristallite von einheitlicher Größe wären[1]); ihre Form entspreche der eines Würfels mit einer Kantenlänge von lediglich 500 nm. Der Abstand zwischen den einzelnen Gitterpunkten betrage 0,2 nm. Jeder Kristallit besitzt somit ein Volumen von 0,125 μm^3 und enthält rd. $1{,}6 \cdot 10^{10}$ Teilchen (Ionen oder Atome). Setzt man einen idealen Kontakt zwischen jeweils zwei Kristalliten voraus, so muß jedes Teilchen mindestens 2500 Diffusionsschritte ausführen, um eine vollständige Wechselwirkung mit dem angrenzenden Kristallit erreichen zu können.

Die Annahme eines idealen Kontakts der Kristallite untereinander ist jedoch bei pulverförmigen Reaktionsteilnehmern nicht gerechtfertigt; vielmehr liegen Kontaktflächen vor, die lediglich den 10^{-6} bis 10^{-7}ten Teil der Gesamtoberfläche der Pulver ausmachen (vgl. auch Abb. 30, S. 64). Verläuft die Festkörperreaktion zwischen zwei Stoffen außerdem unter Entwicklung gasförmiger Produkte, so setzt die dadurch bedingte Auflockerung des Pulvergemisches die Kontaktflächengröße weiter herab. Auch die Dichteunterschiede zwischen den Reaktanden und der angestrebten Verbindung bewirken eine Verringerung der Berührungsfläche, über die ein Stofftransport verläuft. Andererseits hat man in zahlreichen Fällen Reaktionsgeschwindigkeiten gemessen, die denjenigen entsprechen, die bei „idealem" Kontakt zwischen den Ausgangsstoffen (vorgesinterten Preßkörpern bzw. Einkristallen) ermittelt werden. Folglich ist in zahlreichen Fällen eine Beteiligung der Gasphase an der Gesamtreaktion in Rechnung zu stellen (s. u. sowie Kap. 4.3.).

Geht man bei den Betrachtungen zum Ablauf von Festkörperreaktionen vorerst von der Annahme ausschließlicher Volumendiffusion aus, so ergeben sich auf Grund der großen Diffusionswege und kleinen Diffusionskonstanten

[1]) Selbst nach sorgfältig durchgeführtem intensiven Mahlen gelangt man nur zu Pulvern, die eine mehr oder weniger ausgeprägte Korngrößen*verteilung* aufweisen.

zwangsläufig hohe Reaktionstemperaturen. Schließt man kinetische Hemmungen aus, so werden die thermodynamisch begünstigten Reaktionen ablaufen. Der angestrebte Endzustand ist unter isotherm-isobaren Bedingungen durch ein Minimum der Freien Enthalpie des Systems bestimmt (vgl. auch Kap. 5.2.). Bei Umsetzungen zwischen festen Phasen kann der Anteil der Volumenarbeit $p\Delta V$ an der Reaktionsenthalpie ΔH

$$\Delta H = \Delta U + p\Delta V \tag{43}$$

ΔU — Änderung der inneren Energie

zumeist vernachlässigt werden. Er macht vielfach weniger als 0,5 J mol^{-1} aus. Somit folgt:

$$\Delta H \approx \Delta U. \tag{44}$$

Ebenso sind bei Festkörperreaktionen die Standardreaktionsentropien ΔS^0 verhältnismäßig klein und vielfach auch nur wenig temperaturabhängig, so daß in nullter Näherung

$$\Delta G^0(T) \approx \Delta H^0(T_0) \tag{45}$$

gilt.

Demnach ergeben sich auch aus der Sicht thermodynamischer Berechnungen bzw. Abschätzungen keinerlei Einwände gegen die Durchführung von Festkörperreaktionen bei hohen Temperaturen und langen Versuchszeiten. Andererseits resultiert aus diesem Vorgehen für die präparative Festkörperchemie eine Reihe prinzipieller Nachteile, worauf SCHÄFER erstmals zusammenfassend hingewiesen hat [8]:

- Alle in dem jeweiligen Reaktionssystem möglichen Verbindungen, die bei tieferen Temperaturen stabil sind, werden nicht erfaßt; gleiches gilt hinsichtlich der metastabilen Verbindungen.
- Reinigungseffekte, die man gezielt ausnutzen möchte, sind nicht möglich.
- Durch Verdampfen von Reaktionspartnern erfolgt eine Änderung der für den Umsatz erforderlichen Ausgangskonzentrationen in zumeist unkontrollbarer Weise.
- Reaktionsabläufe können nicht verfolgt und somit auch nicht gesteuert werden. Gerade hierin liegt ein wesentlicher Nachteil des Syntheseprinzips „Hohe Temperaturen — lange Reaktionszeiten".
- Die Reaktionsprodukte sind zumeist polykristalliner Natur; die Ausbildung von Einkristallen für die Röntgenstrukturanalyse wird nur selten eintreten.

Prinzipiell bieten sich drei Möglichkeiten an, eine zumeist gezielte und zugleich schonende Darstellung von Stoffen durch Festkörperreaktionen zu erreichen:

1. Herabsetzung der Diffusionswege.
2. Erhöhung der Beweglichkeit von Reaktionspartnern durch Begünstigung der Diffusion bzw. Ausnutzung des chemischen Transports.
3. Beachtung des engen Zusammenhangs zwischen Struktur und Reaktionsgeschehen.

Im ersten Fall geht es darum, die einzelnen Reaktionspartner durch eine gezielte Präparationsmethode in möglich engem Kontakt zu bringen, ehe die eigentliche Festkörperreaktion einsetzt. Dieses kann oft in einfacher Weise durch *Mischfällungen* erreicht werden.

Geht man beispielsweise bei der Herstellung des Nickelaluminium-Spinells, $NiAl_2O_4$, von NiO-/α-Al_2O_3-Pulvergemischen aus, setzt eine merkliche Spinellbildung erst oberhalb etwa 1050 K ein. Führt man jedoch aus einer Nickelnitrat-Aluminiumnitrat-Lösung eine $Ni(OH)_2$-$Al(OH)_3$-Mischfällung durch und erhitzt anschließend das Fällprodukt, so erfolgt die Spinellbildung schon bei etwa 750 K in vertretbaren Reaktionszeiten. Das durch Erhitzen aus der Mischfällung entstandene Oxidgemisch liegt in gut dispergierter Form vor, so daß die Diffusionswege der Kationen[1]) sehr klein sind und praktisch denen in Lösungen entsprechen.

Ein weiterer Vorteil dieser Präparationsmethoden besteht darin, daß das Reaktionsprodukt ebenfalls in feinkristalliner Form erhalten wird, was für die anschließende Verarbeitung zu Sinterprodukten sehr günstig ist: Es entfällt damit die Verfahrensstufe des Zerkleinerns der Einsatzstoffe, die einzelnen Produktchargen sind homogener, und der Sinterprozeß kann gezielter in Richtung porenfreier Werkstücke geführt werden, vgl. z. B. [189].

Auch zur Herstellung pulverförmiger Proben von Mischkristallreihen (z. B. $Ce_{1-x}M_xO_{2-x/2}$, M: Er, Gd, Nd; [190]) findet die gemeinsame Fällung — im zitierten Beispiel von Oxalaten oder Hydroxiden — eine breite Anwendung.

Gerade auf dem Gebiet der keramischen Werkstoffe hat sie *Synthese aus chemisch homogenisierten Komponenten* eine breite Anwendung erfahren. Als weiteres Beispiel sei die Herstellung des kubischen Zirconium(IV)-oxids, ZrO_2, genannt. Gewöhnliches ZrO_2, das wegen seiner außerordentlich guten thermischen und chemischen Widerstandsfähigkeit eine breite Anwendung findet,

[1]) Zum Mechanismus der Spinellbildungsreaktion vgl. Kap. 7.2.4.1.

erleidet bei etwa 1270 K eine allotrope Umwandlung, die mit einer Volumenänderung verbunden ist:

$$ZrO_2 \text{ (monoklin)} \rightleftarrows ZrO_2 \text{ (tetragonal)}.$$

Aus diesem Grunde neigen Schmelztiegel, Hochtemperaturöfen-Auskleidungen, Schutzüberzüge in Raketen usw., die aus natürlich vorkommendem Zirconium(IV)-oxid gefertigt sind, beim Abkühlen zur Rißbildung. Dagegen stabilisieren Magnesiumoxid-Zusätze eine kubische Form des ZrO_2, die bis Raumtemperatur herab keine Umwandlung erleidet. Die Herstellung eines derartigen Zirconium(IV)-oxids kann in einfacher Weise durch Erhitzen einer Mischfällung von $Mg(OH)_2-ZrO_2 \cdot aq$ („$Zr(OH)_4$") erfolgen. Neben dieser Methode geht man auch von ZrO_2-MgF_2-Pulvergemischen aus, die man vor dem Brennen mit verdünnter Salzsäure anteigt. Dadurch kann ebenfalls eine weitgehende Homogenisierung von ZrO_2 und dem beim Brennprozeß aus MgF_2 entstehenden MgO erreicht werden.

Zirconium(IV)-oxid gehört zu den Verbindungen, die nach Dotierung mit Erdalkalimetalloxiden eine ausgeprägte Sauerstoffionenleitung zeigen, worauf ihre Nutzung in *galvanischen Festkörperketten* beruht (Kap. 3.4.; [11]; über weitere Anwendungsbeispiele vgl. z.B. [191, 192]).

Neben der Mischfällung werden zur feinen Verteilung der Komponenten auch die *Sprühtrocknung* (schnelles Verdampfen des Lösungsmittels) sowie *kryochemische Methoden* angewendet. Bei letzteren werden, z. B. durch Einbringen in flüssigen Stickstoff, die Lösungen so schnell gefroren, daß die darin gelösten Stoffe nicht als selbständige Phasen ausfallen. Nach dem vorsichtigen Entfernen des Eises/Wassers (z. B. mittels Evakuieren des Ausfällgefäßes) bleiben die Komponenten in äußerst homogener Verteilung zurück.

Ist bei entsprechenden Systemen die Zusatzkomponente löslich, so läßt sich deren homogene Verteilung durch *Auftränken* aus wäßriger, säurehaltiger usw. Lösung erreichen. Dieses Homogenisierungsprinzip wird beispielsweise bei der Herstellung einer Vielzahl von heterogen wirkenden Katalysatoren angewandt.

Beim Tränken beispielsweise oxidischer Verbindungen, wie γ-Al_2O_3, mit Lösungen unterschiedlicher Komponenten (z. B. H_2PtCl_6, $HReO_4$, $Ni(NO_3)_2 \times 6\,H_2O$, $CuCl_2$, HCl) laufen — in Abhängigkeit von der Natur der Tränkverbindung(en) sowie den Präparationsbedingungen — verschiedene Vorgänge ab (vgl. Zusammenstellung in [193]):

— Kationen- oder Anionenaustausch mit Zentren der Aluminiumoxidoberfläche
— Ligandenaustausch zwischen Oberflächengruppen des Aluminiumoxids und Liganden der betreffenden Komplexverbindung

— Gekoppelte „Adsorption" von Protonen und Anionen an der Festkörperoberfläche
— Auflösung von Oberflächenschichten des Aluminiumoxids bei Gegenwart von Säuren; gemeinsame „Adsorption" herausgelöster Al^{3+}-Ionen mit den Anionen der Tränkkomponente(n)
— Ausfällen basischer Schwermetallsalze

Der *Kationenaustausch* kann allgemein wie folgt beschrieben werden:

$$n\,[> Al{-}OH] + M^{n+}_{(aq)} + n\,OH^- \rightleftharpoons [> Al{-}O^-]_n\,M_{(s)} + n\,H_2O$$

Demnach ergibt sich eine pH-Abhängigkeit des Austauschgleichgewichtes.

Für den *Ligandenaustausch* gilt nach [194]:

$$[O{-}Al] + ML_a^{n-} \rightleftharpoons [ML_{a-1} \ldots O{-}Al]^{n-} + L$$

L — Ligand

Im Fall der *„Adsorption" starker Säuren* bilden O^- und protonierte OH-Gruppen der Aluminiumoxidoberfläche die aktiven Zentren für eine Adsorption [195, S. 45]. Bei der Tränkkombination $H^+/PtCl_6{}^{2-}$ werden die durch einen Säureangriff herausgelösten Al^{3+}-Ionen gemeinsam mit den $[PtCl_6]^{2-}$-Ionen an der Al_2O_3-Oberfläche fixiert [195, S. 41]:

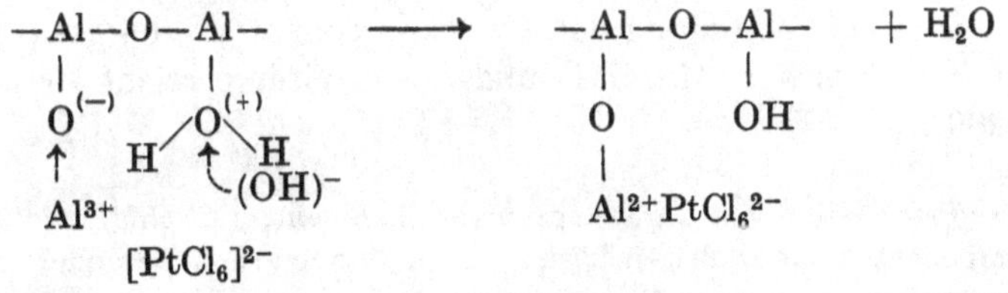

Von D'ANIELLO [196] wird für die Aufnahme komplexer Anionen eine *gekoppelte Adsorption* entsprechend

$$> Al{-}OH + H^+ \rightleftharpoons\; > Al{-}OH_2{}^+ \quad \text{(Protonierung)}$$

$$y > Al{-}OH_2^+ + M^{n-} \rightleftharpoons (> Al{-}OH_2^+)_y\,M^{n-}$$

angegeben.

Durch pH-Wertänderungen während des Tränkvorganges kann es auch zur *Abscheidung von Schwermetallsalzen* kommen. Beispielsweise laufen nach [197] beim Tränken von γ-Al_2O_3 mit einer wäßrigen $CuCl_2$-Lösung folgende Vorgänge ab:

1. Schritt: $> Al{-}OH + Cl^- \rightarrow\; > Al{-}Cl + OH^-$

Gesamtgleichung: $3 > Al{-}OH + 2\,Cu^{2+} + 4\,Cl^- \rightarrow$
$3 > Al{-}Cl + Cu_2(OH)_3Cl$

Schließlich soll noch auf die mögliche Hydrolyse entsprechender Ionen (z. B. des $[PtCl_6]^{2-}$-Ions) in Abhängigkeit vom pH-Wert und der Temperatur der Tränklösung hingewiesen werden [198]:

$$[PtCl_6]^{2-} + H_2O \rightleftharpoons [PtCl_5H_2O]^- + Cl^-$$

$$[PtCl_5H_2O]^- \rightleftharpoons [PtCl_5OH]^{2-} + H^+$$

Beim Auftränken einer oder mehrerer Verbindungen auf entsprechende „Träger"materialien strebt man vielfach deren gleichmäßige Verteilung über den Querschnitt des Korns (bei Pulvern) bzw. des Formlings (Strang, Kugel) an. Eine Beeinflussung der Penetration von Tränkkomponenten kann u. a. durch die chemische Natur der verwendeten Verbindungen, die Zugabe von Adsorptionskonkurrenten, die spezifische Oberflächengröße des „Trägers" sowie dessen Porosität erreicht werden.

Aus den in obiger Auswahl angeführten Beispielen läßt sich unschwer ablesen, daß selbst das einfache Auftränken von Verbindungen auf oxidische und andere „Träger"materialien zu zahlreichen Reaktionen führt, deren völlige Aufklärung keineswegs abgeschlossen ist. Dies trifft beispielsweise für die Herstellung von Bi- und Multimetall/Trägerkatalysatoren zu, bei denen oftmals über die gleichmäßige Verteilung der Aktivkomponenten eine gezielte Beeinflussung der katalytischen Aktivität und Selektivität erreicht werden kann (z. B. [199, 200]).

Auch bei der Präparation von Legierungspulvern kann eine „Mischfällung" (s. S. 111) der Metallkomponenten aus wäßrigen Lösungen von Nutzen sein. Besonders übersichtliche Verhältnisse treten dann auf, wenn sich die Standardelektrodenpotentiale der Metallkomponenten nur relativ wenig voneinander unterscheiden, z. B. bei Palladium ($\varepsilon^0_{Pd/Pd^{2+}} = +0{,}830$ V) und Silber ($\varepsilon^0_{Ag/Ag^+} = +0{,}799$ V), vgl. z. B. [201].

Neben einer Verkürzung der Diffusionswege auf die Größenordnung atomarer Dimensionen kann durch *Schaffung zusätzlicher Fehlstellen* eine Förderung der Festkörperreaktionen erreicht werden. Selbstverständlich kommt hierfür ein Zusatz systemfremder Ionen anderer Ladungsstufe nicht in Frage, wodurch bekanntlich die Fehlstellenkonzentration beeinflußt werden kann (Kap. 3.2.2. u. 6.1.). Treten jedoch bei der thermischen Zersetzung von Mischfällungen gasförmige Produkte auf, bringt das — im Gegensatz zur üblichen Umsetzung von Pulvergemischen (s. o.) — einige Vorteile mit sich. Es entstehen weitere Fehlstellen, die einen Stofftransport vermitteln, sowie (Zwischen)-produkte höherer Oberfläche, so daß eine zusätzliche Förderung der Festkörperreaktionen durch *Oberflächendiffusion* gewährleistet ist (vgl. unten).

Als Beispiel derartiger Reaktionen sei die Darstellung von Ferriten durch thermische Zersetzung von Mischoxalaten angeführt [202]:

$$(M, Fe_2)(C_2O_4)_3 \cdot 6\,H_2O \xrightarrow[-H_2O,\ -CO/CO_2]{+O_2;\ T} MFe_2O_4$$

M: Mg, Ni, Co, Zn, Mn

Ähnlich günstige Bedingungen treten auf, wenn einer der Reaktanden ein Gas ist und als Reaktionsprodukte — neben dem herzustellenden Feststoff — gasförmige Produkte entstehen. So ist bekannt, daß die Herstellung reinen Iridium(IV)-oxids, IrO_2, durch Oxydation von erhitztem Iridium in (ruhendem) Sauerstoff bei Temperaturen zwischen etwa 1070 und 1270 K nicht möglich ist[1]). Wegen einer Deckschichtbildung kommt die Oxydation vor Ablauf der vollständigen Umsetzung zum Stillstand. Erhitzt man jedoch Iridium(III)-chlorid, $IrCl_3$, bei etwa 870 K im Sauerstoffstrom, so wandelt sich dieses vollständig in IrO_2 um [203].

Als weitere Möglichkeit einer gezielten Darstellung einzelner Substanzen mittels Festkörperreaktionen bietet sich die Ausnutzung von *Oberflächendiffusionsprozessen* an. Im Kap. 4.2.2. wurde bereits auf die große Bedeutung der Oberflächendiffusion für den Stofftransport hingewiesen. Die Aktivierungsenergiewerte hierfür sind merklich niedriger als die der Volumen- und Korngrenzendiffusion, so daß die Berücksichtigung des Stofftransports im Oberflächenfilm zwangsläufig auch zu niedrigeren Reaktionstemperaturen führt.

Die Bedeutung des Stofftransports durch Oberflächendiffusion ist seit den Arbeiten von VOLLMER [100] sowie KOSSEL und STRANSKI [101] erwiesen. Ein besonders augenfälliges Beispiel hierfür bietet das Verhalten der netzartigen Platin-Katalysatoren, die bei der katalytischen Ammoniakoxydation nach dem OSTWALD-Verfahren eingesetzt werden. Es ist bekannt, daß Platin bei Temperaturen um 1270 K in Gegenwart von Sauerstoff [204, 205] sowie im NO-Strom [206] chemisch transportierbar ist:

$$Pt + O_2 \rightarrow PtO_{2(g)}$$

$$Pt + 2NO \rightarrow PtO_{2(g)} + N_2$$

$$PtO_2 \rightarrow Pt + O_2 \quad \text{(Abscheidung).}$$

Man findet nun, daß nach Ablauf einer längeren Betriebszeit die ursprünglich weitgehend glatten Drähte der Pt-Netzkatalysatoren sehr stark rekristallisiert sind. Neben einer gewissen Platinverflüchtigung in Form von PtO_2

[1]) Verbindet man die Synthese mit dem Oxidtransport in Gegenwart von Sauerstoff über die Gasphase (vgl. Kap. 4.3., Tab. 14), gelangt man zu chemisch reinen, gut ausgebildeten IrO_2-Kristallen.

(teilweise auch PtO) hat ein chemischer Transport des Platins als PtO_2 im Oberflächenfilm stattgefunden.

Die Beeinflussung des Oberflächenfilms durch systemeigene bzw. -fremde Stoffe ergibt wesentliche Vorteile für die präparative Chemie. So läßt sich beispielsweise durch Wahl unterschiedlicher Reaktionsbedingungen (Inertgasatmosphäre bzw. Vakuum) bei der thermischen Zersetzung fester Stoffe die Zusammensetzung des Oberflächenfilms gezielt beeinflussen und somit der Mechanismus der ablaufenden Festkörperreaktion verändern, vgl. z. B. [207]. Ebenso sind zahlreiche weitere Beispiele bekannt, die auf eine Beeinflussung des Reaktionsablaufs durch Fremdsubstanzen hinweisen, ohne daß schon dafür in allen Fällen eine vollständige Erklärung gegeben werden konnte. So rekristallisiert auf Graphit aufgedampftes Silber (Schmelzpunkt 1234 K) bereits bei Raumtemperatur, sofern ein adsorbierter Wasserfilm vorliegt [208]. Gleichermaßen dürften anwesende Wasserspuren (und CO_2?) die ursprünglich als typische Fest-Fest-Reaktion angesehene Umsetzung

$$2\,BaO_{(s)} + 4\,AgI_{(s)} \rightarrow 2\,BaI_{2(s)} + 4\,Ag_{(s)} + O_2$$

merklich beeinflussen [209], ohne daß der Mechanismus dafür bekannt ist.

Untersuchungen aus jüngerer Zeit belegen den Einfluß selbst geringster Wasserdampfmengen bei der Reduktion von Metallverbindungen auf die Dispersität der dabei entstehenden Metalle [210]. So sinkt beispielsweise die Dispersität von Rhenium in $HReO_4/\gamma\text{-}Al_2O_3$-Tränkproben (0,6 Re/Al_2O_3) um rd. 25%, wenn bei der Reduktion mittels Wasserstoffs (773 K) 400 ppm H_2O in der Reduktionsatmosphäre anwesend sind. Auch die thermische Behandlung bereits reduzierter Proben in Gegenwart wasserdampfhaltigen Wasserstoffs bewirkt entsprechende Rekristallisationsvorgänge, die über die Migration oxidischer Spezies ablaufen.

Auch durch Anwendung *chemischer Transportreaktionen* (Kap. 4.3.) auf Festkörperumsetzungen wird die Beweglichkeit einzelner Reaktionsteilnehmer erhöht. Hierbei hat man zwischen zwei Grenzfällen zu unterscheiden:

a) Ein Reaktionspartner ist chemisch transportierbar.
b) Auch das Reaktionsprodukt läßt einen chemischen Transport zu.

Der Vorteil des Grenzfalles a) gegenüber einer reinen Fest-Fest-Reaktion besteht darin, daß durch Vermittlung der Transportreaktion ein Reaktionspartner an der gesamten Oberfläche des zweiten (nicht transportierbaren) Reaktionspartners zur Verfügung steht. Als Beispiel sei die Umsetzung zwischen Nickeloxid und Chromium(III)-oxid unter Bildung von Nickelchromium-Spinell betrachtet [211]:

$$NiO + Cr_2O_3 \xrightarrow{1370\,K} NiCr_2O_4.$$

Führt man die Reaktion in Gegenwart von Sauerstoff durch, so findet eine Spinellbildung auch bei *räumlicher Trennung* der Ausgangssubstanzen statt. Dies ist möglich, weil Cr_2O_3 mittels des Gleichgewichts

$$Cr_2O_{3(s)} + 1{,}5\,O_2 \rightleftharpoons 2\,CrO_{3(g)}$$

transportierbar ist und somit über die Gasphase zum Reaktionspartner wandern kann.

Ebenso verläuft die Bildung von Ca_2SnO_4 bzw. $SrSnO_3$ bei 1170 K nach den Summengleichungen

$$2\,CaO + SnO_2 \rightarrow Ca_2SnO_4$$

$$SrO + SnO_2 \rightarrow SrSnO_3$$

wesentlich schneller ab, wenn in der Gasphase Kohlenmonoxid bzw. Wasserstoff anwesend sind [212, 213]. Auch bei räumlicher Trennung der Ausgangsprodukte findet eine Umsetzung statt, da SnO_2 über das gasförmige SnO zum Calcium- bzw. Strontiumoxid transportiert wird [212, 214]:

$$SnO_{2(s)} + CO \rightleftharpoons SnO_{(g)} + CO_2$$

$$SnO_{2(s)} + H_2 \rightleftharpoons SnO_{(g)} + H_2O\,.$$

Zusätzliche Vorteile ergeben sich aus präparativer Sicht, wenn auch das Reaktionsprodukt chemisch transportierbar ist. Es läßt sich beispielsweise die störende Deckschichtbildung eines Reaktionsprodukts vermeiden, und die Reaktion kann in einem vertretbaren Zeitraum ausgeführt werden. So hat sich für die Synthese von Al_2S_3 aus den Elementen ein Iodzusatz bewährt, da in diesem Fall das sich bildende Sulfid nach

$$Al_2S_3 + 3\,I_{2(g)} \rightleftharpoons 2\,AlI_{3(g)} + 1{,}5\,S_{2(g)}$$

transportiert werden kann [215]. Ansonsten würde die vollständige Umsetzung von flüssigem Aluminium mit Schwefeldampf durch die entstehende Al_2S_3-Deckschicht verhindert werden.

Die Kombination von Synthese und chemischer Transportreaktion kann auf viele Stoffklassen ausgedehnt werden, wie auch der Transport von Nickelferrit aus Gemischen der Einzeloxide mit Chlorwasserstoff als Transportgas beweist [216]:

$$\underbrace{NiO + \alpha\text{-}Fe_2O_3 \rightarrow NiFe_2O_{4(s)}}_{\text{Synthese}} \underbrace{+\, 8\,HCl_{(g)} = NiCl_{2(g)} + 2\,FeCl_{3(g)} + 4\,H_2O_{(g)}}_{\text{Transport: } 1273\text{ K} \rightarrow 1073\text{ K}}.$$

Allgemein läßt sich feststellen, daß selbst bei kleinen Transportleistungen die Ausnutzung chemischer Transportreaktionen merkliche Vorteile beim präparativen Arbeiten bietet.

Schließlich sei noch kurz auf den engen Zusammenhang zwischen Struktur und Reaktionsgeschehen hingewiesen. Vielfach bestimmen Ausgangsstruktur bzw. einzelne Strukturelemente den Ablauf von Festkörperreaktionen sowie die Natur des Endproduktes. Ein klassisches Beispiel bieten die *Graphiteinlagerungsverbindungen* [217]. Als weitere Verbindungsklasse seien die kristallinen Alumosilicate (*Zeolithe*) genannt, die sich u. a. durch die Fähigkeit zum Kationenaustausch auszeichnen, vgl. z. B. [218]. Die mögliche Kationenanordnung in den Hohlräumen der Zeolithe wird durch den Verlauf des Adsorptionspotentials, durch Kationenladung und -radius, Polarisierbarkeit, Kation-Kation-Wechselwirkung und die Anwesenheit von Fremdmolekülen bestimmt. Vielfach können hohe Austauschgrade erreicht werden, ehe die Zeolithstruktur instabil wird.

Auch die *topotaktischen Reaktionen* unterstreichen den Einfluß der Kristallstruktur auf den Reaktionsverlauf. Unter derartigen Reaktionen versteht man solche, bei denen die Kristalle wenigstens eines der Reaktionsprodukte eine bestimmte kristallographische Orientierung zum Ausgangskristall einnehmen, d. h. im Fall der als *Topotaxie* bezeichneten Vorgänge werden ausgedehnte Bauverbände des Edukts während der Reaktion (nahezu) unverändert in das Reaktionsprodukt übernommen. Mit dieser Begriffsbestimmung wird u. a. eine Unterscheidung zur *Epitaxie* getroffen, bei der Kristalle einer Phase (Gastkristall) auf der Oberfläche von Kristallen einer anderen Phase (Wirtskristall) aufwachsen. Dieser Vorgang beruht auf gewissen Ähnlichkeiten zwischen den Raumgittern von Wirts- und Gastkristall[1]).

Topotaktische Reaktionen werden beispielsweise bei Silicaten beobachtet. So scheidet sich beim Erhitzen von Serpentin auf 1070 K — neben SiO_2 und H_2O — Forsterit (Mg_2SiO_4) aus:

$$Mg_6(OH)_8Si_4O_{10} \rightarrow 3\,Mg_2SiO_4 + SiO_2 + 4\,H_2O,$$

wobei mittels Röntgenaufnahmen festgestellt werden konnte, daß die Sauerstoffschichten im Ausgangskristall und Reaktionsprodukt zueinander parallel sind [219]. Allerdings erfolgt eine Verschiebung der Sauerstoffschichten relativ zueinander in ihrer Ebene, da Serpentin eine Dreischichten-, Forsterit eine Zweischichtenstruktur (bezüglich Sauerstoff) aufweist.

[1]) Weitere kristallographisch orientiert ablaufende Vorgänge sind die *Syntaxie* (orientiertes Zusammenwachsen zweier gleichzeitig entstehender Phasen, zwischen denen eine dreidimensionale Strukturanalogie besteht) und die *Endotaxie* (hierbei findet — im Gegensatz zur *Topotaxie* — kein Stoffaustausch mit der Umgebung statt).

Das genaue Studium topotaktischer Reaktionen vermittelt wesentliche Einblicke in den Mechanismus von Festkörperumsetzungen, wie beispielsweise von JOST für Zersetzungsreaktionen und Phasentransformationen in Silicaten zusammenfassend dargestellt worden ist [220]. Von WORZALA wurden in jüngster Zeit umfangreiche Untersuchungen zum Mechanismus topotaktisch ablaufender Festkörperreaktionen im System $PbO-P_2O_5-H_2O$ vorgenommen [221], und JOST und SCHNEIDER beschäftigten sich mit der Aufklärung der Reaktionsfolge bei der topotaktischen Bildung von β-$(Ca[PO_3]_4)_x$ aus $Ca_2[P_4O_{12}] \times 4\,H_2O$ [222]. In letzterer Arbeit konnte u. a. gefunden werden, daß die Reaktionsfolge über eine *amorphe* Phase als Zwischenstufe verläuft, ohne daß der kristallographisch orientierte Reaktionsablauf unterbrochen wird.

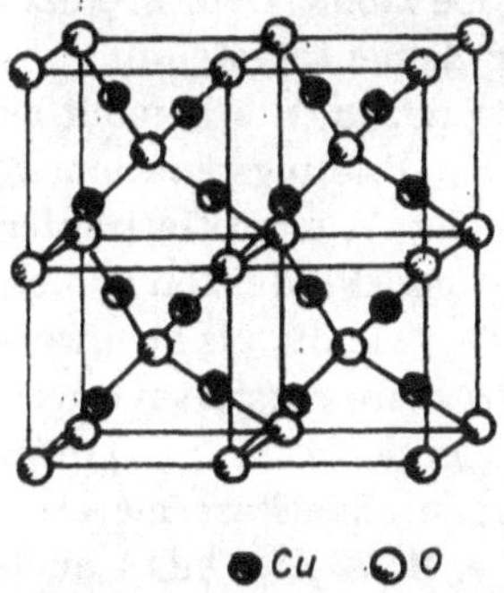

Abb. 46: Anordnung der Gitterbausteine im Kupfer(I)-oxid, Cu_2O

Auch *Metall-Sauerstoff-Systeme* liefern Belege für einen Erhalt von Strukturelementen der Ausgangssubstanz während der Reaktion.

Geht man von gittergeometrischen Gesichtspunkten aus, läßt sich zum Beispiel die Struktur des Kupfer(I)-oxids (Cuprit) formal als eine „Einlagerungsverbindung" von Sauerstoff in das kubisch-flächenzentrierte Kupfergitter auffassen (Abb. 46). Danach sind die Kupfer„atome" — analog wie im Metallgitter — kubisch dicht gepackt. Jedes Kupferatom ist von zwei gegenüberliegenden Sauerstoff„atomen" umgeben, zu denen kovalente Bindungen vom sp-Typ ausgebildet sind. Jedes Sauerstoffatom wiederum wird von vier Kupferatomen tetraedrisch koordiniert. Als Beweis für das Vorhandensein bestimmter Anteile an Metallbindung (und damit zugleich als ein Ausdruck für die Abschwächung des kovalenten Bindungscharakters) kann die elektrische Leitfähigkeit (Halbleitercharakteristik) des Cupits angesehen werden. Damit wird zugleich verständlich, daß der Sauerstoff nicht atomar in das Gitter eingelagert worden ist, was sich auch schon wegen seiner Größe (Tetraederradius: 0,07 nm) verbietet.

Derartige Sauerstoff„einlagerungsverbindungen“ sind beispielsweise auch von den niederen Oxiden des Niobiums und Tantals bekannt [223, 224]. In ihnen liegt der Sauerstoff ebenfalls geordnet vor. Interessant an dieser Verbindungsklasse ist, daß der Sauerstoff im Metallgitter eine größere Beweglichkeit besitzt als die Niobium- bzw. Tantal-Gitterbausteine.

7.2. Ionenkristalle

7.2.1. Einleitung

Festkörperreaktionen von Ionenkristallen bzw. Verbindungen mit einem hohen Anteil an Ionenbindung spielen in der Technik eine große Rolle. Dem Produktionsumfang nach müssen an erster Stelle die bei der Zementherstellung ablaufenden Prozesse genannt werden. Im Fall des Portlandzements handelt es sich vorrangig um Silicat-, Aluminat- und Aluminatferrit-Bildungsreaktionen. Ebenso erfolgt die Herstellung einer Reihe oxidkeramischer Werkstoffe auf der Grundlage festkörperchemischer Reaktionen. Zu derartigen Produkten zählen beispielsweise die gewöhnlichen Spinelle (z. B. $NiAl_2O_4$) sowie die als hochwertige weichmagnetische Werkstoffe genutzten Ferrite. Letztere entstehen durch Umsatz von Eisen(III)-oxid mit einem oder mehreren Oxiden zwei- bzw. dreiwertiger Metalle (Kap. 7.2.4.). Für die Herstellung anorganischer Fasermaterialien verwendet man neben einer Reihe von Oxiden (z. B. Al_2O_3, TiO_2) auch Magnesiumaluminium-Spinell, $MgAl_2O_4$, sowie Mullit, $3\,Al_2O_3 \cdot 2\,SiO_2$. Das große praktische Interesse an geochemischen Vorgängen hat die Untersuchung von Festkörperreaktionen unter Beteiligung oxidischer und silicatischer Verbindungen stark gefördert. Eine breite Palette von Festkörperreaktionen bestimmt Herstellung, Aktivierung, Einsatz und Reaktivierung einer großen Anzahl von Katalysatoren für die heterogene Katalyse, vgl. dazu Tab. 4, S. 32. Ebenso ermöglicht die Kenntnis der Gesetzmäßigkeiten zum Ablauf von Festkörperreaktionen bei anorganischen Stoffen deren breitere Ausnutzung beim präparativen Arbeiten (Kap. 7.1.2.). Diese wenigen Beispiele mögen genügen, um die große Bedeutung der Festkörperreaktionen unter Beteiligung von Ionenkristallen anzudeuten.

Zur Klassifizierung entsprechender Reaktionen gelten die im Kap. 2.3. gemachten Ausführungen. Nachfolgend soll vorrangig auf *Modifikationsumwandlungen*, *Zersetzungs-* sowie *Additionsreaktionen* und *Doppelumsetzungen* eingegangen werden.

7.2.2. Modifikationsumwandlungen

Chemische Elemente und Verbindungen bilden in Abhängigkeit von Druck und Temperatur verschiedene Zustandsformen aus, die bei gleicher chemischer Zusammensetzung unterschiedliche physikalische und teilweise chemische Eigenschaften besitzen. Als *Allotropie* bezeichnet man die Erscheinung, daß ein Element in verschiedenen festen Zustandsformen existiert, während man unter *Polymorphie* dieselbe Erscheinung bei chemischen Verbindungen versteht. In beiden Fällen unterscheidet man zwischen *monotropen* Paaren, bei denen die Umwandlung nur in einer Richtung vonstatten geht (*Monotropie*), und *enantiotropen* Paaren, für die eine wechselseitige Umwandlung der jeweiligen Modifikation auftritt (*Enantiotropie*).

In Tab. 21 sind für einige Elemente und Verbindungen die unter Normaldruck erhältlichen Modifikationen angeführt[1]), vgl. auch Tab. 2, S. 23.

Bei derartigen Modifikationswechseln treten in unterschiedlichem Maße strukturelle und bindungsmäßige Veränderungen auf[2]), wobei zwischen mehreren Fällen unterschieden werden kann.

1. Die Anordnung der nächsten Nachbarn ist in den einzelnen Modifikationen weitgehend gewahrt. Bei der Umwandlung erfolgt entweder eine Deformation des Ausgangsgitters, oder dieses wird völlig zerstört und ein neues Gitter aufgebaut. Der erste Fall tritt bei der enantiotropen Umwandlung

$$\alpha\text{-Quarz (trigonal)} \underset{}{\overset{846\,\mathrm{K}}{\rightleftarrows}} \beta\text{-Quarz (hexagonal)}$$

auf. Die Achsenverhältnisse erfahren hierbei nur geringfügige Änderungen, ebenso bleibt die Kristallform nahezu unverändert. Im zweiten Fall ist der Übergang in die andere Modifikation vielfach kinetisch gehemmt; die Umwandlungsgeschwindigkeiten sind gering, wie beispielsweise für den Wechsel Zinkblendegitter → Wurtzitgitter gefunden wird. In Abb. 47 sind die Elementarzellen der beiden Strukturen dargestellt. Als wesentlichstes Ergebnis

[1]) Zum Einfluß des Druckes auf die Phasenausbildung vgl. man Kap. 7.5.

[2]) Diese machen sich nicht nur direkt bei der Umwandlungstemperatur bemerkbar; vielmehr erfolgt der Vorgang der Umorientierung von Gitterbausteinen in einem gewissen Temperaturbereich, in dem die Festkörper eine erhöhte Reaktionsfähigkeit aufweisen (HEDVALL-*Effekt*). Diese Erscheinung ist nicht nur auf Modifikationswechsel beschränkt, sondern gilt ganz allgemein bei auftretenden Gitterumwandlungen (z. B. Dehydratisierung; thermische Zersetzungsreaktionen (Kap. 7.2.3.), Ausbildung von Überstrukturphasen (Kap. 7.3.2.1.)).

Tabelle 21: Thermisch bedingter Modifikationswechsel bei Elementen und Verbindungen (Auswahl)

Substanz	Modifikationen
Zinn	α-Sn (kubisch) $\xrightleftharpoons{286{,}4\ K}$ β-Sn (tetrag.) $\xrightleftharpoons{435\ K}$ γ-Sn (rhomb.) $\xrightleftharpoons{505\ K}$ Schmelze
Uranium	α-U (orthorhomb.) $\xrightleftharpoons{941\ K}$ β-U (tetrag.) $\xrightleftharpoons{1048\ K}$ γ-U (krz.) $\xrightleftharpoons{1406\ K}$ Schmelze
Eisen	α-Fe (krz.) $\xrightleftharpoons{1193\ K}$ γ-Fe (kflz.) $\xrightleftharpoons{1661\ K}$ δ-Fe (krz.) $\xrightleftharpoons{1812\ K}$ Schmelze
Schwefel	α-S (rhomb.) $\xrightleftharpoons{368{,}8\ K}$ β-S (monoklin) $\xrightleftharpoons{392\ K}$ Schmelze
Ammoniumverbindungen	NH_4NO_3:
	hexagonal $\xrightleftharpoons{255\ K}$ α-rhombisch $\xrightleftharpoons{305{,}5\ K}$ β-rhombisch $\xrightleftharpoons{357{,}4\ K}$ tetragonal $\xrightleftharpoons{398{,}4\ K}$ kubisch
	α-NH_4Cl (kub.) $\xrightleftharpoons{457{,}7\ K}$ β-NH_4Cl (hexag.) α-NH_4Br (kub.) $\xrightleftharpoons{411\ K}$ β-NH_4Br (hexag.)
	α-NH_4I (kub.) $\xrightleftharpoons{255{,}6\ K}$ β-NH_4I (hexag.)
Caesiumchlorid	α-CsCl $\xrightleftharpoons{718\ K}$ β-CsCl (NaCl-Typ)
Silberiodid	α-AgI (kub.) $\xrightleftharpoons{410\ K}$ β-AgI (hexag.) $\xrightleftharpoons{418\ K}$ γ-AgI (kub.)
Silbersulfid	α-Ag_2S (rhomb.) $\xrightleftharpoons{452\ K}$ β-Ag_2S (kub.)
Zinksulfid	ZnS (Zinkblendetyp) (kub.) $\xrightleftharpoons{1293\ K}$ ZnS (Wurtzittyp) (hexag.)

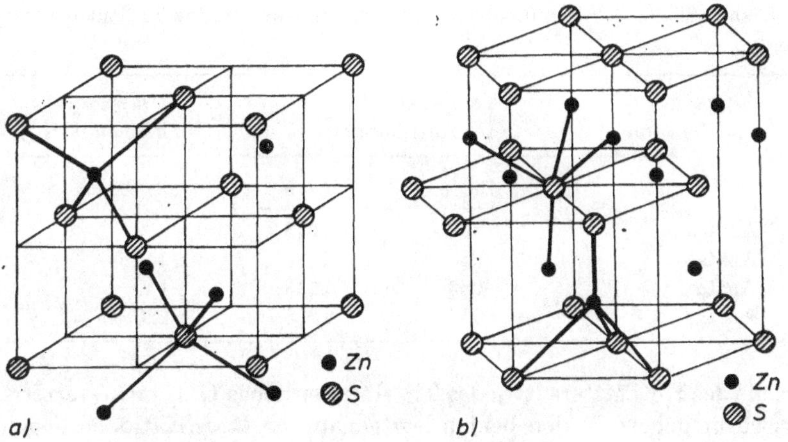

Abb. 47: Elementarzellen der Zinkblende- (a) und Wurtzitstruktur (b)

Für beide Strukturen sind jeweils an einem Beispiel die Zink- bzw. Schwefel-Koordination verstärkt hervorgehoben.

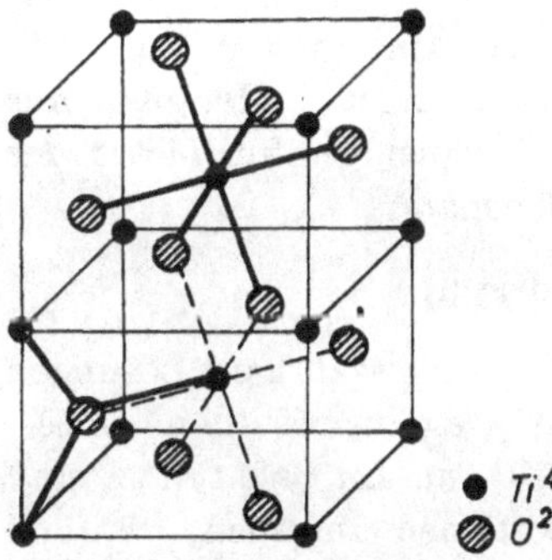

Abb. 48: Zwei Elementarzellen des Rutilgitters

Die Koordinationen bezüglich Titanium und Sauerstoff sind verstärkt hervorgehoben

soll festgehalten werden, daß in beiden Gittertypen benachbarte Atome[1]) tetraedrisch koordiniert sind. Der Unterschied in der Gitterenergie ist gering, er beträgt rd. 13 kJ mol^{-1}.

Monotrope Umwandlungen beobachtet man auch bei den polymorphen Formen des Titanium(IV)-oxids, das in der Natur als tetragonaler Rutil (Abb. 48) und Anatas sowie rhombischer Brookit vorkommt. In der Ele-

[1]) Im Zinksulfid bestimmen schon deutlich kovalente Bindungsanteile (∼ 38%) die Wechselwirkung zwischen Zink und Schwefel (Überlappung vom sp^3-Hybridfunktionen des Zink- und Schwefelatoms).

Tabelle 22: Beeinflussung der monotropen Umwandlung von Anatas zu Rutil durch Fremdionen

Anion	Ausgangs-modifikation	Temperatur (K) der Rutilbildung		Umwandlungs-bereich in K
		Beginn	Ende	
NO_3^-	Anatas	893	973	80
Cl^-	Anatas	933	1083	150
SO_4^{2-}	Anatas	983	1113	130
F^-	Anatas	1063	1283	220

mentarzelle des Rutilgitters ist jedes Ti^{4+}-Ion von sechs O^{2-}-Ionen verzerrt oktaedrisch umgeben. In den beiden letztgenannten Modifikationen liegen stark verzerrte Sauerstoffionen-Oktaeder um jedes Ti^{4+}-Ion vor, von denen zwei relativ eng benachbart sind. Anatas und Brookit wandeln sich bei, höheren Temperaturen monotrop in Rutil um, wobei die Umwandlungstemperaturen selbst durch geringe Mengen an Fremdstoffen merklich beeinflußt werden [225], vgl. Tab. 22.

2. Der Modifikationswechsel führt zu einer starken Änderung der Koordinationsverhältnisse. Auch bei derartigen Umwandlungen findet man nur geringe Umwandlungsgeschwindigkeiten. Ein Beispiel hierfür bietet der Übergang bei den Strukturtypen des Calciumcarbonats:

   Aragonit (rhombisch) $\rightarrow$ Calcit (rhomboedrisch)

   Wird $CaCO_3$ bei Temperaturen oberhalb 303 K aus wäßrigen Lösungen gefällt, so besteht der Niederschlag aus feinen Aragonitkristallen. Unterhalb 303 K wandeln sich diese langsam in Calcit um. Im Calcitgitter sind die Ca^{2+}-Ionen oktaedrisch von sechs Sauerstoffionen umgeben, während im Aragonit jeweils neun Sauerstoffionen ein Ca^{2+}-Ion koordinieren[1]).

3. Bei einigen Umwandlungen sind die strukturellen Veränderungen im Gitterbau mit bedeutenden Änderungen des chemischen Bindungscharakters verbunden und umgekehrt. Das klassische Beispiel hierfür ist die Druckhybridisierung des Kohlenstoffs bei der Diamantsynthese aus Graphit (Kap. 7.5.).

Das Auftreten unterschiedlicher Modifikationen bei Elementen und Verbindungen ist für viele Belange des präparativen Arbeitens bzw. ihres technischen Einsatzes von großer Bedeutung. Beispielsweise wird die Phasenausbildung im System Eisen—Kohlenstoff

[1]) Der Sauerstoff ist bei beiden Modifikationen in den planaren CO_3^{2-}-Ionen fixiert.

(Graphit) bzw. Eisen—Zementit (Fe_3C) maßgeblich durch die Allotropie des Eisens bestimmt (Kap. 2.3.3.2.); beim Uranium bereiten die mit den Gitterumwandlungen verbundenen Volumenänderungen große Schwierigkeiten bei seiner Nutzung als Kernbrennstoff; die Verwendung des Zirconium(IV)-oxids als keramischer Werkstoff ist praktisch nur bei Vorliegen der kubischen Modifikation möglich (Kap. 7.1.2.) usw.

Andererseits kann die Ausbildung zahlreicher Formen ein und derselben Verbindung dieser ein breites Einsatzgebiet erschließen, wie es zum Beispiel für die verschiedenen Abbaustufen der Aluminiumhydroxide und -oxidhydroxide bekannt ist. Abb. 49 enthält die Bildungsfolge der Abbaustufen, wie sie beim

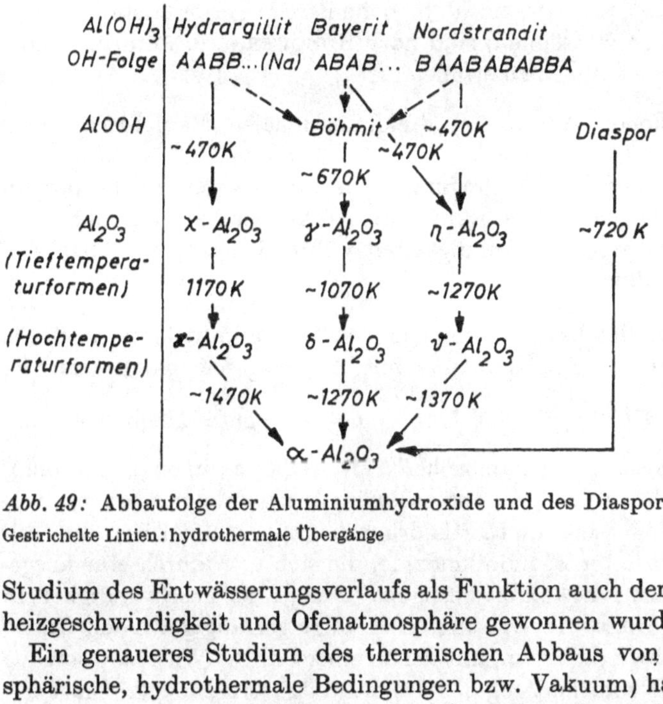

Abb. 49: Abbaufolge der Aluminiumhydroxide und des Diaspors (Langzeiterhitzen)
Gestrichelte Linien: hydrothermale Übergänge

Studium des Entwässerungsverlaufs als Funktion auch der Teilchengröße, Aufheizgeschwindigkeit und Ofenatmosphäre gewonnen wurde (vgl. [218]).

Ein genaueres Studium des thermischen Abbaus von Hydrargillit (atmosphärische, hydrothermale Bedingungen bzw. Vakuum) hat ergeben, daß hierbei u. a. ein wesentlicher Einfluß des Wasserdampfpartialdruckes auf den Verlauf der Strukturumwandlung des Hydrargillits in Richtung röntgenamorphen, χ- bzw. ϱ-Aluminiumoxids gegeben ist (vgl. Zusammenstellung in [226]; s. a. [227]).

Bezüglich der Bildungsbedingungen und des -mechanismus geringkristalliner Aluminiumoxide durch *Langzeiterhitzen* von Hydrargillit (Teilchengröße: $50\,\mu m \leqq d \leqq 80\,\mu m$) können folgende Aussagen getroffen werden ([226], daselbst weitere Literatur):

— Auf Grund eines hohen intrakristallinen Druckgradienten (sog. „Innerer Autoklaveneffekt") wandelt sich Hydrargillit im Temperaturbereich $450\,K \leqq \vartheta_{Calc.} \leqq 480\,K$ bzw. 670 K in gut kristallisierten Böhmit, AlO(OH), um.
— Bei Temperaturen $470\,K \leqq \vartheta_{Calc.} \leqq 870\,K$ kommt es zur Bildung eines aktiven röntgenamorphen bzw. teilkristallinen Aluminiumoxids (ϱ-Al_2O_3) bzw. Oxidgemisches (ϱ/χ-Al_2O_3; ϱ-Al_2O_3 : schlecht kristallisiertes χ-Al_2O_3):
— Bei Calcinationstemperaturen > 720 K entstehen relativ inaktive kristalline oxidische Abbauprodukte (χ-, $\varkappa$-, η-, α-Al_2O_3).

Um aus Hydrargillit phasenreine (d. h. böhmitfreie) geringkristalline Aluminiumoxide herstellen zu können, sind nach ROUQUEROL u. Mitarb. mindestens folgende Voraussetzungen zu erfüllen [228]:

— Schaffen eines hohen Anteils an dreidimensionalen Baufehlern (Kap. 3.2.4.).
— Vermeiden hydrothermaler Bedingungen im Inneren der Festkörperteilchen durch Einsatz von Hydrargillitfraktionen kleiner Partikelgröße.
— Hohe Dehydratisierungsgeschwindigkeiten während des thermischen Abbaus von Hydrargillit.

Neben der Methode des Langzeiterhitzens von Hydrargillit bietet auch die Methode des *kurzzeitigen Schockerhitzens* mit Aufheizgeschwindigkeiten der Teilchen von $10^3\,K\,s^{-1} < \frac{d\vartheta}{dt} < 10^5\,K\,s^{-1}$ eine sehr gute Möglichkeit zur Herstellung von nahezu röntgenamorphen bzw. teilkristallinen Aluminiumoxiden [226, 227]. Unter den genannten Bedingungen erfolgt auch bei vergleichsweise hohen Wasserdampfpartialdrücken ($p_{H_2O} \leqq 100\,kPa$) die Bildung stark destrukturierter Aluminiumoxide, die sich u. a. durch eine ausgeprägte chemische Reaktivität (z. B. bezüglich ihrer „Löse"geschwindigkeit in NaOH) auszeichnen. Dieser Aktivierungseffekt folgt vorrangig aus den Unterschieden in den Geschwindigkeiten, mit denen einerseits die Wasserfreisetzung und andererseits die Neuformierung des Anionenteilgitters erfolgen. Die Thermoschockbehandlung reicht aus, um etwa 75 Masse-% des Strukturwassers des Hydrargillits abzubauen, während das Sauerstoffionen-Grundgerüst in seiner Struktur im wesentlichen unverändert zurückbleibt.

Durch eine anschließende Wasserbehandlung, die gleichzeitig eine teilweise Rehydratation der destrukturierten Abbauprodukte bewirkt, können die das Kristallgitter des Hydrargillits stabilisierenden Natriumionen entfernt werden. Dadurch ergeben sich auch aussichtsreiche Möglichkeiten, über den Prozeß der kurzzeitigen Thermoschockbehandlung zu Ausgangskomponenten für die

Herstellung von Katalysatoren der primären Erdölverarbeitung zu gelangen, z. B. [229].

Auch für das Al_2O_3 gilt, daß bereits kleine Zusätze an anderen Substanzen zu einer merklichen Verschiebung der Umwandlungstemperaturen und somit zu einer Stabilisierung bestimmter Gitterstrukturen führen.

Tabelle 23: Phasenumwandlung im System Al_2O_3/SiO_2-NiO

Ausgangsprobe	Vorbehandlungstemperatur in K		
	1070	1170	1270
γ-Al_2O_3	γ, δ	(γ), δ, ϑ, ((α))	((γ)), (δ), ϑ, α
γ-Al_2O_3/SiO_2	γ	γ, (δ), ((ϑ))	γ, δ, ϑ
γ-Al_2O_3-NiO	γS	γS	γS, ((α))
γ-Al_2O_3/SiO_2-NiO	γS	γS	γS

Abkürzungen: γ, δ usw. = γ-Al_2O_3, δ-Al_2O_3 usw.; γS: Spinellstruktur (vgl. Text); ( ) wenig, (( )) sehr wenig

In Tab. 23 sind einige Angaben zur Phasenumwandlung in Systemen auf Basis Al_2O_3 enthalten [141]. Als Ausgangsmaterial diente γ-Al_2O_3 ohne SiO_2-Zusätze bzw. mit einem SiO_2-Gehalt von 3 Masse-%. Ausgehend von γ-Al_2O_3 wurden bei einer Vorbehandlungstemperatur von rd. 1070 K δ-Al_2O_3 neben γ Al_2O_3, bei 1170 K neben ϑ-Al_2O_3 schon — wenn auch in sehr geringen Mengen — α-Al_2O_3 und bei 1270 K deutlich α-Al_2O_3-Bildung beobachtet. Durch eingefälltes SiO_2 wird diese Umwandlung unter Beibehaltung der Phasenfolge deutlich verzögert, wie ein Vergleich der beiden Ausgangsproben γ-Al_2O_3 und γ-Al_2O_3/SiO_2 ergibt. Im Phasenaufbau entsprechen sich etwa die Proben Al_2O_3 (1170 K) und Al_2O_3/SiO_2 (1270 K).

Bei Anwesenheit von NiO verteilt sich dieses im Defektspinellgitter des Al_2O_3 und bewirkt die Stabilisierung des Spinellgitters, was sich mit zunehmender Temperaturerhöhung über 870 K in einem deutlichen Intensitätsanstieg der entsprechenden Interferenzen gegenüber den NiO-freien Al_2O_3-Proben bemerkbar macht. Da im vorliegenden Fall die Unterscheidung von γ-Al_2O_3 und Mischkristallbildung γ-$Al_2O_3/NiAl_2O_4$ wegen des geringen Nickelgehaltes schwierig ist, wurden die verstärkten Interferenzen, die nach ihrer Lage zum γ-Al_2O_3 gehören, mit γS bezeichnet. Die Stabilisierung der Spinellstruktur behindert ferner die Umwandlung von γ- zu α-Al_2O_3. Sie verläuft direkt zu α-Al_2O_3, außerdem wird sie verzögert.

Im System γ-Al_2O_3/SiO_2—NiO wirken SiO_2 und NiO gemeinsam auf die Phasenumwandlung des Al_2O_3, so daß die bei 1270 K geglühten Proben kein α-Al_2O_3 aufweisen.

7.2.3. Thermische Zersetzungsreaktionen

Die thermische Zersetzung fester Stoffe verläuft in vielen Fällen nach dem Reaktionsschema

$$A_{fest} = B_{fest} + C_{gasförmig}.$$

Für eine Behandlung der Zersetzungsreaktionen anorganischer Stoffe hat es sich nach Boldyrev vielfach als günstig erwiesen, ihre Einteilung in zwei Gruppen vorzunehmen [230]. Zur ersten Gruppe zählen die *Reaktionen ohne Elektronenübergänge.* Bei ihnen unterscheidet man zwischen einem reversiblen und irreversiblen Verlauf. Reversibel sind die Zersetzungen der Kristallhydrate, -ammoniakate, Alkali- und Erdalkalicarbonate usw., irreversibel dagegen die der Alkali- und Erdalkalioxalate, -formiate usw. Die zweite Gruppe umfaßt alle Zersetzungsreaktionen, die mit Elektronenübergängen verbunden sind (*Redoxreaktionen*).

Zersetzungsreaktionen bieten besonders günstige Modellsysteme für das Studium topochemischer Reaktionen [231]. Andererseits erschweren eine Reihe von Faktoren das genaue Studium der Zersetzungsreaktionen, speziell hinsichtlich der Aufgabenstellung zur Ermittlung einer Zersetzungskinetik. Zu diesen Faktoren zählen eine vielfach unterschiedliche Sekundärstruktur der Stoffe als Folge einer zumeist nur geringfügigen Abweichung bei der Probenherstellung, eine unterschiedliche Vorbehandlung der Ausgangssubstanzen sowie der oft nicht genau kontrollierbare Einfluß der Gasatmosphäre. Begnügt man sich dagegen mit einer phänomenologischen Betrachtung von Zersetzungsreaktionen, so stellt sich der Zersetzungsverlauf in zahlreichen Fällen entsprechend den in Abb. 50 gemachten Angaben dar. Danach unterscheidet man verschiedene Bereiche. Zu Beginn erfolgt die Desorption adsorbierter

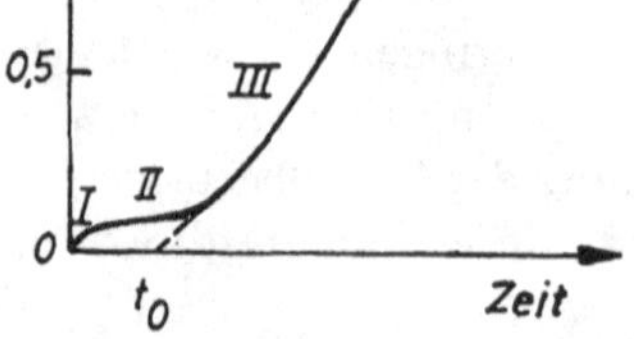

Abb. 50: Allgemeine Form einer Zersetzungskurve
α — relativer Umsatz; Bereich I: stark vergrößert gezeichnet

Gase bzw. die Zersetzung oberflächennaher Kristallitbereiche gestörter Struktur (I). Daran schließt sich ein Bereich, der die Induktionsperiode charakterisiert (II). Während dieser Zeit erfolgt die Bildung der B-Keime. Sie stellt den ersten Schritt der eigentlichen Festkörperreaktion bei der thermischen Zersetzung dar. Die Keime katalysieren den nachfolgenden Umwandlungsprozeß im Sinne einer autokatalytischen Reaktion. Die Startperiode t_0, die sich in erster Näherung durch Extrapolation des unteren Kurventeils III ergibt, leitet die Periode nahezu konstanter Umwandlungsgeschwindigkeit ein. Die Umwandlung findet an der Grenzfläche A zu B statt. Im Bereich IV nimmt die Reaktionsgeschwindigkeit ab und wird schließlich Null.

Nicht immer erreicht der relative Umsatz 100% (bzw. $\alpha = 1$). Ebenso ergeben sich Zeitfunktionen mit unterschiedlich langen Inkubationszeiten t_0 sowie einem Ausfall einzelner der in Abb. 50 gezeigten Bereiche.

Die Reaktionsmöglichkeiten bei thermischen Zersetzungen sind oftmals vielfältiger, als gemeinhin angenommen wird. Ein Beispiel hierfür bieten die von Kempe u. Mitarb. erhaltenen Untersuchungsergebnisse zur Thermolyse von Erdalkalimetallsulfiten, MSO_3 (M: (Mg), Ca, Sr, Ba) [232]. Nachfolgend sollen die Verhältnisse für die $CaSO_3$-„Zersetzung" (stationäres System, N_2-Atmosphäre) kurz erläutert werden (Abb. 51).

Die Zersetzung des $CaSO_3$ setzt oberhalb 770 K ein und verläuft ab etwa 970 K mit großer Geschwindigkeit. Das Reaktionsprodukt enthält $CaSO_4$ und

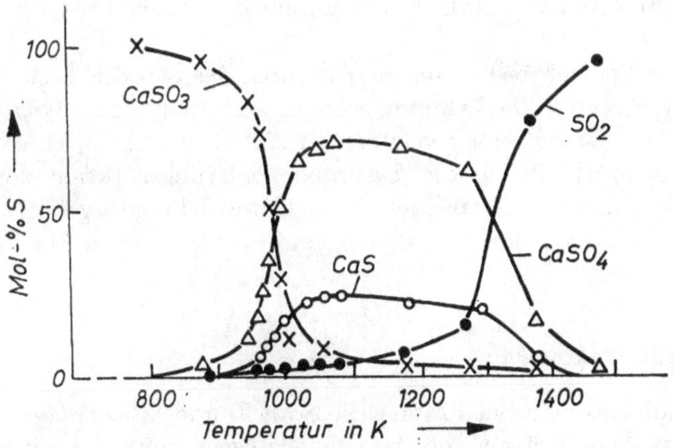

Abb. 51: Reaktionsproduktverteilung bei der thermischen $CaSO_3$-Umwandlung (Reaktionsdauer: 30 min) [232b]

CaS im Molverhältnis von rd. 3:1, was den Ablauf der Brutto-Disproportionierungsreaktion

$$4\,CaSO_3 = 3\,CaSO_4 + CaS$$

widerspiegelt. Aus kinetischen Untersuchungen wurde für diese Bruttoreaktion die Aktivierungsenergie zu rd. 328 ± 20 kJ mol^{-1}, aus thermoanalytischen Untersuchungen die Reaktionsenthalpie zu $-21{,}3$ kJ mol^{-1} bestimmt.

Zugleich entstehen ab etwa 870 K (auf Grund der thermischen Dissoziation von $CaSO_3$) geringe Mengen an Schwefeldioxid:

$$CaSO_3 = CaO + SO_2.$$

Oberhalb 1070 K steigt die gebildete SO_2-Menge auf Kosten der Reaktionsprodukte $CaSO_4$ und CaS an. Hierfür ist die Synproportionierungsreaktion

$$3\,CaSO_4 + CaS = 4\,CaO + 4\,SO_2$$

verantwortlich (Aktivierungsenergie: 306,6 kJ mol^{-1}).

Weiterhin werden entsprechend folgender Gleichung geringe Mengen an Schwefel gebildet:

$$CaSO_4 + 3\,CaS = 4\,CaO + 2\,S_2.$$

Zusammenfassend kann gesagt werden, daß die Thermolyse von $CaSO_3$ unter stationären Bedingungen (N_2-Atmosphäre) bei entsprechend hohen Temperaturen zwar nahezu ausschließlich CaO und SO_2 als Reaktionsprodukte ergibt, diese jedoch nicht durch eine einfache thermische Zersetzung des $CaSO_3$ entstehen.

Im Fall dynamischer Versuchsbedingungen (Abführen des SO_2 durch strömenden Stickstoff bzw. Arbeiten im Vakuum) werden wesentlich höhere SO_2-Ausbeuten gemessen. Dies ist auf einen verstärkten Anteil der $CaSO_3$-Dissoziation, bei gleichzeitigem Rückgang der Disproportionierungsreaktion des $CaSO_3$, zurückzuführen. Damit belegen auch diese Untersuchungsergebnisse u. a. den Einfluß der Gasatmosphäre auf den Ablauf entsprechender Reaktionen.

7.2.4. *Additive Festkörperreaktionen*

Zu den wichtigsten Additionsreaktionen zählen die *Spinell-* und *Silicatbildung*. Erstere gehört — sofern man sich auf die Oxidspinelle beschränkt — zu den am besten untersuchten Festkörperreaktionen. Das Interesse an einer genauen Kenntnis der Spinellbildungsreaktionen wurde durch die praktische Bedeutung dieser Stoffklasse gefördert. Oxidspinelle spielen in der keramischen Industrie, als hochwertige magnetische Werkstoffe („Ferrite"), Ofenauskleidungen („Chromitsteine") sowie — speziell in Form des Magnesiumaluminium-Spinells — als synthetische Edelsteine[1]) eine große Rolle. Silicatbildungsreaktionen bestimmen in breitem Maße die festkörperchemischen Vorgänge bei der Produktion von Baustoffen (Portlandzementherstellung).

7.2.4.1. Spinellbildung

Die Spinelle (Kap. 2.3.3. und 3.2.1.) sind thermisch und chemisch stabile Verbindungen. Ihre Darstellung erfolgt durch längeres Erhitzen pulverförmiger Gemische der Ausgangskomponenten bei entsprechend hohen Temperaturen. In zahlreichen Fällen ist ein Stofftransport unter Einschluß der Gasphase zu berücksichtigen, vgl. zum Beispiel [9, 11, 233, 234, 235] sowie Kap. 7.1.2.

In Abb. 52 sind für die Spinellbildungsreaktion

$$AO + Z_2O_3 = AZ_2O_4$$

die möglichen Reaktionsmechanismen und die entsprechenden Phasengrenzreaktionen angeführt. Den Beispielen a bis c liegt die Annahme zugrunde, daß der Stofftransport ausschließlich durch Volumendiffusion der Ionen erfolgt.

Auf Grund der Elektroneutralitätsforderung bei Ionenkristallen (vgl. auch Kap. 3.3.2.) müssen stets mehrere Ionensorten bzw. entgegengesetzt geladene Teilchen (Ionen und Elektronen bzw. Defektelektronen) gleichzeitig diffundieren. Dabei hat man die Grenzfälle der *gegenläufigen Kationendiffusion* (Fall a und g), die der *gleichgerichteten Kationen- und Anionendiffusion* (Fall b und c) sowie die Mechanismen zu berücksichtigen, bei denen der *Sauerstoff über die Gasphase transportiert* und die lokale Elektroneutralität durch den Halbleitercharakter des Reaktionsprodukts AZ_2O_4 garantiert werden (Fall d bis f).

Die Reaktionsmechanismen b und c können wohl aus den weiteren Betrachtungen ausgeschlossen werden, da sich die Sauerstoffionen wegen ihrer relativen Größe (Tab. 24) nicht am Festkörperdiffusionsprozeß beteiligen.

Vielfach ist der Reaktionsmechanismus a gültig, sofern ein idealer Kontakt zwischen den festen Stoffen AO und Z_2O_3 vorliegt. Die Kationen diffundieren über die tetraedrisch bzw. oktaedrisch koordinierten Plätze des Spinellgitters (Kationenleerstellen, vgl. Kap. 2.3.3. und 3.2.1.), wobei eine unterschiedlich große Stabilisierung der Kationen auf Grund der Kristallfeldenergie die Reaktivität beeinflußt [236].

[1]) Die industrielle Synthese von Spinellen zu Schmuckzwecken bedient sich allerdings der Züchtung in der Knallgasflamme (Verneuil-Verfahren).

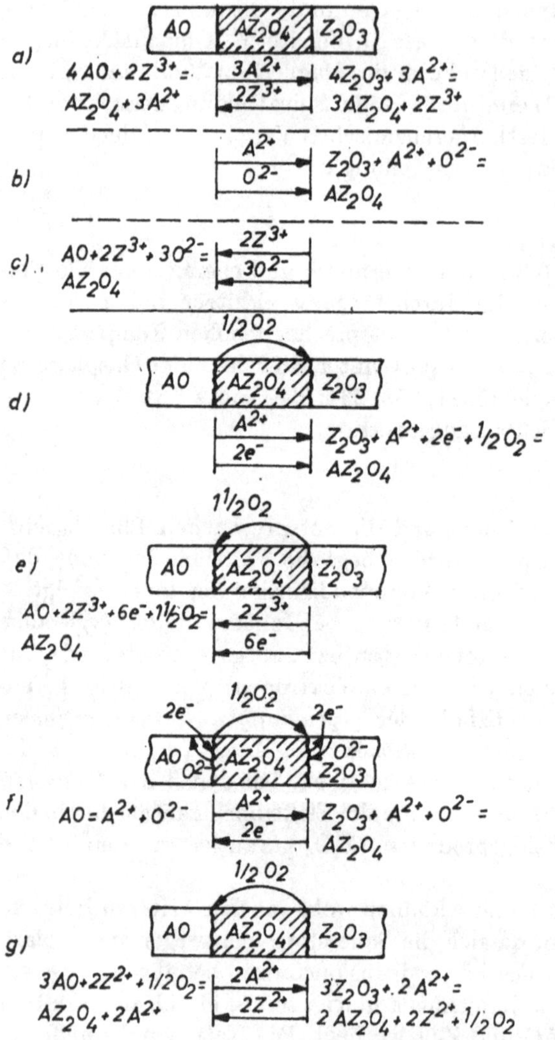

Abb. 52: Reaktionsmechanismen und Phasengrenzreaktionen bei der Spinellbildung

Wenn ein idealer Kontakt zwischen den Ausgangsstoffen bzw. einem der jeweiligen Ausgangsstoffe und dem Reaktionsprodukt nicht gegeben ist (und dieses sollte — speziell bei Pulverreaktionen — die Regel sein; vgl. Kap. 4.1. und 7.1.2.) bzw. wenn sich eine poröse Reaktionsschicht ausbildet, so werden

Tabelle 24: Ionenradien spinellbildender Elemente nach GOLDSCHMIDT (*G*) und PAULING (*P*)

Ion		O^{2-}	Mg^{2+}	Ni^{2+}	Fe^{2+}	Co^{2+}	Zn^{2+}	Mn^{2+}	Al^{3+}	Fe^{3+}	Cr^{3+}	Mn^{3+}	Ti^{4+}
Radius in nm · 10	*G*	1,32	0,78	0,78	0,82	0,82	0,83	0,91	0,57	0,67	0,64	0,70	0,64
	P	1,40	0,65	0,72	0,80	0,72	0,74	0,80	0,50	0,64	0,69	0,66	0,68

zusätzliche Reaktionsmechanismen wirksam (Fall d bis g). Voraussetzung hierfür ist allerdings auch ein genügend hoher Partialdruck der Nichtmetallkomponente (bei Oxidspinellen: Sauerstoff).

Eine Möglichkeit darüber zu entscheiden, welcher Reaktionsmechanismus (überwiegend) vorherrscht, bietet die Verwendung inerter Markierungen, zum Beispiel in Form von Platindrähten oder -folien sehr geringer Stärke (einige Mikrometer). Diese werden vor Reaktionsbeginn zwischen den Einkristallen bzw. Sinterkörpern mit ebenen Stirnflächen angeordnet. Nach dem Reaktionsende wird die Lage der Markierungen an Schliffen senkrecht zum Reaktionsquerschnitt beobachtet. Dabei unterscheidet man die in Abb. 53 dargestellten Grenzfälle. Die unter a und b angeführten Beispiele verweisen auf den gleichgerichteten Transport der Kationen und Anionen (Abb. 53a; Abb. 53b entspricht dem Mechanismus der in Abb. 52b (Abb. 52c) dargestellten Reaktion) oder auf die Wanderung von Kationen und Elektronen durch die Reaktionsschicht und den Transport des Sauerstoffs über die Gasphase (vgl. Abb. 52d bis f).

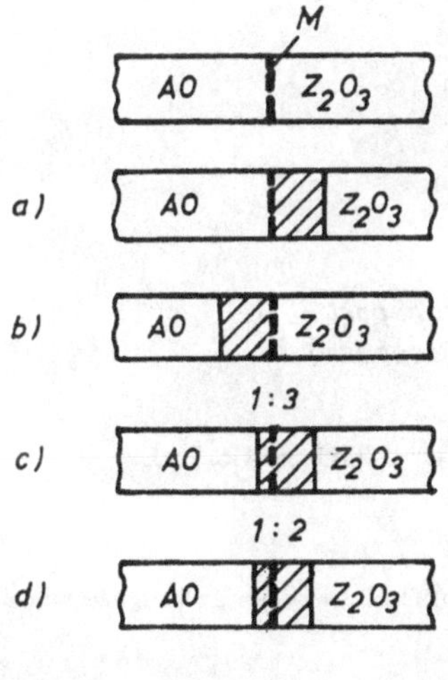

Abb. 53: Markierungsversuche zur Bestimmung des Reaktionsmechanismus bei der Spinellbildung $AO + Z_2O_3 = AZ_2O_4$
M – Markierung; schraffiert: Spinellphase

Befindet sich die Markierung innerhalb der Spinellschicht, so wird der Reaktionsmechanismus durch eine entgegengesetzte Kationendiffusion bestimmt. Abbildung 53c beschreibt den Sachverhalt des Reaktionsmechanismus aus Abb. 52a; die Markierung teilt die Spinellschicht im Verhältnis 1:3, entsprechend den Molmengen AZ_2O_4, die an der Phasengrenze AO/AZ_2O_4 bzw. AZ_2O_4/Z_2O_3 gebildet werden. Ist die Spinellschicht im Verhältnis 1:2 geteilt (Abb. 53d), so hat man es mit dem in Abb. 52g beschriebenen Reaktionsmechanismus zu tun. Letzterer tritt — neben dem in Abb. 52a angeführten Mechanismus — bei der Ferritsynthese (AFe_2O_4) auf [237]. Er ist auch dadurch gekennzeichnet, daß der Diffusionsprozeß von einem Wertigkeitswechsel der Eisenionen an der Phasengrenze Fe_2O_3/AO bzw. Fe_2O_3/AFe_2O_4 begleitet wird.

In Abb. 54 sind zur Illustration des Einflusses unterschiedlicher Gasatmosphären (inert bzw. Sauerstoff) auf den Reaktionsmechanismus die Verhältnisse für die Umsetzung

$$2\,CoO\ (\text{grobkristallin}) + TiO_2\ (\text{Rutil-Einkristall}) = Co_2TiO_4$$

beschrieben [238].

Nach Durchführung der Versuche unter Stickstoffatmosphäre befanden sich die Markierungen in der Mitte der Co_2TiO_4-Schicht (Abb. 54a); daraus konnte auf eine gegenläufige Kationendiffusion geschlossen werden:

Phasengrenze CoO/Spinell: $4\,CoO + Ti^{4+}\ (\leftarrow) = Co_2TiO_4 + 2\,Co^{2+}\ (\rightarrow)$

Phasengrenze TiO_2/Spinell: $2\,TiO_2 + 2\,Co^{2+}\ (\rightarrow) = Co_2TiO_4 + Ti^{4+}\ (\leftarrow)$.

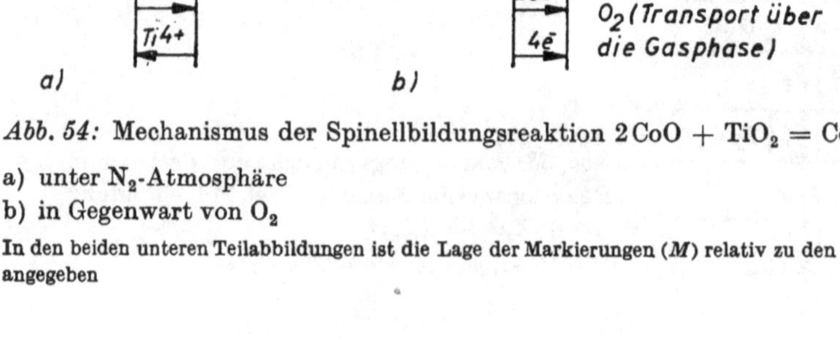

Abb. 54: Mechanismus der Spinellbildungsreaktion $2\,CoO + TiO_2 = Co_2TiO_4$

a) unter N_2-Atmosphäre

b) in Gegenwart von O_2

In den beiden unteren Teilabbildungen ist die Lage der Markierungen (*M*) relativ zu den Ausgangspositionen angegeben

In Gegenwart von Luft führt die Spinellbildung zu der in Abb. 54b angegebenen Lage der Markierungen. Durch Hinzuziehung der Größe des Selbstdiffusionskoeffizienten von Sauerstoff in Co_2TiO_4 konnte entschieden werden, daß die Spinellbildung durch Diffusion von Co^{2+}-Ionen und Elektronen durch die Reaktionsschicht bei gleichzeitigem Transport des Sauerstoffs über die Gasphase vonstatten geht:

$$2\,Co^{2+}\,(\rightarrow) + 4\,e^-\,(\rightarrow) + TiO_2 + O_2\,(\text{Gasphase}) = Co_2TiO_4.$$

Die Diffusion der Co^{2+}-Ionen erfolgt dabei über Leerstellen im Kationenteilgitter des Spinells.

Werden durch Wahl der Ausgangskomponenten sowie der Reaktionsparameter die Versuchsbedingungen derart gewählt, daß eine Ausgangssubstanz mit dem zweiten Reaktionspartner nur über die Gasphase reagieren kann, spricht man von einer *Gas-Festkörper-Reaktion*[1]), vgl. z. B. [233, 234]. Geeignete Partner für Reaktionen zwischen festen Oxiden unter Einschluß des Gastransports sind u. a. ZnO und Cr_2O_3, die bei höheren Temperaturen einen merklichen Dampfdruck besitzen. Daß in derartigen Fällen nicht immer die gasförmigen Oxide unmittelbar reagieren, folgt aus massenspektrometrischen und thermodynamischen Untersuchungen. Vielmehr sind zahlreiche Metalloxide — in Abhängigkeit von Temperatur und Sauerstoffpartialdruck — in der Gasphase mehr oder weniger dissoziiert, so daß vorwiegend ein Transport von Metall*atomen* auftritt. Beispielsweise ergeben sich für den Stofftransport bei der Zinkferrit-Bildung ($ZnO + Fe_2O_3 = ZnFe_2O_4$) unter räumlicher Trennung der Ausgangsprodukte folgende Reaktionsschritte [234]:

1. Dissoziation von ZnO an der Kristallitoberfläche
2. Verdampfung der entstandenen Zinkatome und des Sauerstoffs.
3. Transport der Zinkatome und der entsprechenden Sauerstoffmolekeln durch Diffusion über die Gasphase in Richtung der Fe_2O_3-Kristallite.
4. Kondensation des Zinkdampfes auf der Fe_2O_3-Kristallitoberfläche.
5. Phasengrenzreaktion der Zinkatome mit dem Fe_2O_3 unter Beteiligung von Sauerstoff.
6. Ausgleich der Konzentrationsunterschiede in der Reaktionsschicht durch Festkörperdiffusion.

Die Geschwindigkeit der Spinellbildungsreaktion wird beim Vorliegen einer dünnen Reaktionsschicht, d. h. zu Beginn der Reaktion, durch die Geschwin-

[1]) Bei nicht idealen Kontaktbedingungen tritt vielfach eine Überlagerung von *Festkörper-Festkörper-* und Gas-*Festkörper-Reaktionen* auf.

digkeit der Phasengrenzreaktion bestimmt. Es tritt ein lineares Zeitgesetz auf:

$$m = k \cdot t. \tag{46}$$

m – Masse der Phasengrenzschicht pro Einheitsfläche,
k – Geschwindigkeitskonstante der Phasengrenzreaktion (in g cm^{-2} s^{-1}),
t – Reaktionszeit

Mit wachsender Schichtdicke (etwa größer 1 µm) wird der Transport im Reaktionsprodukt geschwindigkeitsbestimmend; an den Phasengrenzen hat sich lokales thermodynamisches Gleichgewicht eingestellt. Unter Voraussetzung eines weitgehend idealen Kontakts zwischen den Reaktanden und dem Reaktionsprodukt findet man zumeist ein *parabolisches Zeitgesetz,* wie es auch vielfach für die Oxydations- (Zunder-) Geschwindigkeit von Metallen (Kap. 7.4.) gilt:

$$(\Delta x)^2 = 2\,k't. \tag{47}$$

Δx – Reaktionsschichtdicke,
k – parabolische Reaktionskonstante für das Dickenwachstum (in cm^2 s^{-1}),
t – Reaktionszeit

Abb. 55 enthält Angaben zur Bildung von $ZnAl_2O_4$ entsprechend dem linearen und parabolischen Zeitgesetz [233].

Es sei darauf hingewiesen, daß alle im Zusammenhang mit den Spinellbildungsreaktionen getroffenen Feststellungen von der Annahme ausgingen, daß keine Löslichkeit von AO in Z_2O_3 und umgekehrt bzw. den Ausgangskomponenten im Reaktionsprodukt auftritt. Dieser Fall ist jedoch häufig nicht erfüllt. So lösen sich in $MgAl_2O_4$ bei 2070 K bis

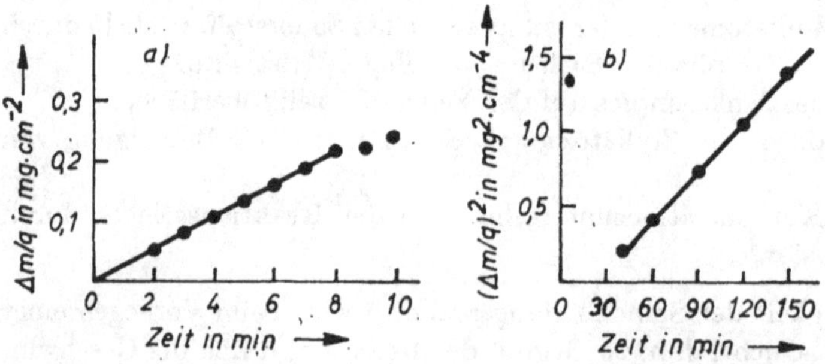

Abb. 55: Bildung von $ZnAl_2O_4$ entsprechend dem linearen (a) und parabolischen (b) Zeitgesetz

(Reaktionstemperatur: 1520 K, Luftdruck: 0,98 · 10^5 Pa)

zu 25 Mol-% Al_2O_3 [239]. Unter diesen Umständen ist beispielsweise die Ableitung der Reaktionsgeschwindigkeitskonstante in Gl. (47) zu präzisieren, und die mit dieser Gleichung ausgedrückte Beziehung gilt dann lediglich als Grenzfall.

Abschließend soll darauf hingewiesen werden, daß die oben für Spinellbildungsreaktionen erläuterten Reaktionsmechanismen vielfach auch sinngemäß auf andere Oxidsysteme übertragen werden können. Dies sei an Hand ausgewählter Beispiele für das System $V_2O_5-M_2V_2O_7$ (M: z. B. Ca) kurz erläutert (Abb. 56; [17]).

Abbildung 56a beschreibt den Transport von M^{2+}-Ionen und Elektronen, Abb. 56d den von V^{5+}-Ionen und Elektronen durch die sich bildende Schicht

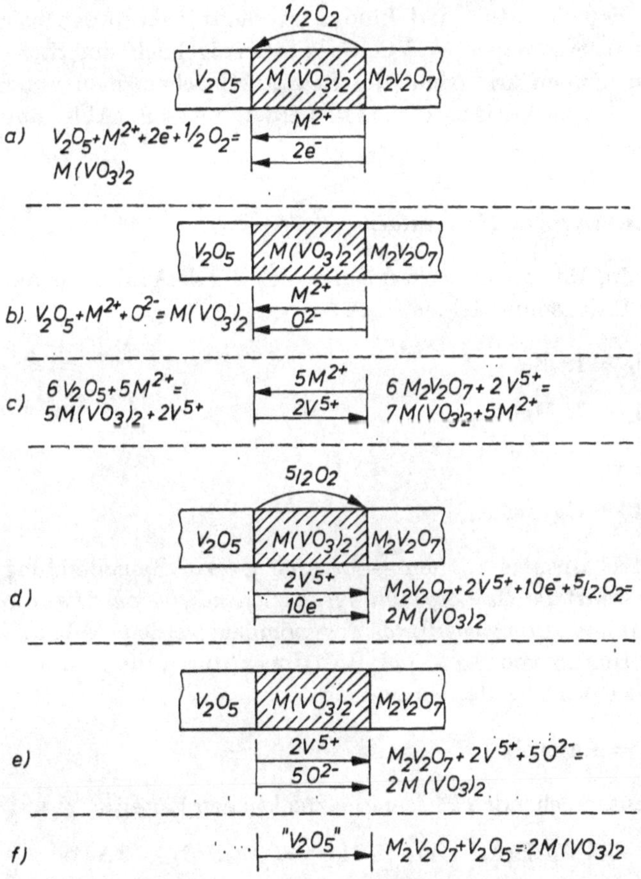

Abb. 56: Reaktionsmechanismen und Phasengrenzreaktionen im System $V_2O_5-M_2V_2O_7$

des Reaktionsproduktes $M(VO_3)_2$ sowie den Transport des Sauerstoffs über die Gasphase (vgl. auch Abb. 52d bis f).

Inwieweit die in Abb. 56b und e beschriebenen Mechanismen eine wesentliche Rolle spielen können, ist wegen der Einbeziehung der vergleichsweise großen Sauerstoffionen von vornherein nicht zu entscheiden.

Der in Abb. 56c formulierte Mechanismus entspricht dem der gegenseitigen Kationendiffusionen (vgl. Abb. 52a).

Der Mechanismus in Abb. 56f postuliert den Transport von V_2O_5-Einheiten durch die Produktschicht. Damit wird in Rechnung gestellt, daß auch größere Baueinheiten beim Stofftransport in der festen Phase auftreten (vgl. Kap. 2.3.2., 4.2.1. und 7.2.4.3.). Zumindest ist es nicht von der Hand zu weisen, daß — ausgehend von den Struktur- und Bindungsverhältnissen in den hier diskutierten Vanadiumverbindungen — VO_x-Spezies maßgeblich am Stofftransport beteiligt sein können und somit die Reaktionsmechanismen unter Einbeziehung von V^{5+}-Ionen kritisch gewertet werden müssen (Abb. 56c bis e).

7.2.4.2. Reaktionen zwischen festen Halogeniden

Es sind zahlreiche ternäre Halogenide bekannt, die sich durch Additionsreaktionen aus den binären Halogeniden bilden, z. B.:

$$3\,LiCl + BeCl_2 = Li_3BeCl_5$$

$$2\,KCl + MgCl_2 = K_2MgCl_4$$

$$RbCl + NiCl_2 = RbNiCl_3$$

$$2\,CsCl + CuCl_2 = Cs_2CuCl_4.$$

Für den Reaktionsmechanismus können — in Analogie zur Spinellbildung (Kap. 7.2.4.1.) — als Grenzfälle eine *gegenläufige Kationendiffusion* bzw. die *gleichgerichtete Kationen-* und *Anionendiffusion* angenommen werden (Abb. 57).

Eine gegenläufige Diffusion von Ag^+- und Hg^{2+}-Ionen durch die sich ausbildende Reaktionsschicht wird bei der Umsetzung

$$2\,AgI + HgI_2 = Ag_2HgI_4$$

beobachtet [240]. Die entsprechenden Phasengrenzreaktionen lauten:

$$\text{Phasengrenze } AgI/Ag_2HgI_4\text{: } 4\,AgI + Hg^{2+} = Ag_2HgI_4 + 2\,Ag^+$$

$$\text{Phasengrenze } HgI_2/Ag_2HgI_4\text{: } 2\,HgI_2 + 2\,Ag^+ = Ag_2HgI_4 + Hg^{2+}.$$

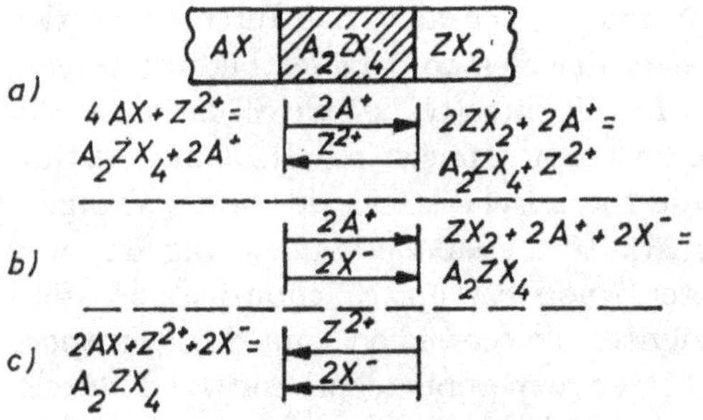

Abb. 57: Reaktionsmechanismen und Phasengrenzreaktionen für die Bildung von A_2ZX_4
a) Gegenläufige Kationendiffusion
b) und c) Gleichgerichtete Kationen- und Anionendiffusion

Eine gleichgerichtete Kationen- und Anionendiffusion erfolgt bei der Umsetzung [119]

$$2KCl + SrCl_2 = K_2SrCl_4.$$

Durch Markierungsversuche wurde nämlich gefunden, daß sich die Platin- bzw. Quarzfäden immer in oder nahe der Phasengrenze befanden (Abb. 58). Die einseitige Diffusion der K^+- und Cl^--Ionen führt zur Phasengrenze $K_2SrCl_4/SrCl_2$, an der die genannte Umsetzung stattfindet. Folglich liegt ein Sachverhalt vor, der den in Abb. 53a dargestellten Verhältnissen entspricht.

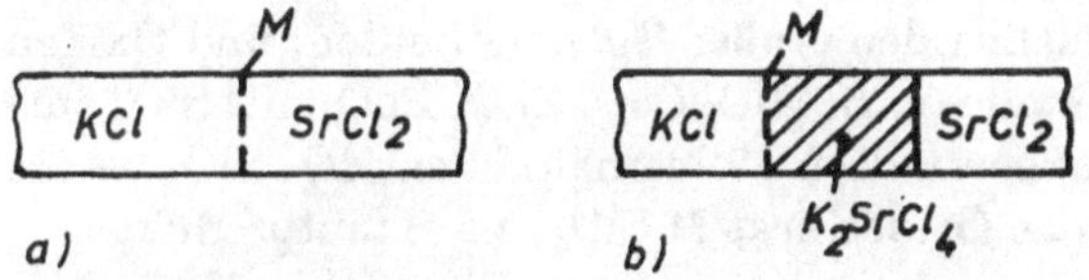

Abb. 58: Nachweis der gleichgerichteten Kationen- und Anionendiffusion im System $KCl-SrCl_2$
a) Lage der Markierung (*M*) vor dem Versuch
b) Lage der Markierung nach dem Versuch

7.2.4.3. *Silicatbildung*

Im Gegensatz zu einer ganzen Reihe von Festkörperreaktionen sind die bei der Silicatbildung im festen Zustand ablaufenden Elementarvorgänge nur ungenügend bekannt. Dieses scheint um so erstaunlicher, als die Silicate eine sehr große technische Bedeutung besitzen und folglich auch das Interesse an der Aufklärung von Reaktionsmechanismen der Festkörpersilicatbildung unvermindert groß war und ist. Ein Grund für die unbefriedigende Situation ist die große Vielfalt von Silicatstrukturen. So liegen zumeist nur für einige Orthosilicate zuverlässige Angaben über die thermische sowie aktivitätsabhängige Fehlordnung vor, vgl. z. B. [11, 14, 23]. In diesem Zusammenhang sei auch erwähnt, daß sich das Fehlen geeigneter Sauerstoff- und Silicium-Isotope nachteilig bemerkbar macht, so daß geeignete Tracerstudien zum Stofftransport (Kap. 6.2.) nicht mit einem vertretbaren experimentellen Aufwand durchgeführt werden können. Vielmehr ist man dabei auf zumeist kostspielige aktivierungsanalytische Methoden angewiesen. Die Untersuchungen werden weiterhin durch einen nicht immer kontrollierbaren Einfluß der Gasatmosphäre (einschließlich Wasserdampf) erschwert. Man kann wohl davon ausgehen, daß auch im Fall der Silicatbildung unterschiedliche Gasatmosphären einen größeren Einfluß auf den jeweiligen Reaktionsmechanismus ausüben, als bisher vielfach angenommen worden ist. Und schließlich sei darauf hingewiesen, daß man über viele Jahre den Zusammenhang zwischen (ungestörter) Kristallstruktur und Reaktionsmechanismus zu wenig beachtet hat. Gerade die Untersuchung topotaktischer Reaktionen (Kap. 7.1.2.) hat das Verständnis für den Mechanismus von Festkörperreaktionen bei Silicaten stark gefördert [220].

Andererseits liegen zahlreiche Untersuchungen an *Pulvergemischen* der Ausgangsoxide mit SiO_2 vor, die jedoch keinen Einblick in den Mechanismus der Silicatbildung gestatten. In vielen Fällen ist auch keine eindeutige Trennung zwischen Phasengrenzreaktion und Diffusion möglich.

Bei Umsetzungen von Erdalkalioxiden (außer MgO, vgl. unten) und Oxiden einiger anderer zweiwertiger Metalle (z. B. NiO, CoO, ZnO, PbO) mit SiO_2 entsteht — unabhängig von den angewandten Molverhältnissen MO : SiO_2 — am Anfang der Reaktion vielfach das Orthosilicat M_2SiO_4, als Hauptprodukt:

$$2\,MO + SiO_2 = M_2SiO_4 .$$

Die Bildung von $M^{II}SiO_3$ sowie weiterer möglicher Verbindungen ($3\,MO \times 2\,SiO_2$) erfolgt erst mit Fortschreiten der Festkörperreaktion.

In Abb. 59 ist die zeitliche Abfolge der Silicatbildung im System $CaO-SiO_2$ beim Einsatz äquimolarer CaO- und SiO_2-Mengen unter Ausschluß von Wasserdampf wiedergegeben [241]. Die bevorzugte Bildung des Orthosilicats entspricht den allgemeinen experimentellen Befunden, wonach die Umsetzung

$$MO + M^{II}SiO_3 = M_2^{II}SiO_4$$

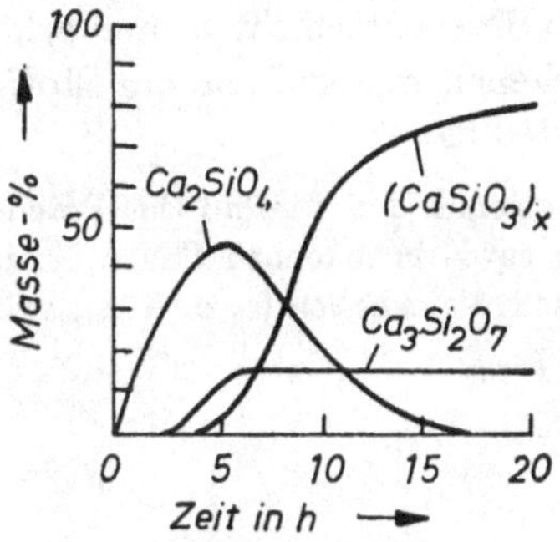

Abb. 59: Geschwindigkeit der Silicatbildungsfolge im System $CaO-SiO_2$ für die Reaktionstemperatur von 1273 K

wesentlich schneller abläuft als die Reaktion

$$M_2^{II}SiO_4 + SiO_2 = 2M^{II}SiO_3.$$

Die in Abb. 59 dargestellten Umsatzkurven belegen, daß als Endprodukt der Reaktion $(CaSiO_3)_x$ entsteht. Zu Beginn der Umsetzung bildet sich an der Phasengrenzschicht CaO/SiO_2 das Orthosilicat, Ca_2SiO_4 ($CaO : SiO_2 = 2{,}0 : 1{,}0$). Mit wachsender Stärke der Reaktionsschicht kommt es an der Phasengrenze zum SiO_2 zu einer Verarmung der Calciumkomponente, und es bildet sich das Disilicat, $Ca_3Si_2O_7$ ($CaO : SiO_2 = 1{,}5 : 1{,}0$). Bei weiterem Reaktionsablauf entsteht schließlich an der Grenzschicht $Ca_3Si_2O_7/SiO_2$ das Endprodukt $(CaSiO_3)_x$ ($CaO : SiO_2 = 1{,}0 : 1{,}0$). Es sei daran erinnert, daß entsprechend dem Gibbsschen Phasengesetz lediglich eine der angestrebten Phasen unter Gleichgewichtsbedingungen mit einer anderen Phase koexistieren kann.

Für die Reaktion

$$2MgO + SiO_2 = Mg_2SiO_4$$

scheinen hinsichtlich der zeitlichen Bildung des Orthosilicats etwas andere Verhältnisse vorzuliegen [242] (Abb. 60). Danach entsteht primär eine sehr dünne Enstatitschicht, $(MgSiO_3)_x$, die der Reaktionsfront des sich anschließend bildenden Forsterits, Mg_2SiO_4, vorausläuft. Dieses Ergebnis könnte man so

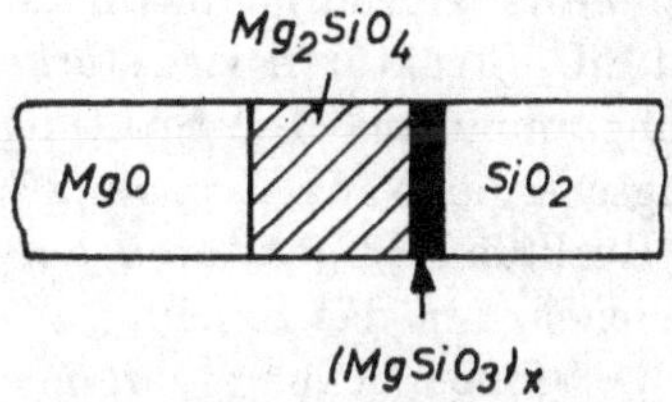

Abb. 60: Zum Reaktionsmechanismus der Magnesiumsilicatbildung

$(MgSiO_3)_x$-Schichtdicke stark vergrößert gezeichnet

interpretieren, daß in der anfänglich gebildeten Enstatitschicht sehr starke Gitterstörungen auftreten, die teilweise erst ausheilen müssen, ehe ein Stofftransport durch echte Volumendiffusion stattfinden kann.

Andererseits wird man auch bei Silicatbildungsreaktionen den Einfluß der Porendiffusion durch die sich aufbauende Reaktionsschicht sowie in manchen Fällen einen Stofftransport unter Einschluß der Gasphase zu berücksichtigen haben (z. B. [172]; vgl. auch Kap. 7.2.4.1.).

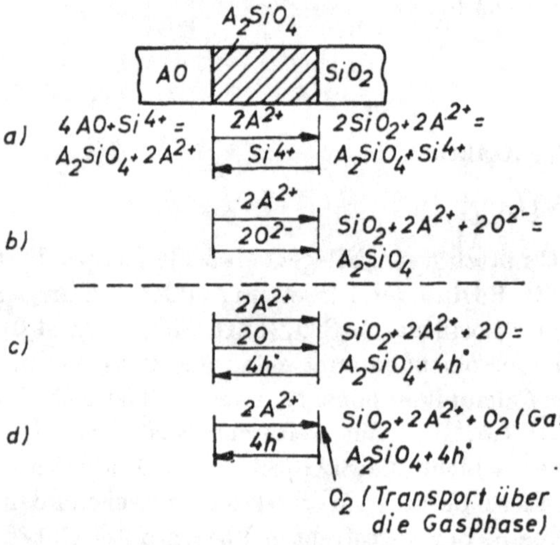

Abb. 61: Reaktionsmechanismen und Phasengrenzreaktionen für die Bildung von Orthosilicater

h˙ – Defektelektron

In Abb. 61 sind mögliche Reaktionsmechanismen für die Bildung einfacher Orthosilicate formuliert. Die dargestellten Sachverhalte verlangen eine Interpretation.

Nach Abb. 61a würde die Orthosilicatbildung — in Analogie zur Spinellbildung (Kap. 7.2.4.1.) — über eine entgegengerichtete Kationendiffusion ablaufen, d. h., es wird die Existenz freibeweglicher Si^{4+}-Ionen postuliert. Bekanntlich bildet das Silicium jedoch — mit Ausnahme der Hochdruckmodifikation Stishovit, vgl. Kap. 7.5. — in allen anderen SiO_2-Strukturen vier starke Si—O-Einfachbindungen mit kovalentem Bindungsanteil aus. Die Spaltung der Si—O-Bindung verlangt eine hohe Aktivierungsenergie. Nach TAYLOR [22] sollte nun für den Platzwechsel die bei hohen Reaktionstemperaturen auftretende Energie der Wärmeschwingungen ausreichen, um das Silicium aus einem SiO_4-Tetraeder — unter Erhalt der dichten O^{2-}-Ionenpackung — in eine

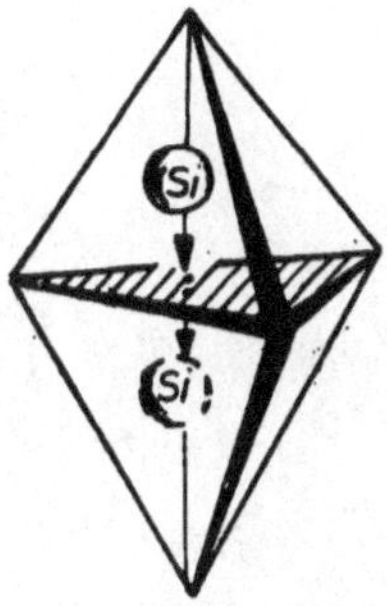

Abb. 62: Modellvorstellung zum Platzwechsel des tetraedrisch koordinierten Siliciums

Die Tetraederecken entsprechen den Ladungsschwerpunkten des Sauerstoffs. Schraffiert: Gemeinsame Berührungsfläche beider Tetraeder

benachbarte tetraedrisch koordinierte Lücke hineinschwingen zu lassen, die mit dem SiO_4-Tetraeder eine Fläche gemeinsam hat (Abb. 62). Diese Aussage ist gleichbedeutend mit der Feststellung, daß bei dem Schwingungsvorgang die starke Wechselwirkung des hochgeladenen kleinen Si^{4+}-Ions ($r_{Si^{4+}}$ nach GOLDSCHMIDT: 0,039 nm) mit der negativ geladenen Umgebung überwunden werden soll. Unabhängig hiervon ist es nicht von der Hand zu weisen, daß sich im Verlauf der Silicatbildungsreaktion räumliche Koordinationen ergeben, die eine unmittelbare Nachbarschaft von besetzten und leeren Sauerstofftetraedern, die eine Fläche gemeinsam haben, bewirken[1]).

Nach einer anderen Hypothese [21] wird dem Wasser die Rolle eines Katalysators bei der Spaltung der Si—O—Si-Bindungen zugeschrieben, die in den SiO_2-Modifikationen und den kondensierten Silicaten auftreten. Abbildung 63 zeigt die Verhältnisse bei der Verknüpfung von SiO_4-Tetraedern im Kristallgitter des Cristobalits. Durch Anlagerung eines Protons kommt es zur Spaltung der Si—O—Si-Bindung, so daß jeweils ein Siliciumatom der betrachteten $-\overset{|}{\underset{|}{Si}}-O-\overset{|}{\underset{|}{Si}}-$ „Gruppierung" koordinativ nicht gesättigt ist und folglich auch eine größere Beweglichkeit aufweisen könnte:

$$-\overset{|}{\underset{|}{Si}}-O-\overset{|}{\underset{|}{Si}}- + H^+ = -\overset{|}{\underset{|}{Si}}-OH + {}^{\oplus}\overset{|}{\underset{|}{Si}}-$$

[1]) Inwieweit auch eine konstitutionelle Eigenfehlordnung — wie sie beim Kieselglas auftritt ([3], S. 107ff., S. 237ff.) und hier u. a. die Fließfähigkeit ermöglicht — im kristallinen SiO_2 reaktionsfördernd sein kann, läßt sich gegenwärtig nicht entscheiden. Immerhin weist Kieselglas nach G. LUCOCSKY, Philos. Mag. **39**, 513 (1979), etwa 10^{19} geladene Defektpaare/cm^3 auf, die durch partielle Eigendissoziation der $SiO_{4/2}$-Baugruppen nach $4\,SiO_{4/2} \rightleftarrows [O(SiO_{3/2})_3]^+ + SiO_{3/2}O^-$ entstehen; vgl. dazu auch A. FELTZ, in: Novo Acta Leopoldina, Neue Folge, Nr. 264, Bd. 59, S. 149—163; Leopoldina-Symposium. „Chemie der Hauptgruppenelemente — Stand und Erwartung", 9. 10.—12. 10. 1985, Halle.

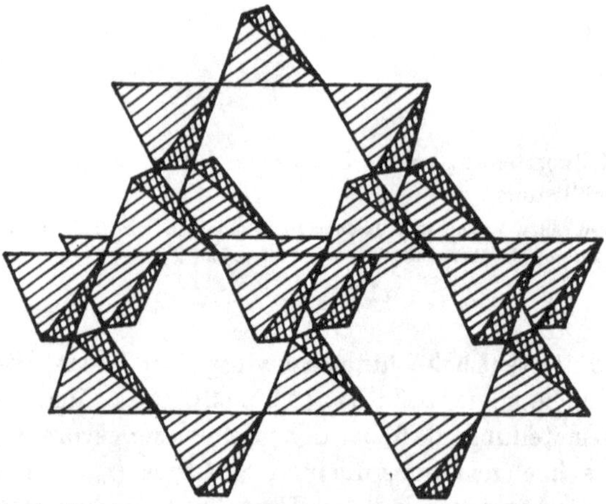

Abb. 63: SiO_4-Tetraederanordnung im Kristallgitter des Cristobalits

Im Mittelpunkt eines jeden Tetraeders ist ein Si lokalisiert; die Verknüpfung der einzelnen SiO_4-Tetraeder erfolgt über Sauerstoffbrücken.

Die Ausbildung von Si—OH-Gruppen (Silanolgruppen) an Oberflächen von silicathaltigen Stoffen ist ebenso experimentell gesichert wie die Existenz koordinativ ungesättigter Siliciumatome in Silicaten (vgl. z. B. [218]). Inwieweit jedoch durch Wasserspuren der Reaktionsmechanismus bei der Silicatbildung generell beeinflußt werden kann, ist zur Zeit nicht erwiesen. Denkbar wäre auch eine nicht vollständige Lösung der Si—O-Bindung mit der Konsequenz, daß ein gleitender Übergang zu den Bindungs- und Koordinationsverhältnissen des neu aufzubauenden Kristallgitters stattfindet.

In diesem Zusammenhang stellt sich überhaupt die Frage nach der Natur der Teilchen, die bei Festkörperreaktionen von Substanzen mit stark kovalentem Bindungscharakter am Stofftransport teilnehmen. Es gibt Belege dafür, daß eine Volumenwanderung von Aggregaten möglich ist, z. B. [73]. Somit wären — bei Vorliegen einer größeren Anzahl gesicherter Untersuchungsergebnisse — beispielsweise auch die bisher vorgeschlagenen Reaktionsmechanismen zum Ablauf einiger Silicat- und Phosphat-Bildungsreaktionen zu überprüfen. Es sei daran erinnert, daß bei der Aufstellung des Mechanismus der Reaktion $MgO + Mg_2P_2O_7 = Mg_3(PO_4)_2$ auch die Mitwirkung von P^{5+}-Ionen postuliert worden ist (vgl. [24]; [9, S. 840ff.]); demnach würden sich ähnliche Fragestellungen ergeben, wie sie oben für den Platzwechsel des Si^{4+}-Ions angeführt worden sind (vgl. auch Kap. 2.3.2. und 7.2.4.1.).

Im Hinblick auf einfache Silicatbildungsreaktionen dürfte jedoch die Annahme zutreffen, daß Silicium- und Sauerstoff-Ionen eine hohe Beweglichkeit aufweisen, vgl. z. B. [11, 23]. Diese sollte auch durch die geringe Packungsdichte in den SiO_2-Modifikationen und (Ortho-)Silicaten gefördert werden. Daß weiterhin die nicht in den Anionengruppen gebundenen Kationen stark beweglich sind, folgt aus allen Ausführungen zum Stofftransport derartiger Ionen. Somit haben die in Abb. 61a und b angeführten Reaktionsmechanismen doch einen hohen Grad an Wahrscheinlichkeit. Eine gleiche Aussage kann auch für die in Abb. 61c und d wiedergegebenen Mechanismen getroffen werden. Für den Volumentransport von atomarem Sauerstoff gibt es ebenso experimentelle Hinweise [243] wie für die Beteiligung von Defektelektronen am Reaktionsmechanismus. Beispielsweise kann die Fehlordnung im Gitter des $Co_{2-\delta}SiO_4$ (δ — Abweichung von der stöchiometrischen Zusammensetzung) durch Leerstellen im Cobaltionenteilgitter [$(V''_{Co,O})$, Co, O: regulärer Co^{2+}-Platz mit Oktaedersymmetrie] und eine äquivalente Zahl von Defektelektronen $h^{\cdot}$ ($Co^{\cdot}_{Co,O} \triangleq Co^{3+}_{Co,O}$)[1]) beschrieben werden [23, 244].

Schließt man den Transport atomaren Sauerstoffs durch das Volumen aus, so läßt sich der Reaktionsablauf auf Grund der Volumendiffusion von A^{2+}-Ionen und Defektelektronen ($h^{\cdot}$) sowie der Transport von O_2 über die Gasphase verstehen (Fall d in Abb. 61).

7.2.5. Doppelumsetzungen

Doppelumsetzungen entsprechend der allgemeinen Gleichung

$$AX + BY - AY + BX.$$

A, B — Kationen; X, Y — Anionen

gehören zu den Heterogenreaktionen. Tabelle 25 enthält einige Beispiele vom Typ der *homovalenten Reaktionen* (Nr. 1—6), *heterovalenten Umsetzungen* (Nr. 7—10) sowie *Verdrängungsreaktionen* (Nr. 11—13). Zur Beschreibung des Reaktionsablaufes wurden bislang zwei Mechanismen als Grenzfälle diskutiert.

Nach Jost [245] werden die Ausgangssubstanzen obiger Reaktion (AX, BY) — entsprechend der in Abb. 64 angegebenen Weise — durch die Reaktionsprodukte getrennt. Der Stofftransport beruht ausschließlich auf der Kationendiffusion.

Wagner [246] ging bei der Aufstellung des Reaktionsmechanismus von der Vorstellung aus, daß die am Stofftransport beteiligten Kationen ausschließlich in ihren „eigenen“ Verbindungen diffundieren. Die Beschreibung der dabei auf-

[1]) Zur rationellen Bezeichnung von Fehlordnungszuständen vgl. Kap. 3.4.

Tabelle 25: Beispiele für Doppelumsetzungen

Nr.	Reaktion	Reaktions-temperatur[1]) in K
1	$AgCl + NaI = AgI + NaCl$	670
2	$Ag_2S + Cu_2Se = Ag_2Se + Cu_2S$	570
3	$BaO + MgCO_3 = BaCO_3 + MgO$	620
4	$3SrO + Ca_3(PO_4)_2 = Sr_3(PO_4)_2 + 3CaO$	720
5	$BaO + FeCr_2O_7 = BaCr_2O_7 + FeO$[2])	620
6	$CdO + ZnMoO_4 = CdMoO_4 + ZnO$[2])	1070
7	$PbCl_2 + 2AgI = PbI_2 + 2AgCl$	620
8	$MgO + Ag_2SO_4 = MgSO_4 + Ag_2O$ ($Ag_2O = 2Ag + 1/2O_2$)	850
9	$HgCl_2 + Bi_2O_3 = HgO + 2BiOCl$	470
10	$3HgO + Sb_2S_3$[3]) $= 3HgS + Sb_2O_3$	470
11	$Pb + 2AgCl = PbCl_2 + 2Ag$	500
12	$Cu + AgCl = CuCl + Ag$	520
13	$Fe + Cu_2O = FeO$[2]) $+ 2Cu$	1070

[1]) Die angegebenen Temperaturen sind lediglich Richtgrößen
[2]) Exakter $Fe_{1-\delta}O$; $Zn_{1+\delta}O$ (vgl. Kap. 3.3.2.)
[3]) Gefälltes rotes Sb_2S_3

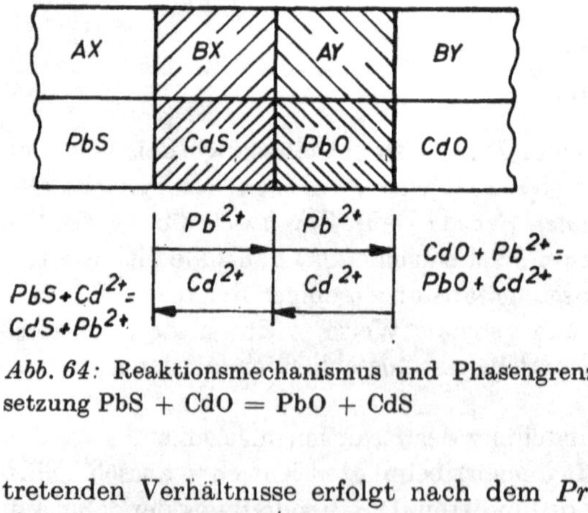

Abb. 64: Reaktionsmechanismus und Phasengrenzreaktionen nach JOST für die Umsetzung $PbS + CdO = PbO + CdS$

tretenden Verhältnisse erfolgt nach dem *Prinzip der nebeneinanderliegenden Schichten* (Abb. 65). Am Beispiel des in Abb. 65b dargestellten Reaktionsmechanismus erkennt man, daß die Wanderung der Ladungsträger analog den Verhältnissen einer kurzgeschlossenen galvanischen Kette der Art $Cu/Cu_2O/$

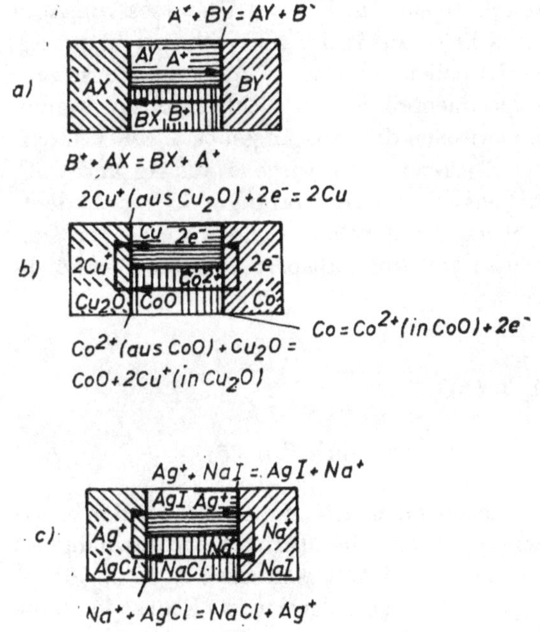

Abb. 65: Reaktionsmechanismen und Phasengrenzreaktionen nach WAGNER für Doppelumsetzungen
a) allgemein: $AX + BY = AY + BX$
b) $Co + Cu_2O = CoO + 2\,Cu$
c) $AgCl + NaI = AgI + NaCl$

CoO/Co erfolgt. Entstehen während der Festkörperreaktion ausschließlich Ionenkristalle, erscheint im Reaktionsbild anstelle der Elektronenwanderung ebenfalls die Diffusion von Ionen (Abb. 65c).

Inwieweit bei Verdrängungsreaktionen z. B. der WAGNERsche Mechanismus immer zutrifft, kann gegenwärtig nicht beantwortet werden. So wurde bisher für den Ablauf der Reaktion

$$Cu + AgCl = CuCl + Ag$$

der in Abb. 65b für die Umsetzung

$$Co + Cu_2O = CoO + 2\,Cu$$

angeführte analoge Mechanismus diskutiert, z. B. [9, 11, 27d]. Entsprechend den Vorstellungen über die Diffusionsvorgänge in nebeneinanderliegenden

Schichten der Reaktionsprodukte müßte sich im Fall des Umsatzes von AgCl mit Cu die sich bildende Reaktionsschicht aus lauter senkrecht zur ursprünglichen Phasengrenze angeordneten Lamellen von CuCl + Ag zusammensetzen. Diese Schlußfolgerung konnte experimentell jedoch nicht bestätigt werden [247]. Vielmehr fand man, daß die zwischen den Ausgangssubstanzen sich aufbauende Reaktionsschicht auf der AgCl-Seite überwiegend aus Ag und CuCl besteht, während der dem Kupfer benachbarte Teil vorrangig CuCl, d. h. deutlich weniger Ag, enthält. Zur Deutung der Ergebnisse wird neben einer Teilnahme von Kationen und Elektronen am Stofftransport auch die Beweglichkeit der Cl^--Ionen herangezogen.

Für Festkörperreaktionen der Art

$$BaO + CaCO_3 = BaCO_3 + CaO,$$

$$SrO + ZnSO_4 = SrSO_4 + ZnO, \quad \text{(vgl. auch Tab. 25)},$$

ist das einfache Bild der Ionendiffusion nicht anwendbar, da bei den angewandten niedrigen Reaktionstemperaturen die Diffusionsgeschwindigkeit selbst der kleinen Kationen (Ionenradien nach GOLDSCHMIDT: $r_{Ca^{2+}}$: 0,106 nm, $r_{Sr^{2+}}$: 0,127 nm, $r_{Ba^{2+}}$: 0,143 nm, $r_{Zn^{2+}}$: 0,083 nm) zu gering ist. Ebenso kann die Beweglichkeit der großen Anionen (Ionenradien nach YATSIMIRSKY: $r_{CO_3^{2-}}$: 0,185 nm, $r_{SO_4^{2-}}$: 0,230 nm) vernachlässigt werden. Zur Erklärung des Reaktionsmechanismus geht man von der Existenz „prädissoziierter" Anionenkomplexe der Art

$$CO_3^{2-} \triangleq (CO_2 \cdot O)^{2-}$$

$$SO_4^{2-} \triangleq (SO_3 \cdot O)^{2-}$$

aus. Die im Gitter als geschlossene Baugruppen existierenden einfachen Komplexionen CO_3^{2-}, SO_4^{2-} unterliegen bekanntlich einer Deformation durch die Kationen, so daß als Folge eine O^{2-}-Abspaltung eintritt:

$$CO_3^{2-} = CO_2 + O^{2-}$$

$$SO_4^{2-} = SO_3 + O^{2-}.$$

Die Sauerstoffionen bilden mit den jeweiligen Kationen des zweiten Reaktionspartners (Ca^{2+}, Zn^{2+}) das neue Oxidgitter (CaO, ZnO). Das freigesetzte CO_2 bzw. SO_3 reagiert mit dem intermediär gebildeten BaO bzw. SrO zu $BaCO_3$ bzw. $SrSO_4$.

7.3. Metalle und Legierungen

Von den gegenwärtig bekannten 110 Elementen sind unter Normalbedingungen rund drei Viertel Metalle. Bei hohen Drücken erfolgt schließlich für alle Valenzzustände der Stoffe ein Übergang in den Metallzustand (Kap. 7.5.; s. a. 248]). Umwandlungen und Reaktionen in festen Metallphasen bestimmen viele Gebrauchswerteigenschaften der Metalle und Legierungen bzw. ermöglichen erst ihren technischen Einsatz.

7.3.1. Metalle

Als einfachste „Reaktion" bei reinen Metallen kann die Einstellungen des thermischen Fehlordnungsgleichgewichtes angesehen werden (Kap. 3.2.1. und 5.2.). Bei einatomigen Metallen (z. B. Cu, Ag, Au) kommt es dabei vorrangig zur Ausbildung von Gitterleerstellen, über die normalerweise die Selbstdiffusion erfolgt (Kap. 4.2.1.).

Ein weiterer Komplex von Festkörperumwandlungen betrifft die Vorgänge, die sich bei den *Modifikationswechseln* der Metalle abspielen (vgl. dazu auch die Angaben in Tab. 21). Bereits im Kap. 2.3.3. war darauf hingewiesen worden, daß derartige Umwandlungen vielfach als sogenannte *Umklappvorgänge* beschrieben werden können. In diesen Fällen ist der Strukturwechsel nicht an die Diffusion von Atomen gebunden. Derartige Umklappvorgänge verlaufen in Temperaturbereichen, in denen die Diffusionsgeschwindigkeit der Teilchen äußerst geringe Werte aufweist. Somit treten weder Keimbildung noch -wachstum auf[1]). Als Ergebnis des Gitterumbaus entsteht eine Struktur, in der jedes Atom seine Nachbaratome beibehält, wenn auch in verzerrter Umgebung, d. h. bei geringfügiger Änderung der Atomabstände.

Nachfolgend soll der Mechanismus des Umklappvorgangs am Beispiel der Umwandlung eines kubisch-flächenzentrierten Gitters in das der hexagonal dichtesten Packung erläutert werden [249], vgl. auch [220]. Ein derartiger Übergang wird beispielsweise beim Cobalt beobachtet, das in zwei allotropen Modifikationen auftritt, die durch die beiden dichtesten Kugelpackungen charakterisiert werden:

$$\mathrm{Co_{(hexagonal)}} \underset{}{\overset{753\ \mathrm{K}}{\rightleftarrows}} \mathrm{Co_{(kubisch)}}.$$

Die Umwandlungsenthalpie bzw. -entropie weist — ebenso wie bei den allotropen Umwandlungen der meisten anderen Metalle — nur geringe Werte auf

[1]) Ob diese Aussage generell gültig ist, kann zur Zeit noch nicht entschieden werden.

(ΔH_U(hex. → kub.): 0,46 kJ mol^{-1}, ΔS_U: 0,67 J mol^{-1} K^{-1}). Der wesentliche Unterschied zwischen den beiden Gitterstrukturen besteht in der Packungsfolge der Atome.

In Abb. 4 (s. S. 28) ist das Prinzip der dichtesten Kugelpackung für die Schichtfolge AB im Zusammenhang mit dem Auftreten tetraedrisch und oktaedrisch koordinierter Hohlräume dargestellt. Wird eine weitere (d. h. dritte) Atomkugelschicht auf die zweite Schicht gepackt, so ergeben sich für die „Anordnung auf Lücke" zwei Möglichkeiten: ABA bzw, ABC. In Fortführung kommt man somit zu den Sequenzen ABABAB ... (hexagonal dichteste Packung) bzw. ABCABC ... (kubisch dichteste Packung).

Diese Idealfolge ist oftmals unterbrochen, und es treten sog. Stapelfehler (Kap. 3.2.4.) auf, zum Beispiel:

A B C A B C A B A B C A B C

hexag. Bereich

1. kub. Bereich   2. kub. Bereich

Cobaltkristalle zeigen oftmals eine derartige zufällige Stapelung. Wird beispielsweise durch Vorgabe einer bestimmten Temperatur die Existenz der hexagonalen Phase thermodynamisch begünstigt, so ist die Dislokation bestrebt, sich durch einen Gleitvorgang, der sehr schnell abläuft, zu vergrößern. Abbildung 66 zeigt in einer zweidimensionalen Darstellung die durch Gleitvorgänge hervorgerufene Umwandlung der einen dichtesten Kugelpackung in die andere. In Abb. 66b ist die Dislokation an der Kristalloberfläche angelangt. Formal bestehen drei Möglichkeiten einer Reflexion der Dislokation:

1. Innerhalb der ursprünglichen Gleitebene (Ebene 1).
2. Reflexion in der nächsten möglichen Gleitebene (Ebene 2 in Abb. 66b).
3. Reflexion in der übernächsten Gleitebene.

Lediglich bei Realisierung der dritten Möglichkeit wird der thermodynamisch begünstigte Zustand (Vergrößerung der Dislokation in Richtung einer hexagonal dichtesten Kugelpackung) ausgebildet. Man erkennt, daß bei sinngemäßer Fortführung der hier beschriebenen Vorgänge ein Umbau des (kubischen) Ausgangsgitters in die hexagonale Packung *ohne* Diffusion von Atomen erfolgt.

In diesem Zusammenhang sei erwähnt, daß handelsübliches Cobaltpulver zumeist ein Gemisch beider Modifikationen darstellt. Durch Schwingmahlung unter Schutzgas (Argon) und anschließendes Tempern des Mahlprodukts bei 573 K in einer H_2-Atmosphäre gelingt die Herstellung eines röntgenreinen hexagonal kristallisierenden Cobaltpulvers, z. B. [250]. Somit hat die mechanische Bearbeitung eines Festkörpers zum Modifikationswechsel geführt. Diese

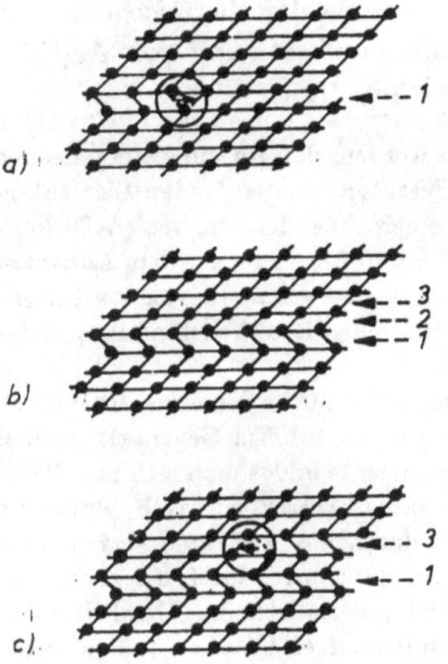

Abb. 66: Phasentransformation kubisch (regulär) → hexagonal auf Grund geordneter Gleitvorgänge
(Schnitt senkrecht zu den Schichtebenen; Zahlen: Bezifferung der Gleitebenen)

a) Ausgangszustand der Dislokation
b) Dislokation an der Kristalloberfläche
c) Reflexion der Dislokation in der übernächsten Ebene

Umwandlung ($Co_{(kubisch)} \rightarrow Co_{(hexagonal)}$) ist ein Beispiel aus der großen Vielzahl von Reaktionen, die als Folge einer mechanischen Aktivierung von Festkörpern auftreten. Die chemischen Wirkungen, die sich auf Grund der mechanischen Bearbeitung von Festkörpern ergeben, faßt man unter dem Begriff *Tribochemie* zusammen [251], vgl. auch [252–256].

In einer Reihe von Fällen muß man dabei eine Trennung der Effekte, die durch die mechanische Bearbeitung des betreffenden Stoffes auftreten, von denen vornehmen, die sich auf Grund einer undefinierten Erwärmung des Systems ergeben. Beispielsweise kann durch eine intensive mechanische Beanspruchung das Silberoxalat, $Ag_2C_2O_4$, direkt in Ag und CO_2 zersetzt werden [257]. Es konnte (bei Durchführung der Versuche in thermostatierten Gefäßen) gezeigt werden, daß im Temperaturbereich 293 K...333 K die Zersetzung weitgehend mechanisch aktiviert wird (Aktivierungsenergie E_A für den Zerfall: rd. 15 kJ mol^{-1}) [258]. Erst bei höheren Temperaturen (333 K bis

363 K) tritt zusätzlich zur mechanischen Aktivierung der thermische Effekt auf (E_A: rd. 70 kJ mol^{-1}; für die reine thermische Zersetzung von $Ag_2C_2O_4$ beträgt die Aktivierungsenergie $\sim$ 113—150 kJ mol^{-1}).

Von P. A. THIESSEN [259] ist darauf hingewiesen worden, daß für ein tiefergehendes Verständnis der bei mechanischer Aktivierung von Festkörpern ablaufenden Elementarvorgänge die Impakt*dauer* eine wesentliche Rolle spielt. Wandern im realen Diskontinuum des Festkörpers die Impakte länger als 10^{-7} bis 10^{-6} s, kann mit dem Auftreten *echter* Temperaturen gerechnet werden (Bestehen des MAXWELL-BOLTZMANN-Gleichgewichtes). Es ist möglich, auf der Grundlage der klassischen Reaktionskinetik und der Thermodynamik die Einzelvorgänge zu beschreiben.

Liegt die Impaktdauer dagegen bei kürzeren Zeiten ($< 10^{-7}$ s bis etwa 10^{-11} s), so treten im atomaren Bereich Ungleichgewichtsbedingungen auf. Im Gegensatz zu den klassischen thermischen (ortho-thermischen) Bedingungen befindet man sich im „Parathermik-Bereich" (*para-thermische Festkörperreaktionen*). Dieser ist nach THIESSEN [259] bei Mehrkomponenten-(Festkörper-)Systemen durch das Auftreten sogenannter „Quasimoleküle" gekennzeichnet. Deren Zusammensetzung wird durch die chemische Natur der Komponenten sowie durch statistische und stochastische Gegebenheiten bestimmt. Im Ergebnis einer Wechselwirkung zwischen derartigen Quasimolekülen treten paradox erscheinende Reaktionen auf, die für das Gebiet der Tribochemie mit charakteristisch sind, z. B. [251].

Es läßt sich absehen, daß dem Studium der Reaktivität von Festkörpern im Parathermik-Bereich eine ständig wachsende Bedeutung zukommt.

Ein weiteres Gebiet der Untersuchung von Metallen betrifft den (*hoch*)-*dispersen Zustand* [35; 260], vgl. auch die Zusammenstellungen in [30] und [142]. In Abb. 67 ist (nach MÜLLER, vgl. [260]) der Bereich des hochdispersen Zustandes der Stoffe abgegrenzt. Aus dessen Lage ergibt sich eine gewisse Sonderstellung kleiner Teilchen, die sich in vielen Eigenschaften weder ganz mikroskopisch noch ganz makroskopisch verhalten. Man findet bei ihnen ausgesprochene *phänomenologische* sowie *Quanten-Size-Effekte*. Zu ersteren gehören u. a. die Erniedrigung der Schmelztemperatur kleiner Teilchen sowie die Erscheinung, daß hochdisperse Metalle häufig eine ausgeprägte Färbung aufweisen. Ein typischer Quanten-Size-Effekt trifft beispielsweise für die spezifische Wärme der Elektronen in kleinen Metallteilchen zu. Bereits diese wenigen Beispiele belegen, daß im Bereich kleiner Partikeln starke Abweichungen von den Eigenschaften auftreten, wie sie für Makrokristalle charakteristisch sind.

Tabelle 26 vermittelt einen Überblick über wichtige Methoden zur Herstellung von Metallpulvern. Je nach Natur des Metalls und den Herstellungsbedingungen weisen die erzeugten Pulver unterschiedliche Oberflächengrößen auf (etwa 0,1 bis 50 m^2 g^{-1}).

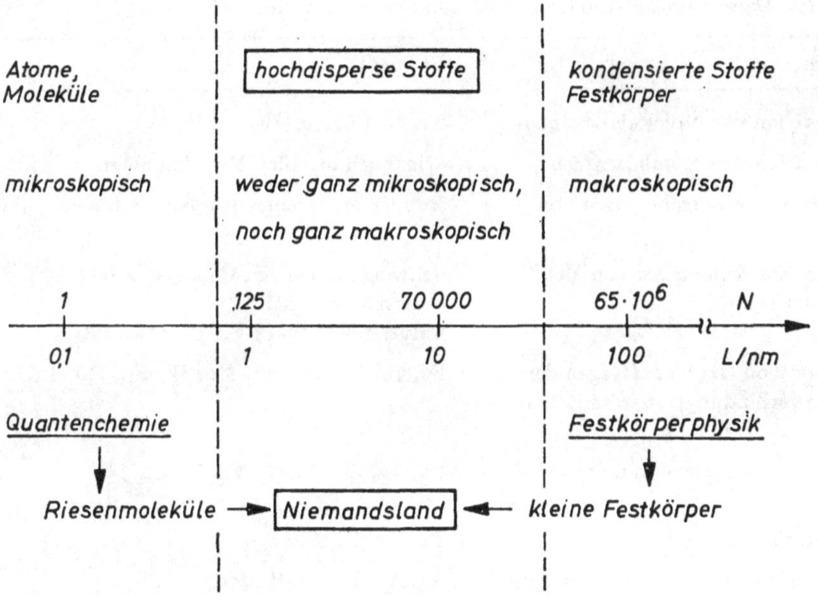

Abb. 67: Plazierung des Gebietes hochdisperser Stoffe innerhalb der konventionellen Bereiche

Der Darstellung liegen würfelförmige Teilchen der Kantenlänge L (kubisch primitives Gitter, Gitterkonstante $a = 0{,}25$ nm) zugrunde. Ein solches Teilchen der Kantenlänge $L = 10$ nm enthält bereits $N \approx 70000$ Atome.

Eine merkliche Beeinflussung des Dispersitätsgrades von Metallen läßt sich auch durch einen chemischen Transport über die Gasphase bzw. im Oberflächenfilm als Lösungsphase (Kap. 4.3. und 7.1.2.) erreichen. Hierbei kommt es zu einem Kristallit*wachstum*, was für die Präparation wohlausgebildeter Kristalle von Nutzen sein kann. Nachteile ergeben sich immer dann, wenn ein hochdisperser Metallzustand über einen langen Zeitraum fixiert sein soll. Dieser Fall trifft zum Beispiel bei Metall-Träger-Katalysatoren zu. Derartige Katalysatoren erleiden im Verlauf einer Betriebsperiode merkliche Schädigungen, die sich u. a. in einer Rekristallisation des Metalls (z. B. Platin) bemerkbar machen. Durch Behandlung der Katalysatoren beispielsweise mit elementarem Chlor bzw. chlorierten Kohlenwasserstoffen (z. B. CCl_4, $CHCl_3$, Tetrachlorethan) in verschiedenen Gasatmosphären kann eine gezielte Beeinflussung der Platindispersität dann erfolgen, wenn hinsichtlich der chemischen Transportbedingungen geeignete Versuchsparameter gewählt werden [261]. So beruht der chemische Transport des Platins im System $Pt-Al_2O_3-$

Tabelle 26: Darstellungsmethoden für Metallpulver (Auswahl)

Methoden	Beispiele
Kondensation von Molekularstrahlen	Na, K, Cu, Ag, Au
Kondensation von Metalldämpfen	prinzipiell bei allen Metallen möglich
Zerstäuben oder Zerschleudern von Schmelzen	Metalle mit nicht zu hohem Schmelzpunkt
Mechanisches Zerkleinern von Metallkristalliten	Schwingmahlen von Co unter Inertgasatmosphäre Pulverisieren von γ-Sn bei etwa 470 K
Reduktion von Oxiden, Halogeniden, Komplexverbindungen usw. mit Wasserstoff	Fe, Co, Ni, Cu, Ag, Mo, W, Re, Ru, Ir, Pt
Elektrolytische Abscheidung aus wäßriger Lösung	Cu, Ag, Zn, Cd, Cr, Fe, Ni, Pt
Schmelzflußelektrolyse	Be, Ta, Th, U
Reduktion von Metallsalzen in wäßriger Lösung mit $N_2H_4 \cdot H_2O$, HCHO, HCOOH, $Na[BH_4]$	Ag, Au, Pd, Ir, Pt, Ru
Reduktion von Metallsalzen in wäßriger Lösung mit Metallen (Zementation)	Cu, Ag, Au, Rh, Ru, Pd, Ir, Pt
Thermische Zersetzung von Carbonylen	Cr, Mo, W, Fe, Co, Ni, Tc, Ru
Thermische Zersetzung von Hydriden	Ti, Zr, Hf, La, Nb, Ta

Cl_2—CO auf den von SCHÄFER [262] untersuchten Transportreaktionen

$$Pt_{(s)} + COCl_{2(g)} + CO_{(g)} \rightleftharpoons Pt(CO)_2Cl_{2(g)}$$

$$PtCl_{2(s)} + 2\,CO_{(g)} \rightleftharpoons Pt(CO)_2Cl_{2(g)}\,.$$

Danach wird Platin bzw. Platin(II)-chlorid über das gasförmige Platincarbonylchlorid transportiert.

Wesentliche Aussagen, die ein weiteres Verständnis der Eigenschaften von Metallclustern mit nur wenigen Atomen ermöglichen, können über die Untersuchung von zumeist in einer Edelgasmatrix immobilisierten Atomaggregaten erhalten werden (z. B. [263, 264]). Das Grundprinzip zur Herstellung derartiger matrixisolierter Metallcluster besteht in der Kondensation von Metallatomen und/oder Clustern[1]) mit Edelgasen bei sehr tiefen Temperaturen (4 bis etwa 20 K). Dadurch ist es mit empfindlichen Methoden beispielsweise möglich, die in einer schwach wechselwirkenden Umgebung eines „Trägers" (Edelgas) ablaufenden Vorgänge zu verfolgen, die beim Übergang von isolierten Metallatomen zu festkörperähnlichen Metallaggregaten auftreten („Sintern", s. u.) Darüber hinaus bieten die Untersuchungen an den matrixisolierten Metallteilchen u. a. Gelegenheit

- Clustereigenschaften (Bindungsparameter, Atomabstände, elektrisches, magnetisches usw. Verhalten) als Funktion der Aggregationszahl, der chemischen Natur des Metalls usw. zu erfassen,
- die Zuverlässigkeit quantenchemischer Berechnungen von Metallclustern experimentell zu überprüfen,
- Wechselwirkungsphänomene von Metallteilchen mit einem inerten „Träger" näher zu charakterisieren,
- ein weitergehendes Verständnis von Sorptionsvorgängen und katalytischen Reaktionen [265] an kleinsten Aggregaten zu erreichen sowie
- Aussagen über das Verhalten von Metallkomponenten zu treffen, die im Festkörper-Phasendiagramm als mischbar (teilweise oder ganz) bzw. unmischbar klassifiziert sind.

Es sei auch erwähnt, daß generell eine Chemie mit entsprechenden Clusterstrahlen betrieben werden kann [266].

Fortschritte bei dem weiteren Studium matrixisolierter (ligandenfreier) Metallcluster sind von einer Vervollkommnung der Quellen und Trennverfahren für definierte Cluster hoher *n*-Zahlen ($6 < n < 500$), der größenselektiven Erzeugung von M_n-Spezies in der Gas- und Matrixphase bzw. auf „Trägern" sowie einer weiteren Vervollkommnung spektroskopischer Nachweisverfahren zu erwarten [264].

Zahlreiche Untersuchungen über einen Einfluß der Wärmebehandlung bei hochdispers vorliegenden Metallen haben ergeben, daß der *Sintervorgang* [4, 267, 268] monoton mit steigender Temperatur fortschreitet. Je nach der Natur des Metalls und der gewählten Temperatur wird die Metalloberflächengröße nach einer bestimmten Zeit einen stabilen Wert erreichen. Tabelle 27 enthält hierzu einige Angaben, die selbstverständlich nur als Richtgrößen anzusehen sind.

Andererseits ist gefunden worden, daß die Wärmebehandlung auch zu einer Vergrößerung der Metalloberfläche führen kann, d. h., es existiert ein Maximum

[1]) Zur Erzeugung entsprechender Spezies können — neben gängigen Methoden — u. a. die Plasmazerstäubung, die Verdampfung von Metallen mit gepulsten Lasern sowie der Laser-induzierte Abbau von Organometallkomplexen dienen.

Tabelle 27: Zeitdauer, um eine stabile Oberflächengröße zu erreichen (nach [269])

Proben	Temperatur und Zeit			Literatur
Pt-Elektrode	723 K 60 min	873 K 15 min	1073 K 10 min	[270]
Pt-Schwarz	573 K 8 h	773 K 1–2 h	873 K 20 min	[271]
$Pt-Al_2O_3$	573–1073 K 1–2 h			[272]
Ru-Elektrode	723 K 45 min	1073 K 2 min		[273]

Tabelle 28: Ausmaß der Sinterung von Platin in verschiedenen Medien (nach [269])

Probe	Temperatur in K	Reihenfolge der Medien	Literatur
Pt	633	Luft, He, $O_2 \ll H_2$	[276]
Pt	633–873	$N_2 < O_2 < H_2$	[277]
$Pt-Al_2O_3$	923–1073	Ar < Luft	[278]
$Pt-Al_2O_3$	573–673 673–1073	$O_2 < N_2 <$ Vakuum $< H_2$ $H_2 <$ Vakuum $< N_2 < O_2$	[275]
$Pt-Al_2O_3/SiO_2$	1073	He $\approx$ Vakuum < Luft	[279]

in der Abhängigkeit der Teilchengröße u. a. von der Behandlungstemperatur. Diese Tatsache könnte auf den molekularen Mechanismus des Sinterns [274, 275] oder auf eine Hemmung der Sinterung durch geringe Fremdstoffmengen zurückzuführen sein.

Gleichermaßen besteht ein Einfluß unterschiedlicher Medien auf das Ausmaß der Sinterung. In Tab. 28 sind dazu einige Angaben angeführt. Man erkennt, daß das Sintern unter einer H_2-Atmosphäre am ausgeprägtesten ist, aber auch in einer sauerstoffhaltigen Atmosphäre sehr rasch abläuft, wobei die Umkehr $O_2 < H_2$ zu $H_2 < O_2$ durch die Stabilität der PtO_x-Phase bedingt ist.

Unterschiedliche Gasatmosphären üben einen verschiedenen Einfluß auf die relative Sintergeschwindigkeit aus. In Sauerstoff enthaltenden Atmosphären nimmt die Sinterbeständigkeit nachfolgend angeführter Edelmetalle in der Reihe

$$\text{Os} < \text{Ru} < \text{Ir} < \text{Pt} < \text{Pd} = \text{Rh}$$

zu [280]. Das Kristallitwachstum ist von den Unterschieden in den Enthalpiewerten (Freie Reaktionsenthalpie) der Reaktion

$$M_{(s)} + x\, O_{2(g)} = MO_{2x(g)}$$

abhängig. Hierbei erfolgt — im Sinne chemischer Transportreaktionen — ein *Umkristallisieren* der Metalle über die Gasphase.

Unter reduzierender Atmosphäre wird das Sintern wesentlich von der Sublimationsenthalpie der Metalle bestimmt. Letztere Größe ist ein Maß für die M—M-Bindungsenergie. Nach WYNBLATT und TAC-MOON [280] ergibt sich für die Sinterbeständigkeit einiger Metalle eine Abstufung, die mit den Werten der Bindungsenergie[1]) in Übereinstimmung ist (Tab. 29).

Tabelle 29: Sinterbeständigkeit und Bedingungsenergie von Metallen

Metall	Abstufung					
	Pd <	Rh ≈	Pt <	Ru <	Ir <	Os
Bindungsenergie[1]) in kJ mol^{-1}	381	556	565	639	670	783[2])

[1]) Werte nach [33], S. 128
[2]) gilt für 298,15 K

7.3.2. Legierungen

Legierungen bieten ebenfalls ein breites Spektrum festkörperphysikalischer und -chemischer Eigenschaften. Für deren nähere Beschreibung hat es sich als zweckmäßig erwiesen, zwischen den eigentlichen *Legierungs-* und den *Bi-* bzw. *Multimetall-Systemen* zu unterscheiden. Unter der erstgenannten Gruppe versteht man solche Metallkombinationen, die sich entsprechend dem jeweiligen Phasendiagramm im thermodynamischen Gleichgewicht befinden. Diese Forderung wird für Makrokristalle nach genügend langen Temperzeiten oberhalb

[1]) Die Bindungsenergie entspricht der Energie, die zur Abtrennung neutraler Atome aus dem Festkörper (Metall) bei 0 K aufgewendet werden muß.

der TAMMANN-Temperatur[1]) immer zutreffen. Als Bi- bzw. Multimetallsysteme werden Kombinationen bezeichnet, die auf Grund ihrer Herstellungsbedingungen nicht den thermodynamischen Gleichgewichtszustand erreicht haben und folglich zum Teil deutliche Abweichungen von der Phasenzusammensetzung entsprechend dem Zustandsdiagramm aufweisen.

Nachfolgend sollen kurz die Themenkomplexe *Phasen- und Oberflächenzusammensetzung, Dispersität, Beeinflussung von Festkörpereigenschaften durch die Elektronenstruktur* sowie *metallische Gläser* behandelt werden.

7.3.2.1. Phasen- und Oberflächenzusammensetzung von Kristalliten

Werden zur Präparation von Legierungs- bzw. Bi-/Multimetall-Pulvern geeignete Ausgangsverbindungen reduktiv zersetzt, so bestimmen deren chemische Natur, ihre Phasenzusammensetzung, die gewählten Reduktionsbedingungen (z. B. Höhe der Reduktions- und Tempertemperatur, Zeitdauer) usw. in starkem Ausmaß den Phasenaufbau der entstehenden Produkte. Bei Verwendung von mechanischen Gemischen sowie Tränk- bzw. Fällprodukten, die zu keinem isomorphen Einbau der Komponenten führen, werden Reduktionsprodukte erhalten, die nur in Ausnahmefällen der idealen Phasenzusammensetzung entsprechen, z. B. [29, 30]. So entstehen — entgegen den Aussagen des Phasendiagramms — durch Reduktion gemeinsam gefällter $(NH_4)_2[PtCl_6]$-/ $Fe(OH)_3$-Niederschläge mittels Wasserstoff bei 773 K „Legierungs"pulver, die ab Eisengehalten von 60 At-% bereits freies α-Fe aufweisen [281]. Im Fall der Reduktion eines Gemisches von $(NH_4)_2[PtCl_6]$ und NH_4ReO_4 (H_2, 773 K) wurde gefunden, daß infolge der leichteren Reduzierbarkeit der Platinausgangsverbindung die Bildung der kubischen (Pt—Re-) Phase bevorzugt ist und somit ebenfalls keine Gleichgewichtseinstellung erreicht werden kann [282].

Unabhängig von den geschilderten Randbedingungen treten beim Vorliegen kleiner Kristallite merkliche Abweichungen von den Phasendiagrammen auf, die für die Makrosysteme gültig sind [283]. So sollte beispielsweise eine nach dem makroskopisch bestimmten Phasendiagramm zu erwartende Phasenseparation unterbleiben, wenn die bei einem solchen Übergang eintretende Erniedrigung der Freien Enthalpie des Volumens vom Anstieg der Freien Oberflächenenergie übertroffen wird. Dieses träfe nach OLLIS [283] für Teilchen mit einem Durchmesser < 20 nm zu. Zwar ist dieser Auffassung bzw.

[1]) Temperatur, bei der die Beweglichkeit der Gitterbausteine zumindest einer der Komponenten so groß ist, daß eine merkliche Diffusion einsetzt. Für Oxide gilt als Höhe der TAMMANN-Temperatur $\sim 2/3 T_S$ (T_S — Schmelztemperatur in K), bei Makrometallkristallen rechnet man mit $\sim 0{,}5 T_S$, bei Metallfilmen mit $\sim 1/3 T_S$.

ihrer Korrektur widersprochen worden [284] bzw. [285], doch scheint der Sachverhalt einer erhöhten Mischbarkeit bei kleinen Teilchen vielfach gegeben zu sein. So findet beispielsweise nach DUNKEN [286] bei kleinen Ni—Cu-Kristalliten keine Entmischung statt, und SINFELT [287] konnte aus katalytischen Untersuchungen schlußfolgern, daß in den Systemen Ru—Cu und Os—Cu (beide auf SiO_2 als Träger) eine erhöhte Mischbarkeit bei Mikrokristalliten auftritt, obwohl nach den Zustandsdiagrammen für die jeweiligen Makro-(legierungs)systeme das Kupfer weder mit Ruthenium nach Osmium mischbar ist.

Andererseits treten in Makrokristalliten vielfach Ausscheidungsvorgänge auf, die den Legierungen hervorragende Eigenschaften vermitteln. Im Kap. 3.2.4. war im Zusammenhang mit der Behandlung von Volumenfehlern auf die Dispersionshärtung hingewiesen worden. Von größter technischer Bedeutung sind die im System Fe—C (Graphit) bzw. Fe—Fe_3C (Zementit) ablaufenden Ausscheidungsvorgänge.

Zu den typischen Festkörperreaktionen bei Legierungen gehört die Ausbildung von *Überstruktur-(Fernordnungs-)phasen* (Abb. 68). Am absoluten Nullpunkt liegen die Atome in völlig geordneter Verteilung vor. Dieses ist ein Ausdruck der Tendenz aller Metallatome einer Sorte, voneinander so weit wie möglich entfernt zu sein. Mit steigender Temperatur nimmt der Ordnungsgrad ab. Oberhalb der sogenannten *Übergangstemperatur* tritt im Gitter schließlich eine rein statistische Verteilung der Atome auf. Allerdings gibt es auch die Erscheinung der *Nahordnung*, die sowohl unterhalb als auch oberhalb der Umwandlungstemperatur eine Ordnung über einige interatomare Abstände hinweg kennzeichnet.

Die Formierung des Überstrukturgitters läßt sich, ausgehend von statistischen Mischkristallen, durch deren thermische Behandlung unterhalb der Über-

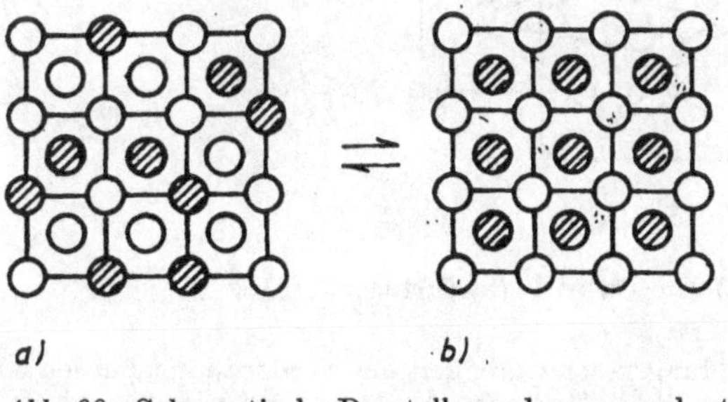

Abb. 68: Schematische Darstellung der ungeordneten Atomverteilung in einem statistischen Mischkristall (a) und die der geordneten Atomverteilung in einem Überstrukturgitter (b) der Legierung AB

gangstemperatur erreichen[1]). Die Transformation in den geordneten Zustand kann ein- oder zweiphasig verlaufen. Sie bietet ein weiteres Beispiel diffusionsartiger Platzwechselvorgänge.

Beispiele für Überstrukturgitter sind: Cu_3Au, CuAu, Cu_3Pd, Pt_3Fe, Ni_3Mn, Ni_4Mo, Fe_3Al, Cd_3Mg, LaAg, CeMg. In manchen Systemen tritt eine Vielzahl von Überstrukturphasen auf; dies gilt beispielsweise für das System Au—Mn (Au_4Mn, Au_3Mn, Au_2Mn, AuMn, $AuMn_2$, $AuMn_3$), wobei in einigen Fällen die im Bereich der einzelnen Gold-Mangan-Fernordnungsphasen existierenden *Unterstrukturen* das betreffende *Überstrukturgitter* bilden.

In Abb. 69 sind die Überstrukturgitter von Cu_3Au (kubisch) und CuAu I (tetragonal) dargestellt. Ersteres entsteht durch Tempern von statistischen Cu—Au-Mischkristallen mit 75 At.-% Cu (zur Phasenbreite von Überstrukturen vgl. unten) bei Temperaturen unterhalb 690 K bzw. beim Abkühlen der Legierungen, wobei der Temperaturbereich von 720 K abwärts sehr langsam durchschritten werden muß. Führt man eine entsprechende Temperaturbehandlung bei Legierungen mit einem Goldgehalt von etwa 50 At.-% durch (Übergangstemperatur für 50 Cu 50 Au: 669 K), entsteht die Fernordnungsphase CuAuI. Bei ihr ist die kubische Symmetrie verlorengegangen. Daneben kennt man noch eine zweite Form, CuAu II, die rhombische Symmetrie aufweist.

Der geordnete und ungeordnete Zustand einer Legierung sind lediglich zwei Grenzzustände einer vollständigen Reihe von Zwischenzuständen, zwischen denen ein thermodynamisches Gleichgewicht besteht. Vielfach weisen derartige Überstrukturen eine gewisse Phasenbreite auf (Existenzbereiche z. B. der Ni_3Mn-Phase: 15 bis etwa 40 At.-% Mn, Pt_3Mn-Phase: 18 bis 33 At.-% Mn).

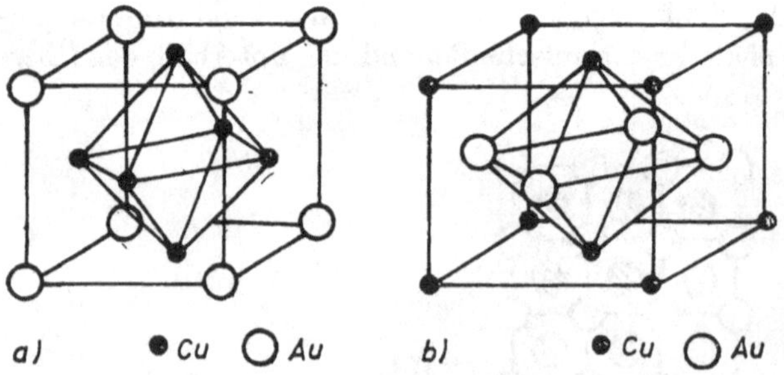

Abb. 69: Überstruktur im Cu_3Au- (a) und CuAu I- (b) Gitter

[1]) Bei einigen Legierungen ist die Bildungsgeschwindigkeit der Fernordnungsphasen so groß, daß selbst Proben, die von Temperaturen weit oberhalb der Übergangstemperatur abgeschreckt worden sind, derartige Überstrukturen aufweisen (z. B. Pt_3Mn mit Cu_3Au-(L l_2-) Überstruktur).

Bei Legierungskristalliten treten zum Teil erhebliche Abweichungen in der Phasenzusammensetzung zwischen Volumen und Oberfläche auf. Im Kap. 2.3.3.2. war bereits auf die thermodynamisch bedingte Anreicherung einer Legierungskomponente in der Oberfläche eines statistischen Mischkristalls hingewiesen worden. Für Überstrukturphasen ist ein geringeres Ausmaß in der Oberflächenanreicherung zu erwarten [288], während beim Vorliegen einer Mischungslücke prinzipiell keine neue Situation auftritt.

Weiterhin kennt man die *chemisorptionsinduzierte Oberflächenanreicherung* einer Legierungskomponente (Tab. 30). Danach wird beim Einwirken eines Gases auf Legierungskristallite die Komponente mit der größeren Affinität zum jeweiligen Gas in der Oberfläche angereichert.

Tabelle 30: Oberflächenanreicherung einer Legierungskomponente auf Grund der Wechselwirkung Metall—Gas (nach [29])

Legierungssystem	Adsorptiv	An der Oberfläche angereichertes Metall
Pd—Ag	CO	Pd
Pt—Sn	O_2	Sn
Pt—Sn	H_2	Pt
Pt—Au	CO	Pt
Pt—Fe	O_2	Fe
Fe—Cr	O_2	Cr

Und schließlich kann eine kinetisch kontrollierte (vorübergehende) Anreicherung einer Komponente in der Kristallitoberfläche auftreten. Hierfür läßt sich vielfach die Reduktionskinetik bei der Probenherstellung verantwortlich machen. Als Beispiel seien die Systeme Pd-**Re** [143a], Pd-**Ag** [201b], Pt-**Re** [282], Pd-**Rh** [289] und Pd-**Ni** [290] genannt (halbfett: Gehalt in der Kristallitoberfläche größer als der nominelle Wert).

Aber nicht nur Abweichungen in der Phasen*zusammensetzung* zwischen Volumen und Festkörperoberfläche spielen bei der Wechselwirkung beispielsweise mit Gasen eine wichtige Rolle. Für das nähere Verständnis von Vorgängen im atomaren Bereich ist die Kenntnis der *Oberflächenstruktur* von entscheidender Bedeutung. In Abb. 70 sind die Verhältnisse für die Chemisorption von Wasserstoff an der (110)-Oberfläche eines im kubisch flächenzentrierten Gitter kristallisierenden Metalls wiedergegeben [291]. Speziell aus der Darstellung in der Seitenansicht erkennt man, daß sich für die (dissoziative) Chemisorption des Wasserstoffmoleküls (Kap. 7.4.) verschiedene Sorptionsplätze ergeben, die u. a. auch eine unterschiedliche M—H-Bindungsstärke bewirken.

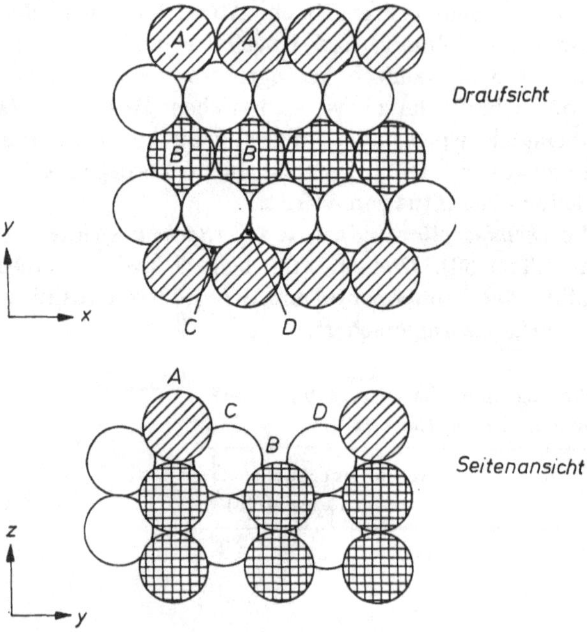

Abb. 70: Chemisorptionsplätze an einer Ir(110)—(1 × 2)-Oberfläche

Vielfach treten hinsichtlich der Oberflächenstruktur der Kristallite noch kompliziertere Verhältnisse auf. Dies trifft in besonders hohem Maße für hochdisperse Teilchen zu (Kap. 7.3.1.), bei denen mittels experimenteller Methoden praktisch keine gesicherten Angaben zur Oberflächenstruktur erhalten werden können (s. dazu [35]). Eine Beschreibung der Strukturmöglichkeiten kann mittels Computersimulationen erfolgen. Auf experimentellem Wege lassen sich die Verhältnisse bei hochdispersen Teilchen in gewissem Ausmaß durch die Ergebnisse qualitativ beschreiben, die aus Untersuchungen an hochindizierten Einkristalloberflächen gewonnen worden sind. Abbildung 71 enthält in einer schematischen Darstellung zwei Beispiele für Strukturen in der Oberfläche eines kubisch flächenzentriert kristallisierenden Metalls. Man erkennt, daß die Metallatome — je nach ihrer Lokalisierung — als *Terrassen-*, *Stufen-* oder *Kinkenatome* in der Oberfläche lokalisiert sind. Aus dem unterschiedlichen Ausmaß des auftretenden Koordinationsdefizits[1]) für die verschieden posi-

[1]) Für ein Terrassenatom in der (111)-Oberfläche beträgt das Koordinationsdefizit lediglich drei (fehlende) Nachbaratome, für ein Stufenatom dagegen sind es fünf und für ein Kinkenatom sechs Nachbaratome.

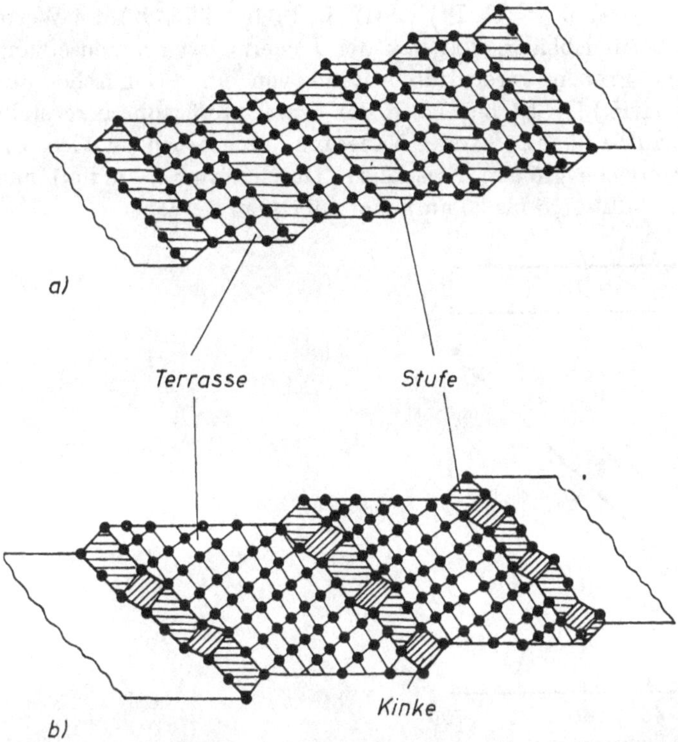

Abb. 71: Oberflächenstrukturen kubisch flächenzentrierter Kristalle
a) (544)-Oberfläche
b) (976)-Oberfläche

tionierten Atome sowie aus deren relativen Lage in dem betrachteten Ausschnitt des Terrassen-Stufen-Kinken-Bereichs ergeben sich unterschiedliche Wechselwirkungsmöglichkeiten mit entsprechenden Adsorptivmolekülen. Es ist verständlich, daß die Stufen- und Kinken-Regionen zwangsläufig Orte einer höheren Reaktionsfähigkeit sind, als es für die Atome im Terrassenbereich zutrifft.

7.3.2.2. *Dispersität*

Eine Legierungsbildung kann bei pulverförmigen Proben zu einem ausgeprägten *Dispersitätsanstieg* führen. Hierfür eignen sich einmal Metalle mit einem hohen Schmelzpunkt und folglich einer hohen TAMMANN-Temperatur. In

Abb. 72 sind für Pt—Ir-Pulver (F_p(Pt): 2042 K, F_p(Ir): 2723 K) die Werte der Oberflächengröße in Abhängigkeit von der Legierungszusammensetzung dargestellt [15]. Die Proben waren durch Reduktion eines Gemisches aus $(NH_4)_2[PtCl_6]$ und $(NH_4)_2[IrCl_6]$ bei 773 K im Wasserstoffstrom hergestellt worden. Ihr Phasenaufbau kann in erster Näherung durch nebeneinander vorliegende, sehr platinreiche größere Kristallite (Durchmesser > 50 nm) und kleinere Iridium-Kristallite (15 bis 23 nm) charakterisiert werden.

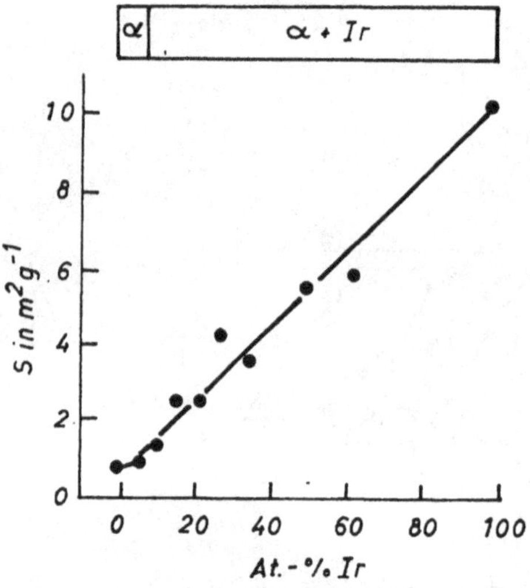

Abb. 72: Oberflächengröße S von Pt—Ir-Pulvern

Querleiste: α ≙ Pt—Ir-Mischkristalle, α + Ir ≙ Zweiphasengebiet

Neben einer Dispersitätsverbesserung kann durch entsprechende Zusätze auch die *Dispersitätsstabilität* gegenüber einer härteren thermischen Behandlung erhöht werden. Aus Abb. 73 läßt sich der positive Einfluß von Rhenium (F_p: 3453 K) auf die genannten Größen ablesen [30, 282].

Auch in ternären Systemen (z. B. Ni—Cu—Re) üben Rheniumzusätze eine dispersitätsverbessernde Wirkung aus [292].

Treten in Legierungspulvern Überstrukturphasen auf, so ist damit zumeist ein Anstieg der Oberflächengröße verbunden, z. B. [281]. Diese Erscheinung ist verständlich: Aus Untersuchungen von Platzwechselvorgängen ist bekannt, daß die Aktivierungsenergie der Diffusion in einer Überstrukturphase größer als im korrespondierenden statistischen Mischkristall ist. Daraus folgt, daß

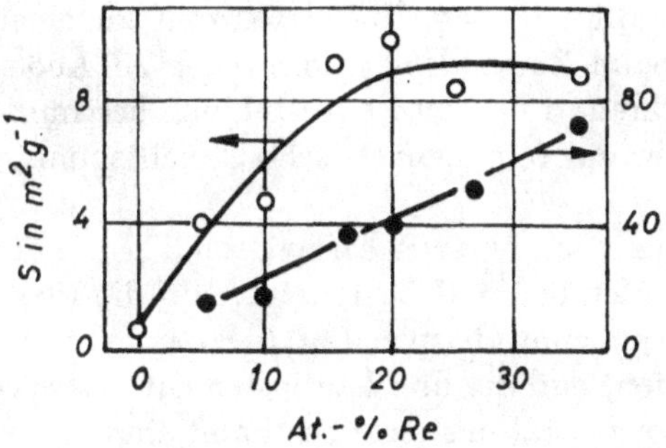

Abb. 73: Oberflächengröße *S* und Dispersitätsstabilität *D* von Pt—Re-Pulvern
S – gemessen für Proben, die bei 773 K im Wasserstoffstrom reduziert worden waren;
D – definiert als $\frac{S_{923K}}{S_{773K}} \cdot 100(\%)$

auch ein Vorgang wie die Rekristallisation in Überstrukturphasen langsamer verläuft [293, 294].

Neben den bisher genannten Faktoren kann ganz allgemein auch die Anwesenheit einer bereits ausgebildeten Phase (reines Metall bzw. Legierungsmischkristall) die Rekristallisation der Matrixkomponente(n) beeinflussen. Somit ergeben sich auch durch Legierungsbildung bzw. die Präparation von Bi- und Multimetallpulvern zahlreiche Möglichkeiten zur Modifizierung der Metalldispersität.

7.3.2.3. Zum Einfluß der Elektronenstruktur auf Festkörpereigenschaften

Aussagen zur Elektronenstruktur von Metallen und Legierungen vermitteln weitere Einblicke in das festkörperphysikalische und -chemische Verhalten dieser Stoffklassen. Beispielsweise bestimmen verschieden große Werte der „Valenzelektronen"konzentration die Existenz der Hume-Rothery-Phasen. Durch den Anstieg der Elektronenenergie infolge Legierungsbildung kann in den kubisch-raumzentriert kristallisierenden β-Phasen derartiger Systeme die Bildung von Leerstellen beeinflußt werden [111]. Die mit der Fehlordnung verbundene Volumenänderung der Kristalle (Kap. 6.1.) bewirkt ganz allgemein eine Änderung der Fermi-Energie des Elektronengases, was sich wiederum in der Größe der Fehlordnungsenergie bemerkbar macht. Es besteht eine Wechselbeziehung zwischen den Abweichungen von der stöchiometrischen Zusammensetzung intermetallischer Phasen (mit endlichen Homogenitätsbereichen) und der Fehlordnung. Bei zahlreichen Legierungen kann die 3d-

Austauschwechselwirkung neben der Bildung von Überstrukturen zu einer Verschiebung der Löslichkeitsgrenzen im Zustandsdiagramm oder zu Änderungen der Kristallgitterparameter führen; d. h., für die Ausbildung bestimmter Legierungsphasen sind nicht immer nur rein geometrische Gesichtspunkte ausschlaggebend, z. B. [295, 296][1]).

Ebenso werden in der von ENGEL und BREWER ausgearbeiteten Theorie die strukturbestimmenden Parameter bei Metallen und Legierungen auf die Elektronenkonfiguration zurückgeführt, vgl. zum Beispiel [297]. So konnte für zahlreiche Legierungen bestätigt werden, daß die drei häufigsten Gitterstrukturtypen durch folgende Elektronenkonzentrationswerte bestimmt sind:

Kubisch-raumzentriertes Gitter: 1 bis 1,5 (s + p)-Elektronen/Atom

Hexagonal dichtgepacktes Gitter: 1,7 bis 2,1 (s + p)-Elektronen/Atom

Kubisch-flächenzentriertes Gitter: 2,5 bis 3 (s + p)-Elektronen/Atom

Daraus ergibt sich, daß bei Legierungsbildung zwischen kubisch-raumzentriert und kubisch-flächenzentriert kristallisierenden Metallen in gewissen Konzentrationsbereichen hexagonal dichtest gepackte Strukturen auftreten müssen. Dieses wurde vielfach bestätigt, wenngleich gewisse Abweichungen in den Existenzbereichen der Legierungen auf die Grenzen des Modells verweisen.

Zahlreiche Eigenschaften von Metallen und Legierungen lassen sich nun aus den spezifischen Gegebenheiten ihrer Elektronenstruktur im festen Zustand erklären (Sorptionsverhalten gegenüber bestimmten Gasen, vgl. dazu auch Kap. 7.4; magnetische, elektrische, optische usw. Eigenschaften).

Es hat nicht an Versuchen gefehlt, geeignete Elektronenstrukturmodelle für Legierungen aufzustellen. Zusammenfassungen hierüber, die für Chemiker geschrieben wurden, finden sich z. B. in [30] und [298].

7.3.2.4. Metallische Gläser

Unter den amorphen Festkörpern beanspruchen die *metallischen Gläser* als Werkstoffe mit besonderen Eigenschaften ein steigendes Interesse, z. B. [3] und [299]. Bekanntlich kristallisieren Metalle im allgemeinen sehr leicht, da in ihren Schmelzen vorwiegend monomere Spezies mit einer weitgehenden

[1]) Zu Fragen des Zusammenhangs von Kristallstruktur und ionischer Polarisation bei ternären intermetallischen Phasen ABX (Grenzfälle: $A^+(BX)^-$ oder $A_2^+(BX)^{2-}$. A: unedles Element (1.—3. Hauptgruppe); B: Metall aus Haupt- und Nebengruppen; X: 4b- oder 5b-Element) vgl. H.-U. SCHUSTER, in: Novo Acta Leopoldina, Neue Folge, Nr. 264, Bd. 59, S. 199—213; Leopoldina-Symposium. „Chemie der Hauptgruppenelemente — Stand und Erwartung", 9. 10.—12. 10. 1985, Halle.

Bindungsdelokalisierung vorliegen. Gelingt es nun, beim Übergang Schmelze (bzw. Gasphase) $\rightarrow$ Festkörper die Diffusion der Atome über mehr als eine Atomdistanz (oder wenig darüber) zu verhindern, kann man die für den flüssigen (bzw. gasförmigen) Zustand charakteristische Nahordnung (bzw. Unordnung) gewissermaßen einfrieren, und man gelangt zu den metallischen Gläsern (glasartig erstarrte Metalle und Legierungen). Dazu sind hohe Abkühlgeschwindigkeiten erforderlich. Derzeit können Abkühlraten bis 10^{10} K $\cdot$ s^{-1} erreicht werden. Für das Abschrecken aus Schmelzen[1]) sind Methoden entwickelt worden (u. a. *Schmelzspinn-, Schmelzextraktionsverfahren,* s. dazu [3]), die eine kontinuierliche Herstellung von Bändern und Drähten gestatten.

Die Legierungen bestehen aus zwei bis maximal fünf Komponenten, wobei vielfach Kombinationen aus ein oder zwei Edelmetallen bzw. (allgemein) Nebengruppenmetallen mit kristallisationsverzögernden Zusätzen (z. B. B, C, Si, P) untersucht worden sind.

Die Struktur in diesen amorphen Festkörpern, die keine erkennbaren Gebiete einer kristallinen Ordnung (Fernordnung) erkennen lassen, wird gegenwärtig mit dem „*Modell der dichtesten statistischen Packung*" harter Kugeln (*dense random packing model, DRP-Modell*[2]) beschrieben. Die Bezeichnung „dicht" besagt bei einatomigen amorphen Stoffen, daß im festen Zustand keine Lücken für weitere (eigene) Atome vorhanden sind, und die Angabe „statistisch" verweist auf nur schwache Beziehungen zwischen Atomen, deren Abstand fünf oder mehr Kugeldurchmesser beträgt. Im DRP-Modell treten insgesamt fünf Möglichkeiten für koordinierte Lücken auf [300, 301], die dann lediglich von Atomen, die gegenüber der Wirtskomponente einen kleineren Durchmesser besitzen, besetzt werden können (Abb. 74).

Neben diesen rein geometrischen Gesichtspunkten hat man sich auch bemüht, Fragen der chemischen Bindung (Atomgröße und interatomare Wechselwirkung) sowie speziell die Rolle des Elektronengases (als „Barriere" gegen eine Kristallisation) zu diskutieren, um die Verhältnisse in den metallischen Gläsern besser verstehen zu lernen. Fest steht, daß in amorphen Legierungen auch Phasentrennungen, Diffusion verschiedener Spezies sowie Strukturrelaxationen stattfinden, obwohl die Legierungen amorph bleiben. Es hat auch den Anschein, daß die metallischen Gläser ein höheres Maß an „chemischer

[1]) Daneben können zur Herstellung amorpher Metalle und Legierungen auch weitere Verfahren herangezogen werden: Vakuum-, Sputter- und elektrochemische Abscheidung sowie Aufheizen kristalliner Stoffe mittels Laserstrahlen und nachfolgende Abscheidung.

[2]) Die Werte der Packungsdichte η weichen nur in geringem Maße von dem der dichtesten Kugelpackung ($\eta = 0,74$) ab. Beispielsweise ergibt sich für eine amorphe $(Pd_{0,928}Cu_{0,072})_{84,5}Si_{15,5}$-Legierung ein η-Wert von 0,694.

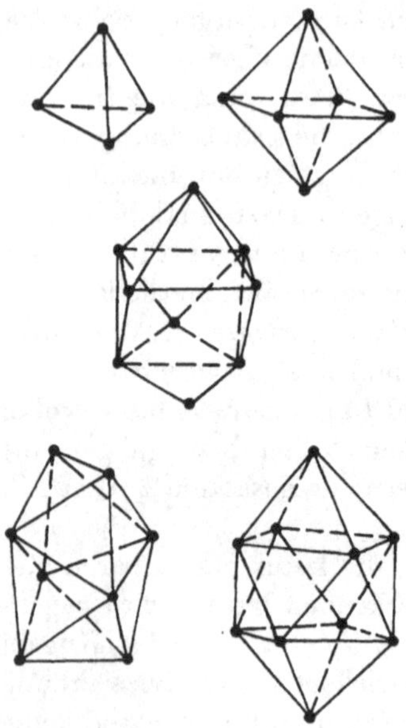

Abb. 74: Mögliche Polyeder im DRP-Modell
Die Verzerrung in den Kanten kann bis zu 20% betragen

Ordnung" zeigen, als es durch das DRP-Modell beschrieben werden kann [302].

Unabhängig von zahlreichen, noch ungeklärten Fragen zum strukturellen Aufbau der metallischen Gläser zeigen diese eine Reihe interessanter Eigenschaften, die sie unter bestimmten Bedingungen als Sonderwerkstoffe prädestinieren. Hier soll lediglich auf ihre hohe Korrosionsbeständigkeit hingewiesen werden. Diese ergibt sich aus dem einheitlichen Phasenaufbau, der durch das Fehlen von Korngrenzen (Kap. 3.2.4.) gekennzeichnet ist. Da letztere in polykristallinen Metallsystemen wichtige Angriffsstellen der Korrosion (Kap. 7.4.) sind, können Untersuchungen über Wechselwirkungen zwischen metallischen Gläsern und korrosiv wirkenden Medien zu einem näheren Verständnis auch von Festkörper-Flüssigkeit- bzw. Festkörper-Gas-Reaktionen beitragen.

7.4. Wechselwirkungen zwischen festen Phasen und Gasen

Das Studium von Festkörper-Gas-Reaktionen vermittelt weitere Einblicke in das Reaktionsverhalten von Festkörpern. Deren Wechselwirkung mit Gasen bestimmt bzw. begrenzt vielfach die Einsatzgebiete von Stoffen (Gaslöslichkeit, Korrosion usw.). Zu den wichtigsten Reaktionen zählen in diesem Zusammenhang die mit den *Anlauf-* und *Zundervorgängen* von Metallen verbundenen Prozesse. Das ist ein Grund dafür, daß gerade die Thematik der Metall-Gas-Systeme eine intensive Bearbeitung erfahren hat.

Reaktionen von Metallen mit Gasen sind durch eine Reihe von Teilschritten gekennzeichnet, wobei zwischen den Grenzfällen

— Wechselwirkung ohne Ausbildung einer Reaktionsschicht zwischen Metall und Gas
— Ausbildung einer kompakten Deckschicht

unterschieden werden kann. In Abb. 75 sind die hierbei auftretenden Reaktionsschritte nach [303] schematisch dargestellt. Der einfachste Fall wird in Abb. 75a beschrieben. Er umfaßt folgende Teilschritte:

a) Diffusion der Gasmoleküle zur Kristallitoberfläche (1)
b) Sorption der Gasmoleküle an der Metalloberfläche (2); dieser Teilschritt ist — zumindestens bei genügend hohen Temperaturen — vielfach eine dissoziative Chemisorption (z. B. im System Palladium—Wasserstoff)
c) Übertritt der chemisorbierten Atome in das Kristallgitter (3)
d) Diffusion der Atome oder Ionen (s. unten) im Kristallgitter (4)

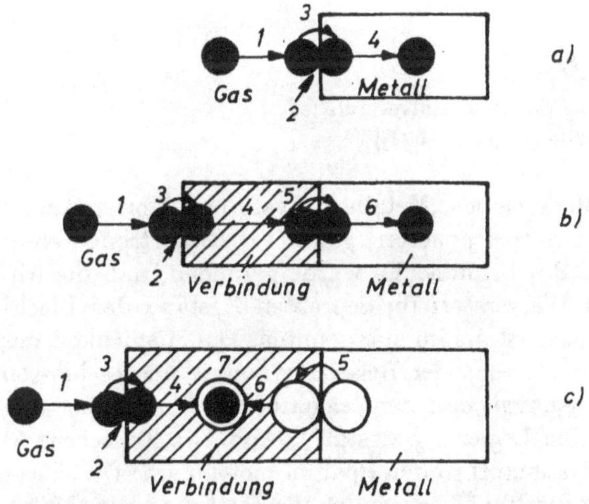

Abb. 75: Schematische Darstellung der Reaktionsmechanismen bei Wechselwirkung von Metallen mit Gasen

a) Direkter Übertritt
b) Teilvorgänge beim Vorliegen einer Deckschicht
c) Verbindungsbildung

Der Teilschritt 2 ist nicht nur für das nähere Verständnis der hier behandelten Festkörperreaktionen bedeutsam. Es sei hier ganz allgemein auch an die große Bedeutung der Chemisorption von Gasen als wesentliche Voraussetzung für den Ablauf heterogen katalysierter Reaktionen erinnert.

Am Beispiel ausgewählter Metall-Wasserstoff-Systeme sollen nachfolgend einige Aspekte der in Abb. 75a angeführten Teilschritte 3 und 4 erläutert werden.

Es wurde vermutet [304], daß Korngrenzen im Metall die Wasserstoffaufnahme „katalytisch" beschleunigen. Diese Ansicht fand alsbald ihre experimentelle Bestätigung [305—307]. Danach wird die Diffusionskinetik in den Phasengrenzen hauptsächlich durch das Auftreten von Spalten molekularer

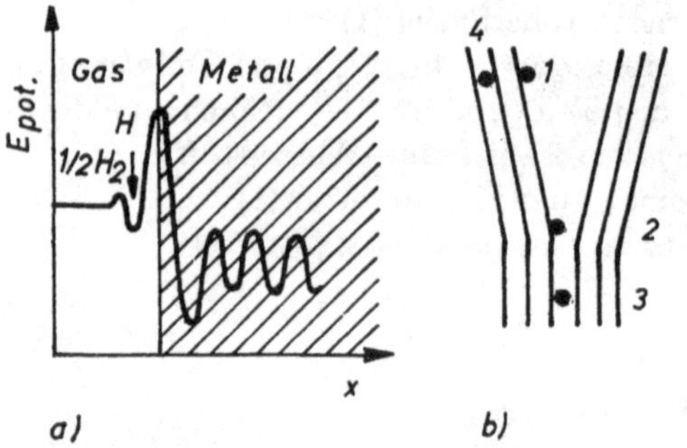

Abb. 76: Schematische Darstellung des Potentialverlaufs (a) und eines katalytisch aktiven Spalts (b) (nach [307])

Abmessungen bestimmt. Als Modell eines „Metalls mit variablen Korngrenzen" wurde von Küssner [307] ein Stapel polierter, gewölbter Blechstreifen einer Pd—Ag-Legierung (70 At.-% Pd) benutzt. Es wurde gefunden, daß die Absorptionsgeschwindigkeit von Wasserstoff im gepreßten Zustand des Blechstapels um ein Mehrfaches größer ist als im entspannten. Die Möglichkeit des Auftretens von Gitterdefekten während der Belastung konnte ausgeschlossen werden. Somit kann man annehmen, daß dem eigentlichen Phasenübergang (Eintritt des Wasserstoffs in den Legierungskristall[1]); Abb. 75a Teilschritt 3) eine atomare Sorption von Wasserstoff in den Spalten molekularer Dimensionen vorausgeht (Abb. 76). Der direkte Übertritt des Wasserstoffs in das Metall oder die Legierung wird durch den Potentialberg an der Phasengrenze wesentlich erschwert (Abb. 76a). In der Teilabbildung 76b ist ein katalytisch aktiver

[1]) Für die Interpretation der Versuchsergebnisse ist es belanglos, daß es sich im vorliegenden Fall um einen *Legierungs*kristall handelt.

Spalt dargestellt, der schließlich in das normale Gitter übergeht. Das an der Oberfläche sorbierte Wasserstoffatom (Abb. 75a, Teilschritt 2) ist auf Grund seiner großen Beweglichkeit in der Lage, leicht von 1 über 2 und 3 schließlich auch nach Position 4 zu gelangen. Der Übergang von der Oberflächen- zur Volumendiffusion verläuft unter entsprechender Annäherung der Aktivierungsenergien beider Teilschritte. Die Folge ist somit eine Umgehung des Potentialbergs der Phasengrenzreaktion.

Eine quantitative Beschreibung der Wasserstofflöslichkeit scheint in den Fällen möglich zu sein, in denen auch präzise Angaben zur Elektronenstruktur der jeweiligen Metall- (Legierungs-)phasen gemacht werden können. Es hat sich nämlich gezeigt, daß bei einer Reihe von Metallen und Legierungen ein enger Zusammenhang zwischen der Tendenz zur Wasserstoffaufnahme und der Bandbesetzung des betreffenden Matrixgitters (vgl. dazu [298]) besteht.

Die elektronentheoretische Deutung der Wasserstofflöslichkeit bei den Metallen geht im allgemeinen von dem Modell der Dissoziation adsorbierter Wasserstoffatome in Protonen und Elektronen (*Protonenmodell*) aus. Zwar sind gegen dieses Modell gelegentlich Bedenken erhoben worden, vgl. z. B. [308, 309]. Diese beziehen sich u. a. auf das Problem, inwieweit Elektronen in unmittelbarer Nähe eines stark polarisierend wirkenden Protons im Gitter als „frei" zu betrachten sind und sich somit an einer Bandauffüllung beteiligen können. Ebenso würden sich die Untersuchungen zur Abnahme der magnetischen Suszeptibilität einer Palladiumprobe proportional zur Konzentration des in ihr absorbierten Wasserstoffs auch mit der Änderung der Struktur der Elektronenbänder als Folge der bekannten Gitteraufweitung des Palladiums deuten lassen [310]. Andererseits hat sich das Protonenmodell bei der Interpretation einer großen Zahl von Meßergebnissen bei Metallen und Legierungen bestens bewährt (vgl. auch Fußnote auf S. 172).

Danach werden zum Beispiel im Fall von Nickel, Palladium und Platin die aus dem Wasserstoff stammenden Elektronen von den jeweiligen d-Bändern (Ni-3d-, Pd-4d- bzw. Pt-5d-Band) auf Grund der hohen Elektronentermdichte an der Fermi-Grenze aufgenommen. Der in das Gitter in Form von Protonen eingelagerte Wasserstoff sollte sich zu einem überwiegenden Teil auf oktaedrisch koordinierten Plätzen befinden. Letzteres ist für die Systeme Ni—H [311] und Pd—H [312, 313] experimentell gesichert.

Für die Diffusion des Wasserstoffs (aber auch anderer Gase und Ionen) im Gitter kann vorausgesetzt werden, daß die Volumendiffusion (Abb. 75a, Teilschritt 4) im wesentlichen über Zwischengitterplätzen erfolgt.

Vielfach ist die Gasaufnahme durch das Metall mit einer makroskopisch beobachteten Gitteraufweitung verbunden. Abbildung 77 veranschaulicht die Verhältnisse für das System Pd—H. Während sich bei Ausbildung der

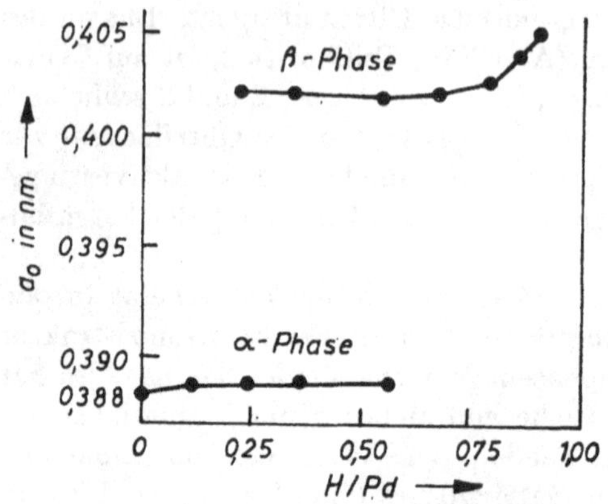

Abb. 77: Abhängigkeit der Gitterkonstanten a_0 bei reinem Palladium vom H:Pd-Verhältnis

α-Phase die Gitterkonstante nur geringfügig vergrößert, beträgt nach KRÜGER und GEHM [314] die Gitteraufweitung der β-Phase 0,0136 nm.

Für das System Pd—H sowie eine Reihe von Palladium-Legierungen konnte BRODOWSKY [315] zeigen, daß diese Erscheinung als Folge einer lokalen „Verspannung" am Ort des Protons auftritt, für die eine Lochbildungsenergie E_L aufzuwenden ist. Diese Verspannung bedingt eine Assoziationstendenz der Protonen (vgl. auch [316]) mit einer Paarwechselwirkungsenergie $w = -\frac{1}{6} E_L$, aus der sich die Gesamtwechselwirkung berechnen läßt[1]). Legierungspartner mit einem — im Vergleich zum Palladium — relativ großen Atomvolumen (z. B. Ag, Sn, Pb) führen zu einer Erniedrigung der beim Eintritt der Protonen in die Oktaederlücken aufzuwendenden Energie der elastischen Verspannung. Als Ergebnis hiervon weisen entsprechende Legierungen teilweise höhere Löslichkeitswerte für Wasserstoff auf als das reine Palladium.

Kehren wir zu den Aussagen der Abb. 75 (S. 169) zurück. In Abb. 75b sind die Teilschritte der Wechselwirkung, Metall—Gas für den Fall erläutert, daß von vornherein eine *Deckschicht* (z. B. Metalloxid) die Reaktionspartner trennt. Somit ergeben sich — im Vergleich zum direkten Übertritt (Abb. 75a) —

[1]) Zweifelsohne erschließt das „Protonenmodell der Wasserstofflöslichkeit" für Metalle auch einen Zugang zum näheren Verständnis der Vorgänge, die im System Pd-D_2 nach Absorption von Deuterium (gebildet bei der katodischen Abscheidung im Verlauf einer Elektrolyse von D_2O) im Palladium ablaufen: Eventuell Kernfusion von Deuteronen zu Tritium auf „kaltem Wege".

die zusätzlichen Reaktionsschritte 2, 3 und 4. Und schließlich sind in Abb. 75c die Teilvorgänge bei einer *Verbindungsbildung* dargestellt. Hierbei müssen nun auch die Teilschritte 5 und 6 berücksichtigt werden. Teilschritt 7 entspricht der Reaktion von Metallionen, die über die Schritte 5 und 6 zum Reaktionsort gelangt sind, mit dem betreffenden Gas. Allerdings werden die Diffusionsvorgänge 4 und 6 mit unterschiedlicher Geschwindigkeit v ablaufen, so daß eine Verlagerung der Reaktion (Verbindungsbildung) an die innere Grenzfläche Metall-Verbindung ($v_4 > v_6$) bzw. äußere Grenzfläche Verbindung-Gas ($v_6 > v_4$) stattfindet. Der erstgenannte Fall ist beispielsweise bei der Oxydation von Wolfram mittels Sauerstoffs, der zweite dagegen bei der Kupferoxydation beobachtet worden [303].

In Abb. 78 sind die genannten Grenzfälle für das Schichtenwachstum schematisch dargestellt.

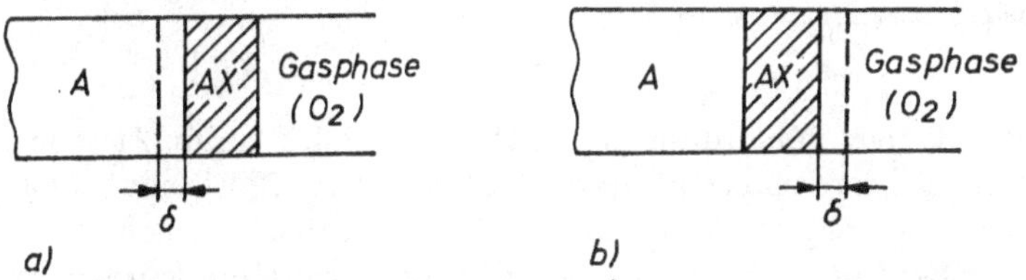

Abb. 78: Schichtenwachstum bei bevorzugtem Sauerstofftransport (a) bzw. Metalltransport (b) durch die Reaktionsschicht AX
A – Metall; δ – Schichtenzuwachs

Anlauf- und *Zunderprozesse* vollziehen sich bei der *Hochtemperaturkorrosion*[1]) von Metallen ebenso über Diffusionsvorgänge und Phasengrenzreaktionen, wie in Kap. 7.2. für eine Reihe von Ionenkristallen beschrieben worden ist. Der Stofftransport durch das Reaktionsprodukt wird – unter Wahrung der lokalen Elektroneutralität – von Ionen und elektronischen Ladungsträgern wahrgenommen (Abb. 79). Folgende Beispiele sollen die Verhältnisse weiter verdeutlichen:

Die Oxydation von Nickel mit Sauerstoff führt zur Ausbildung einer Reaktionsschicht aus Nickel(II)-oxid, das zu den Eigenhalbleitern vom p-Typ

[1]) Zahlreiche Korrosionserscheinungen werden durch *elektrochemische Vorgänge* (teilweise unter zusätzlicher mechanischer Beanspruchung des Metalls bzw. der Legierung) hervorgerufen. Die Hochtemperaturkorrosion stellt gewissermaßen den „chemischen Anteil" bei korrosiver Schädigung metallischer Stoffe dar.

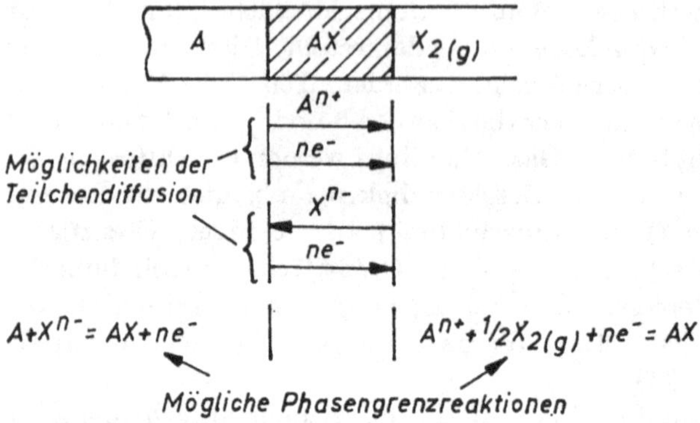

Abb. 79: Reaktionsmechanismen und Phasengrenzreaktionen bei Anlauf- und Zundervorgängen

A – Metall; X – Sauerstoff, Halogen, Schwefel, Stickstoff

gehört. Entsprechend dem Fehlordnungsmodell (Kap. 3.3.2., Abb. 21) weist das Ni^{2+}-Ionenteilgitter Leerstellen auf, die die Diffusion von Ni^{2+}-Ionen ermöglichen. Der Elektronentransport erfolgt über Elektronendefektstellen (Ni^{3+}-Ionen). Ein analoger Reaktionsmechanismus gilt für die Oxydation von Kupfer zu Kupfer(I)-oxid. Die Diffusion der Cu^+-Ionen verläuft ebenfalls über unbesetzte Gitterplätze (vgl. Abb. 20), und der Elektronentransport wird durch die von Cu^{2+}-Ionen charakterisierten elektronischen Defektstellen vermittelt. In den sich ausbildenden Anlauf- und Zunderschichten muß in jedem Volumenelement die gleiche Anzahl von Ionenleerstellen und Elektronendefektstellen vorhanden sein. Da Nickel(II)-oxid und Kupfer(I)-oxid gute Elektronenleiter sind, bestimmen die langsamer wandernden Ni^{2+}- bzw. Cu^+-Ionen die Geschwindigkeit der Gesamtreaktion (s. unten).

Bei der Umsetzung von Silber mit Bromdämpfen entsteht dagegen eine Deckschicht (AgBr), in der die Fehlordnung der Kationen um Zehnerpotenzen größer als die der Elektronen ist (Frenkel-Fehlordnungstyp, Kap. 3.2.1.). Silberbromid gehört somit zu den Ionenleitern (vgl. auch den analogen Tatbestand beim Silberiodid, Kap. 6.1.). Demnach ist der geschwindigkeitsbestimmende Schritt bei der Oxydation des Silbers durch Brom die Diffusion der Elektronen im Silberbromid.

Für die Oxydation (Hochtemperaturkorrosion) von Eisen können – entsprechend Abb. 79 – analoge Stofftransportvorgänge und Phasengrenzreaktionen formuliert werden [317], die zur Bildung der einzelnen Phasen (Wüstit, $Fe_{1-\delta}O$; Magnetit, $Fe_{3-\delta}O_4$; Hämatit, $Fe_{2+\delta}O_3$; z. B. [11], S. 186, 187) führen

(Abb. 80). Auch im vorliegenden Fall gilt, daß die Diskussion über eine Beteiligung der (im Vergleich zu den Eisenkationen) großen O^{2-}-Ionen (Tab. 24) am Stofftransport in der Fe_2O_3-Schicht generell einer Erklärung bedarf. Ein Transport von O^{2-}-Ionen ist (schon aus rein geometrischen Gründen) nur dann möglich, wenn die strukturelle Fehlordnung in der Deckschicht durch höherdimensionale Baufehler bestimmt wird (Kap. 3.2.). Dieser Tatbestand dürfte im Fall der Verzunderung von Eisen zutreffen.

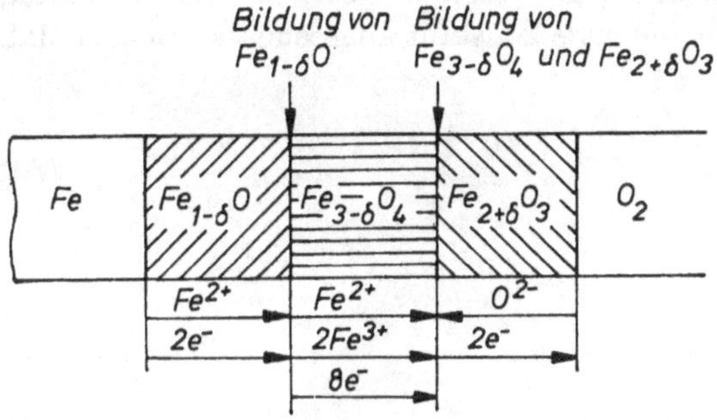

Abb. 80: Stoff- und Ladungstransport im System Eisen—Sauerstoff oberhalb ~ 850 K

Für die bei der Ausbildung von Anlauf- und Zunderschichten geltenden Zeitgesetze gilt sinngemäß das, was bereits im Zusammenhang mit den Spinellbildungsreaktionen erläutert worden ist (Kap. 7.2.4.1.). Beim Vorliegen dünner Schichten (und damit hoher Diffusionsströme innerhalb derselben) wird die Geschwindigkeit der Reaktion zwischen Metallen und Gasen durch die Geschwindigkeit der Phasengrenzreaktion bestimmt. Für die Bildung von Anlaufschichten gilt daher oft ein lineares Zeitgesetz (vgl. Gl. (46), S. 136). Daneben werden — in Abhängigkeit von dem jeweiligen Metall und dem betrachteten Versuchsabschnitt — weitere Zeitgesetze vom parabolischen, kubischen, logarithmischen und invers logarithmischen Typ gefunden.

Mit wachsender Dicke der Reaktionsschicht (Zunderschicht) wird jedoch die Diffusion geschwindigkeitsbestimmend. Je nachdem, ob die Diffusion des Metalls oder die des Gases geschwindigkeitsbestimmend ist, folgt für die Gesamtgeschwindigkeit der Oxydation

$$-\frac{dn_M}{dt} = \frac{D_M \cdot q}{\delta} (c_{Me})_s \tag{48}$$

bzw.

$$-\frac{\mathrm{d}n_{\mathrm{M}}}{\mathrm{d}t} = \frac{D_G \cdot q}{\delta} (c_G)_s. \tag{49}$$

D_{M}, D_G — Diffusionskoeffizienten der Reaktionspartner,
q — Größe der Grenzfläche,
δ — Dicke der Deckschicht,
$(c_{\mathrm{M}})_s$ bzw. $(c_G)_s$ — jeweilige Sättigungskonzentrationen

Für ein betrachtetes System können die Werte der Diffusionskoeffizienten, Sättigungskonzentrationen sowie von q als konstant angesehen werden, so daß sich ergibt

$$-\frac{\mathrm{d}n_{\mathrm{M}}}{\mathrm{d}t} = \frac{k}{\delta} \tag{50}$$

oder

$$\frac{\mathrm{d}\delta}{\mathrm{d}t} = \frac{k'}{\delta} \tag{51}$$

bzw.

$$\delta = (2k't)^{1/2}. \tag{52}$$

Das heißt, die Geschwindigkeit der Festkörperreaktion ist bei derartigen Oxydations- (Zunder-)vorgängen umgekehrt proportional der Deckschichtendicke δ (Gl. 51)) oder anders ausgedrückt, die Schichtdicke δ nimmt proportional der Wurzel aus der Reaktionszeit zu (Gl. (52)). Dieses parabolische Zeitgesetz wurde von Tammann bereits 1920 publiziert [318].

Nach Wagner [319] kann die parabolische Zunderkonstante k' für ein Metall unter der Bedingung errechnet werden, daß der Stofftransport in der Reaktionsschicht (Zunderschicht) lediglich durch Ionen und Elektronen erfolgt:

$$k' = \frac{300}{96500 \cdot N \cdot \varepsilon} \int_{p_{x_2}^{(i)}}^{p_{x_2}^{(a)}} \frac{1}{z^2} (U_1 + U_2) \cdot U_3 \cdot \varkappa \, \mathrm{d} \ln p_{x_2} \tag{53}$$

N — Loschmidt-Zahl
ε — Elementarladung
z — Ladung des Nichtmetalls in der Reaktionsschicht
U — Überführungszahl; Index 1: für Kationen, 2: für Anionen, 3: für Elektronen (Es gilt: $U_1 + U_2 + U_3 = 1$)
$\varkappa$ — Elektrische Leitfähigkeit ($\Omega^{-1} \cdot \mathrm{cm}^{-1}$)
p_{x_2} — Partialdruck des Nichtmetalls (Sauerstoff, Halogen, Schwefel, Stickstoff) an der Phasengrenze A/AX ($p_{x_2}^{(i)}$) bzw. AX/X_2 ($p_{x_2}^{(a)}$)

Aus Gl. (53) ist ersichtlich, daß bei überwiegender Elektronenleitung ($U_3 \approx 1$; z. B. Nickel(II)-oxid, Kupfer(I)-oxid) der k'-Wert, und damit die Oxydationsgeschwindigkeit für das betreffende Metall, wesentlich durch die Größe von $(U_1 + U_2)$ bestimmt werden. Bei Vorliegen von (überwiegend) Ionenleitung ($(U_1 + U_2) \approx 1$; z. B. Silberbromid) wird die Größe von k' durch die Überführungszahl der Elektronen (U_3) bestimmt. Auch an Hand dieser Aussagen erkennt man, daß die Korrosionsgeschwindigkeit bei Metallen in sehr starkem Maße durch den jeweiligen Fehlordnungstyp der entstehenden Zunderschicht geprägt wird[1]).

Wesentlich kompliziertere Verhältnisse treten bei der Oxydation von Legierungen auf. Für diese Stoffklasse ist es nur in Grenzfällen möglich, die entsprechenden Vorgänge quantitativ zu erfassen [11; 317]. Während die Oxydation eines Metalls beispielsweise zu übersichtlichen Phasenverhältnissen führt, ist die Hochtemperaturkorrosion von Legierungen durch eine Reihe an Besonderheiten gekennzeichnet: Bildung verschiedener Oxide, Sulfide usw., die als getrennte Phasen bzw. als (binäre, ternäre) Verbindungen auftreten; unterschiedliche Bildungsgeschwindigkeiten der betreffenden Deckschichtverbindungen; Beeinflussung der Fehlordnung in den Zunderschichten durch gelöste Oxide, Sulfide usw. der Zusatzkomponenten; unterschiedliche Beweglichkeit der einzelnen Teilchen in der Metallphase bzw. Zunderschicht usw.

7.5. Festkörperreaktionen unter hohen Drücken

Mit der Einbeziehung des Druckes als einer weiteren Zustandsvariablen wird auch der Festkörperchemie ein Gebiet erschlossen, das ständig an Bedeutung gewinnt. Bei den Reaktionen fester Stoffe geht es vorrangig um die

- Darstellung weiterer Modifikationen mit teilweise neuartigen Eigenschaften
- Synthese von Verbindungen, die unter Normalbedingungen nicht erhältlich sind
- Kristallzüchtung
- Klärung zahlreicher Probleme der Geochemie (z. B. Phasenumwandlung oxidischer und silicatischer Verbindungen).

[1]) Da die meisten Metallsulfide unter vergleichbaren Bedingungen einen höheren Fehlordnungsgrad als die Oxide aufweisen und einige Sulfide (z. B. FeS, Co_4S_3, Ni_2S_3) mit den betreffenden Metallen relativ niedrig schmelzende Eutektika bilden, ist die Geschwindigkeit des korrosiven Angriffs von Schwefel höher als in den jeweiligen Metall-Sauerstoff-Systemen.

Wie weit der Rahmen auf dem Gebiet der Hochdruckumwandlungen gesteckt ist, erkennt man auch an den Untersuchungen zur druckinduzierten Umwandlung von Wasserstoff. Es gibt Hinweise, wonach es durch Anwendung von Drücken um $3 \cdot 10^5$ MPa bei ~ 4 K gelungen ist, für äußerst kurze Zeit *metallischen* Wasserstoff zu erzeugen. Dieser könnte als Supraleiter mit einer (theoretisch abgeleiteten) möglichen Sprungtemperatur im Bereich von 100 bis 300 K — neben den oxidischen Hochtemperatursupraleitern — einen idealen „Werkstoff" für die Übertragung elektrischer Energie liefern.

Gleichermaßen bedeutsam sind auch weitere Untersuchungen zum physikalischen Verhalten fester Körper unter Druck (z. B. Drucksintern, isostatisches Strangpressen, spezielle metallverformende Prozesse [320]).

Für ein näheres Studium der mit Festkörperumwandlungen und -reaktionen unter hohen Drücken zusammenhängenden Probleme sei auf einige zusammenfassende Arbeiten bzw. Publikationen verwiesen [321—324], vgl. auch [14].

Die Vielfalt der Erscheinungen, die in unmittelbarem Zusammenhang mit den Hochdruckreaktionen stehen, läßt sich teilweise auf der Grundlage einiger Regeln bzw. empirisch gefundener Beziehungen verstehen und klassifizieren.

Entsprechend der *Druck-Koordinationsregel* nimmt bei vielen allotropen und polymorphen Umwandlungen sowie echten chemischen Reaktionen die Koordinationszahl zu. An Hand der Angaben in Tab. 31 kann diese Aussage belegt werden. Abweichungen von der genannten Regel treten immer dann auf, wenn die Koordinationszahl nicht vorrangig durch das Prinzip der dichtesten Ligandenpackung bestimmt wird, vgl. [324, S. 174].

Bei einem Vergleich homologer Reihen von Alkalihalogeniden fällt auf, daß die Hochdruckmodifikationen jeweils den Phasen- und Strukturzustand ihres höchsten Homologen (CsCl) annehmen (Tab. 32). Dieses Ergebnis ist die Aussage der *Druck-Homologenregel*, die zugleich die Forderung der Druck-Koordinationsregel einschließt, und sich auch auf Elemente sowie Verbindungen mit kovalenter Bindung bzw. unpolaren Bindungsanteilen (z. B. ZnS, ZnSe, ZnTe) bezieht.

Ein Vergleich der Werte aus Tab. 32 läßt weiterhin erkennen, daß mit steigendem Kationenradius geringere Umwandlungsdrücke eingestellt werden müssen (Reihe NaCl → KCl → RbCl), während die unterschiedlich großen Anionen druckindifferent sind (Reihe RbCl → RbBr → RbI). Allerdings erfahren die Valenzelektronen der Anionen bei Druckeinwirkung partiell eine Verschiebung in Richtung Kation, wobei unter hohem Druck der ionogene Bindungscharakter schließlich in einen metallischen Bindungszustand übergeht. Dieses Verhalten trifft schließlich für *alle* Valenzzustände der Stoffe zu (vgl. u. a. [248]).

Und schließlich sei das *Druck-Abstands-Paradoxon* angeführt, nach dem bei einer ganzen Reihe von druckinduzierten Modifikationswechseln (trotz Anstieg

Tabelle 31: Hochdruckumwandlungen und -reaktionen[1]) (Beispiele)

Normaldruckmodifikation			Reaktionsbedingungen		Hochdruckmodifikation	
Formel	Gittertyp	KZ[2])	Druck in 10^2 MPa	Temperatur in K	Gittertyp	KZ
C	Graphit	3 + 1	$\geqq$ 50	$>$ 1520	Diamant	4
Si	Diamant	4	$\approx$ 200	293	NaCl	6
α-Sn	Zinn, grau	4	$\approx$ 1	286	β-Sn	6
β-Sn	Zinn, weiß	6	$>$ 115	293	kubisch-raumz.	8
α-Fe	kubisch-raumz.	8	$\approx$ 130	293	ε-Fe (hexag.)	12
NaCl	NaCl	6	$\geqq$ 100	293	CsCl	8
KCl, KBr, KI	NaCl	6	$\approx$ 20[3])	293[3])	CsCl	8
AgI	Zinkblende	4	$\leqq$ 4	$\approx$ 320	NaCl	6
ZnF_2	Rutil	6	$\approx$ 80	573	CaF_2	8
SiO_2	Coesit	4	125	$\geqq$ 1473	Rutil (Stishovit)	6
ZnO[4])	Wurtzit	4	105	673	NaCl	6
$CaCO_3$	Kalkspat (Calcit)	6	6	293	Aragonit	9
$CdTiO_3$[5])	Ilmenit	6 (Cd)	10^{-3}	1103	Perowskit	12 (Cd)

$$\underset{\text{(Al-Enstatit)}}{\overset{[6]\,[6]}{(MgAl)}\,\overset{[4]\,[4]}{[AlSiO_3]}} \xrightarrow[\geqq 1473\ \text{K}]{\geqq 2\cdot 10^3\ \text{MPa}} \underset{\text{(Enstatit)}}{\overset{[6]\,[4]}{Mg[SiO_3]}} + \underset{\text{(Korund)}}{\overset{[6]}{Al_2O_3}}\text{}^{6)}$$

$$\underset{\text{(Albit)}}{Na[\overset{[4]}{Al}Si_3O_8]} + \underset{\text{(Nephelin)}}{Na[\overset{[4]}{Al}SiO_4]} \xrightarrow[1273\ \text{K}]{\sim 1{,}8\cdot 10^3\ \text{MPa}} \underset{\text{(Jadeit)}}{Na\overset{[6]}{Al}[Si_2O_6]}\text{}^{6)}$$

$$\underset{\text{(Klino-enstatit)}}{2\,\overset{[6]\,[4]}{MgSiO_3}} \xrightarrow[923\ \text{K}]{1{,}15\cdot 10^4\ \text{MPa}} \underset{\text{(Forsterit)}}{\overset{[6]\,[4]}{Mg_2SiO_4}} + \underset{\text{(Stishovit, vgl. Abb. 84)}}{\overset{[6]}{SiO_2}}\text{}^{6)}$$

---

[1]) Wenn nicht anders ausgewiesen: Angaben aus [324]
[2]) Koordinationszahl bei Ionenverbindungen für das Kation
[3]) Angaben nach [14], S. 157
[4]) C. H. Bates, W. B. White u. R. Roy, J. inorg. nuclear Chem. **28**, 397 (1966)
[5]) J. M. Neil, A. Navrotsky u. O. J. Kleppa, Inorg. Chem. [Washington] **10**, 2076 (1971)
[6]) Hochgestellte Zahlen in eckigen Klammern: Koordination jeweils gegenüber O^{2-}

Tabelle 32: Beispiele zur Druck-Homologenregel

Normaldruckmodifikation			Reaktionsbedingungen		Hochdruckmodifikation	
Formel	Gittertyp	*KZ*	Druck in 10^2 MPa	Temperatur in K	Gittertyp	*KZ*
NaCl	NaCl	6	100	293	CsCl	8
KCl	NaCl	6	20	293	CsCl	8
RbCl	NaCl	6	5	293	CsCl	8
RbBr	NaCl	6	5	293	CsCl	8
RbI	NaCl	6	5	20	CsCl	8

Tabelle 33: Beispiele zum Druck-Abstands-Paradoxon

Normaldruckmodifikation			Hochdruckmodifikation		
Substanz	Dichte¹) in g cm^{-3}	kürzester Anstand in nm	Substanz	Dichte¹) in g cm^{-3}	kürzester Anstand in nm
Graphit²)	2,22	C—C: 0,1420	Diamant²)	3,514	C—C: 0,1544
Bornitrid	2,34	B—N: 0,145	Borazon	3,48	B—N: 0,157
Coesit (SiO_2)	2,915—3,01	Si—O: 0,1613	Stishovit	4,28—4,35	Si—O: 0,1778

¹) Dichtewerte für Coesit und Stishovit nach der Zusammenstellung von D. Stöffler u. J. Arndt, Naturwissenschaften **56**, 100 (1969)

²) Zum C—C-Abstand vgl. Abb. 81

der Dichte) eine Vergrößerung der kürzesten Gitterabstände auftritt [325] (Tab. 33).

Als Beispiele für druckinduzierte Modifikationswechsel sollen der Übergang Graphit → Diamant sowie das Phasendiagramm des Silicium(IV)-oxids etwas ausführlicher behandelt werden.

Im Jahr 1955 ließen sich die General Electric Company (USA) und die Allgemeine Schwedische Elektrizitäts-AG Verfahren zur Diamantherstellung unter Höchstdruckbedingungen patentieren, vgl. dazu [326]. Die Anwendung hoher Drücke wird auf Grund der Abstandsverhältnisse im Graphit- und Diamantgitter verständlich (Abb. 81). Durch Kompression des Graphitgitters in Richtung der *c*-Achse kann dieses formal in die Diamantstruktur überführt werden. Sofern hohe Drücke (und hohe Temperaturen) über einen längeren Zeitraum (Reaktionsdauer: Minuten bis zu mehreren Stunden) aufrecht erhal-

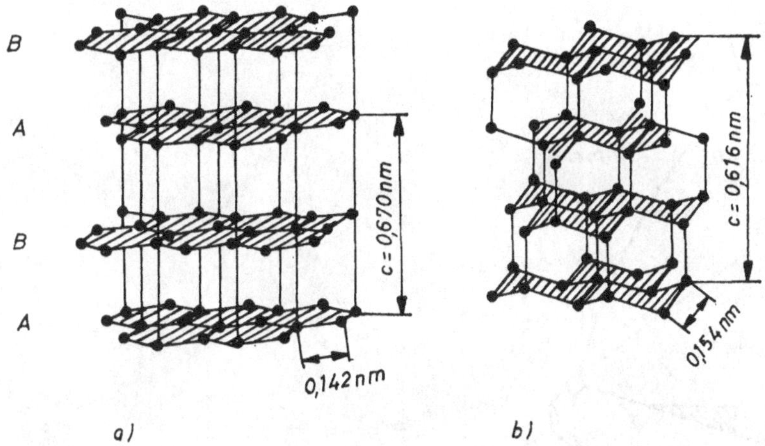

Abb. 81: Gitter des hexagonalen Graphits (a) und des kubischen Diamanten (b)
Das Diamantgitter ist mit vertikal gestellter [111]-Achse dargestellt.

ten werden, erfolgt der Modifikationswechsel durch *Diffusion* der Kohlenstoffatome. Wird dagegen unter Schockbedingungen gearbeitet (z. B. $3 \cdot 10^4$ MPa, 1 µs, [327]), dürfte wegen der kurzen Reaktionsdauer eine Atomdiffusion nicht eintreten. Deshalb kommt nur eine direkte *Kompression* der Schichten in Frage. Für diese Vorstellung spricht die Tatsache, daß lediglich die Umwandlung des rhomboedrisch kristallisierenden Graphits (Kohlenstoffschichtfolge ABCABC ...) in Diamant gelang, nicht dagegen die Transformation des hexagonalen Graphits (Schichtfolge ABAB ...).

Bei der Phasenumwandlung Graphit → Diamant tritt neben den strukturellen Änderungen im Gitter auch eine Änderung der Kohlenstoff-Valenzzustände ein:

Graphit: Überlappung von sp^2-Hybridorbitalen, delokalisiertes π-Elektronensystem

Diamant: Überlappung von sp^3-Hybridorbitalen

In Abb. 82 ist das Phasendiagramm des Kohlenstoffs dargestellt[1]). Der schraffiert gezeichnete Bereich grenzt das p-T-Gebiet ab, innerhalb dessen die meisten Diamantbildungsreaktionen unter dem katalytischen Einfluß von

[1]) Außerdem ist eine hexagonal kristallisierende Kohlenstoffmodifikation mit Wurtzitstruktur ($a_0 = 0{,}252$ nm, $c_0 = 0{,}412$ nm) bekannt. Sie wurde in Meteoriten gefunden bzw. entsteht aus Graphit bei 13000 MPa und 373 K.

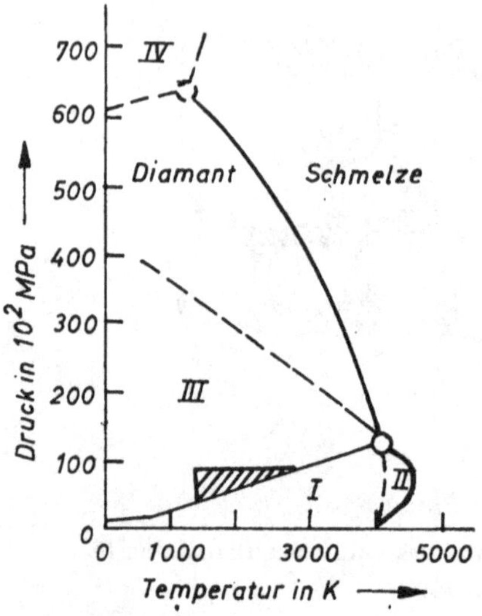

Abb. 82: Druck-Temperatur-Phasendiagramm des Kohlenstoffs

I: Graphit; Diamant metastabil. II: Graphit. III: Diamant; Graphit metastabil. IV: Kohlenstoff III (metallisch), seine Dichte übersteigt die des Diamanten um 15 bis 20%

Metallen untersucht worden sind. Es hat sich als günstig erwiesen, bei der technischen Diamantherstellung — neben hohen Drücken und Temperaturen — eine Reihe von Metallen (z. B. Nickel, Eisen, Mangan, Tantal) als Katalysatoren einzusetzen. Ihre Anwesenheit führt zur Ausbildung von Metall-Kohlenstofflösungen und Metallcarbidphasen, aus denen sich schließlich die Diamantkriställchen ausscheiden. Beispielsweise geht man bei der industriellen Diamantgewinnung zumeist vom System Ni—C (Graphit) ($p \geqq 5{,}5 \cdot 10^3$ MPa, $T \geqq 1730$ K) aus.

Nach Aussagen des Phasendiagramms könnte man erwarten, daß bei Drücken von etwa $4 \cdot 10^4$ bis $4{,}5 \cdot 10^4$ MPa bereits bei Raumtemperatur ein spontaner Modifikationswechsel Graphit → Diamant eintritt.

Die Schwierigkeiten, die sich bei der Keimbildung von Diamanten sowie der Realisierung vertretbarer Wachstumsgeschwindigkeiten ergeben, haben zur Ausarbeitung von Verfahren zur *oberflächenchemischen* Diamantsynthese geführt (vgl. z. B. [328]), wobei zumeist von Diamantkeimen ausgegangen wird.

Abschließend sei noch kurz auf die Phasenverhältnisse beim Silicium(IV)-oxid eingegangen (vgl. auch Tab. 2, S. 23). Abbildung 83 enthält eine ver-

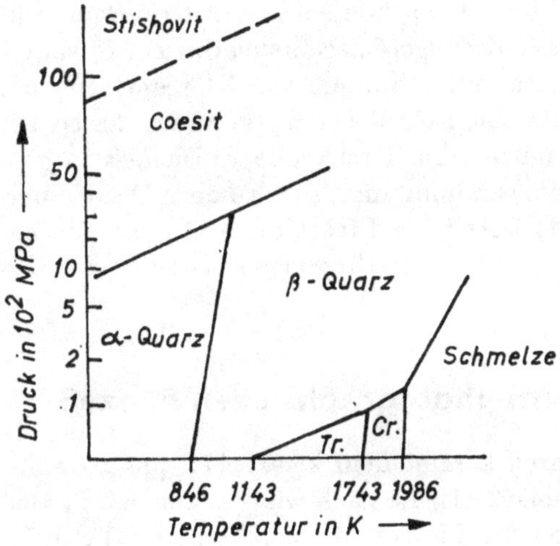

Abb. 83: Druck-Temperatur-Phasendiagramm des Silicium(IV)-oxids

Tr – Tridymit; Cr – Cristobalit

einfachte Darstellung der Existenzbereiche der SiO_2-Phasen. Ausführlichere Angaben findet man z. B. in [14, S. 132] sowie [329].

Besonders hervorzuheben sind die Hochdruckmodifikationen, die nach ihren Entdeckern *Coesit* (Coes [330]) und *Stishovit* (Stishov [331]) benannt worden sind. Beide Modifikationen wurden nach ihrer Darstellung auch in der Natur gefunden. Stishovit ist insofern interessant, als in ihm das Silicium gegenüber Sauerstoff sechsfach koordiniert ist (Abb. 84). Die Struktur entspricht der des Rutilgitters (vgl. Abb. 48).

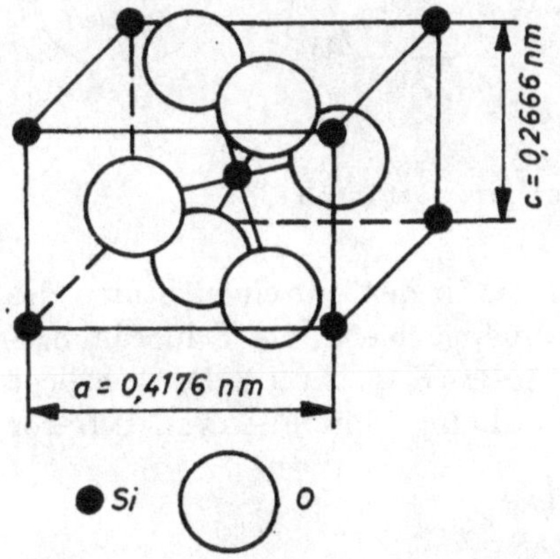

Abb. 84: Elementarzelle des Stishovits

Als Ausgangsstoffe für die Coesitdarstellung können u. a. Natriummetasilicat, Kieselgel, Quarz sowie Cristobalit-Kieselgel-Mischungen dienen. Stishovit entsteht u. a. aus MgO-Kieselgel-Mischungen (Bildung von Klinoenstatit, vgl. Tab. 31), reinem Kieselgel oder Quarz. Die natürlichen Vorkommen der beiden SiO_2-Hochdruckmodifikationen vermitteln auch wertvolle Einsichten in geochemische Prozesse (Modifikationsumwandlung im Bereich hoher Drücke und Temperaturen). Beispielweise wurde Coesit als Einschluß in Diamanten gefunden, was auf Grund der ähnlichen Bildungsbedingungen beider Stoffe verständlich ist.

7.6. Elementarvorgänge beim photographischen Prozeß

Unter den Bildaufzeichnungsverfahren kommt dem klassischen photographischen Prozeß auf Basis Silberhalogenid/Gelatine nach wie vor eine sehr große Bedeutung zu, z. B. [11, 332]. Träger der Lichtempfindlichkeit sind die AgX-Kristallite, die nach ihrer *Fällung* und OSTWALD-*Reifung* den Stadien der *chemischen Reifung*, *Belichtung* (Bildung von Latentbildkeimen) und schließlich der *Entwicklung* und *Fixage* unterworfen werden (Abb. 85).

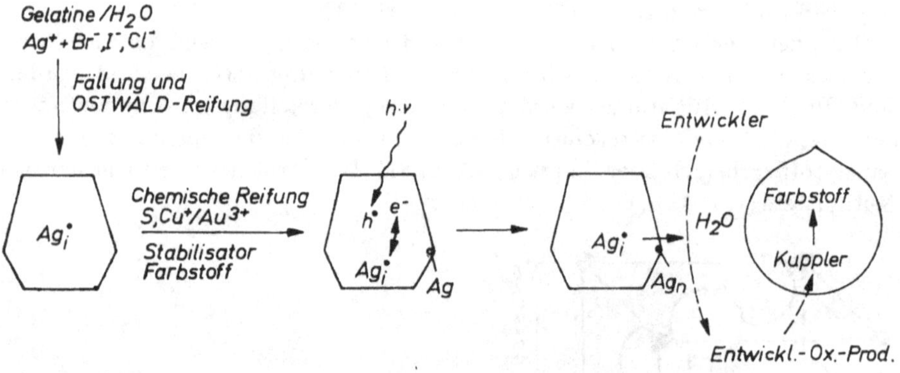

Abb. 85: Stufen des klassischen photographischen Prozesses (nach [333])

Eine Voraussetzung für das Verständnis der in den einzelnen Stufen des photographischen Prozesses ablaufenden Vorgänge bietet die Fehlordnungstheorie der Silberhalogenide, z. B. die des AgBr (Kap. 3.2.1.). Danach liegt im Silberbromid eine thermische Eigenfehlordnung vom FRENKEL-Typ vor (s. a. Kap. 3.4.):

$$Ag_{Ag}^{\times} = V_{Ag}' + Ag_i^{\cdot}$$

Als Folge der Absorption eines Lichtquants (Belichtung)[1]), dessen Energie bei $T = 0$ K mindestens 2,4 eV betragen muß, wird ein Bromidion angeregt. In der Darstellung des Energiebändermodells findet dabei ein Elektronenübergang vom Valenz- in das Leitungsband statt; dadurch entsteht im Valenzband pro Elementarschritt ein Defektelektron $h^{\cdot}$. In der chemischen Schreibweise des Teilchenbildes läuft folgender Vorgang ab (vgl. dazu auch Kap. 5.2., Tab. 16):

$$Br^-_{Br} \xrightarrow{h \cdot \nu} Br_{Br} + e^-$$

Das hierbei entstandene (für etwa 10^{-6} s frei bewegliche) Photoelektron e^- reagiert — sofern es nicht mit dem Defektelektron $h^{\cdot}$ an geeigneten Haftstellen rekombiniert — mit einem in der Zwischengitterplatzanordnung befindlichen, ebenfalls beweglichen Silberion:

$$Ag^{\cdot}_i + e^- = Ag$$

Durch mehrfache Wiederholung dieses Schrittes, d. h. bei entsprechender Anzahl von Photoelektronen, kommt es zur Ausbildung von *Latentbildkeimen* Ag_n. Damit diese dann den Entwicklungsprozeß „katalysieren" können, ist eine Mindestgröße von n erforderlich ($n \geq 4$). Somit charakterisieren derartige submikroskopische Keime auch einen Grenzfall des Übergangs zum hochdispersen Metallzustand (Kap. 7.3.1.).

Die bisher erläuterten Prozesse beschreiben die Vorgänge, die zur Bildung von Latentbildkeimen führen, in vereinfachter Form. So ist es u. a. erforderlich, die im Primärprozeß entstandenen Defektelektronen ($h^{\cdot}$) in entsprechenden „Fallen" einzufangen, um ihre Reaktion mit den gebildeten Photoelektronen zu verhindern. Als Einfangstellen für $h^{\cdot}$ können beispielsweise Kupfer(II)-ionen dienen:

$$Cu^+_{Ag} + h^{\cdot} = Cu^{2+}_{Ag}$$

Diese durch Cu^+-Ionen bewirkte *Sensibilisierung* der AgBr-Kristallite entspricht in chemischer Schreibweise folgender Gleichung:

$$CuBr + AgBr \xrightarrow{h \cdot \nu} CuBr_2 + Ag$$

[1]) Bei der Absorption von *Korpuskularstrahlung* wird ein Teil ihrer Energie zur Erzeugung beweglicher Elektronen in den AgX-Kristalliten verbraucht. Die Elektronen wechselwirken mit den $Ag^{\cdot}_i$-Ionen unter Bildung von Latentbildkeimen, Ag_n. Bei der Einwirkung von *Röntgen*- oder *γ-Strahlung* werden durch die erzeugten Sekundärelektronen sowohl in den unmittelbar getroffenen als auch in benachbarten AgX-Kristalliten bewegliche Elektronen erzeugt, die dann mit den $Ag^{\cdot}_i$-Ionen zu Ag_n-Keimen reagieren.

Durch die *chemische Reifung*, d. h. noch vor dem eigentlichen photographischen Primärprozeß (s. Abb. 85), werden an und/oder in den dispergierten Silberhalogenidkristalliten weitere Empfindlichkeitszentren geschaffen; diese ermöglichen dann auch die Ausbildung der Latentbildkeime nur an bestimmten Stellen der Kristallite.

Ebenso bewirken Schwefelverunreinigungen der Gelatine bzw. zugesetzte Schwefelverbindungen eine Steigerung der Lichtempfindlichkeit der Silberhalogenidkörner. Es kommt dabei (formal) zur Bildung von Ag_2S, d. h. Sulfidionen besetzen Br^-_{Br}-Gitterplätze (S'_{Br}), was zwangsläufig auch zur Erhöhung der Konzentration an Vakanzen im Bromidionen-Teilgitter ($V^{\cdot}_{Br}$) und der Konzentration an $Ag^{\cdot}_i$-Ionen führt. Die S'_{Br}-Teilchen können auf Grund ihrer negativen Überschußladung ebenfalls als Fallen für die Defektelektronen dienen.

Die *Entwicklung*[1]) des latenten Bildes zu sichtbaren Silberteilchen stellt eine (durch die Latentbildkeime) „katalysierte", topochemisch beeinflußte Reaktion dar (vereinfacht):

$$Ag_n + Ag^{\cdot}_i + \text{Red} = Ag_{n+1} + \text{Ox}^+$$

Red – reduzierte Form, Ox^+ – oxydierte Form des Entwicklers (Red $\rightleftarrows$ $Ox^+ + e^-$)

Durch vielfache Wiederholung dieses Schrittes kommt es schließlich zur Ausbildung sichtbarer Silberkristallite.

Und dann wird noch das im Verlauf der Entwicklung nicht umgesetzte Silberbromid durch Komplexbildung mittels Thiosulfat aus der Schicht entfernt (*Fixage, Fixieren*), um eine Lichtunempfindlichkeit des Bildes zu erreichen.

Wenngleich an dieser Stelle die Aspekte bei der chemischen Reifung, die Elementarvorgänge der photographischen Prozesse sowie die Bildentwicklung nur kurz behandelt werden konnten, so erkennt man, daß hierbei zahlreiche festkörperchemische und -physikalische Prozesse ablaufen, die in manchem einer weiteren Aufklärung bedürfen. Das betrifft aber auch Untersuchungen zur Optimierung der Fällungsbedingungen von AgX-Kristalliten, durch die u. a. deren Form und Größenverteilung entscheidend beeinflußt werden können. Weiterhin kann die Beschreibung der Ausbildung von Latentbildkeimen unter dem Aspekt von Phasenneubildungsprozessen beschrieben werden usw.

[1]) Man unterscheidet zwei Grenzfälle der Entwicklung. Im Fall der *physikalischen Entwicklung* erfolgt der eigentliche Prozeß über die Auflösung des Silberbromids mit nachfolgender Reduktion zugesetzter Ag^+-Ionen (unter der Wirkung der Entwicklerlösung) an der Phasengrenze Latentbildkeim/Lösung. Bei der *chemischen Entwicklung* entfällt die AgBr-Auflösung. Die Reduktion der $Ag^{\cdot}_i$-Ionen findet hierbei an der Phasengrenze Latentbildkeim/Silberbromidkristall statt.

8. Literatur

[1] S. Engels, Wiss. Z. Techn. Hochschule „Carl Schorlemmer“ Leuna—Merseburg 27, 1 (1985)

[2] K. Kühne, „*Werkstoff Glas*“, Akademie-Verlag, Berlin 1984

[3] A. Feltz, „*Amorphe und glasartige anorganische Festkörper*“, Akademie-Verlag, Berlin 1983

[4] Ja. E. Geguzin, „*Physik des Sinterns*“, VEB Deutscher Verlag für Grundstoffindustrie, Leipzig 1973, S. 124

[5] Ja. E. Geguzin, „*Wie werden aus Pulvern kompakte Werkstoffe?*“, VEB Deutscher Verlag für Grundstoffindustrie, Leipzig 1981

[6] Sintering and Heterogeneous Catalysis, Proc. 6th Intern. Conf. on Sintering and Related Phenomena, Plenum Press, New York 1984

[7] H. J. Vink, in: „*Festkörperprobleme*“, Bd. IV, hrsg. von F. Sauter, Friedr. Vieweg & Sohn, Braunschweig 1965, S. 205ff.

[8] H. Schäfer, Angew. Chem. **83**, 35 (1971)

[9] K. Hauffe, „*Reaktionen in und an festen Stoffen*“ (2. Aufl.), Springer-Verlag, Berlin—Heidelberg—New York 1966

[10] P. Paufler, Dtsch. Lit.-Ztg. für Kritik der intern. Wiss., Jhrg. 103, H. 5, 1982

[11] H. Schmalzried, „*Festkörperreaktionen, Chemie des festen Zustandes*“, Akademie-Verlag, Berlin 1973

[12] K. Hardel, Angew. Chem. **84**, 227 (1972)

[13] Autorenkollektiv, „*Reaktionsverhalten und Syntheseprinzipien*“, *Lehrwerk Chemie*, LB 7, (3., überarb. Aufl.), VEB Deutscher Verlag für Grundstoffindustrie, Leipzig 1985, S. 348

[14] H. Schmalzried u. A. Navrotsky, „*Festkörperthermodynamik, Chemie des festen Zustandes*“, Akademie-Verlag, Berlin 1978

[15] S. Engels, Trân-Kim-Thanh u. M. Wilde, Chem. Techn. **27**, 459 (1975)

[16] J. Robin u. J. Bénard, C. R. hebd. Séances Akad. Sci. **234**, 734 (1952)

[17] A. A. Fotiev, V. K. Trunov u. V. D. Žuravlev, „*Vanadaty dvuchvalentnych metallov*“, Nauka, Moskau 1985

[18] J. Krogh-Moe, in: "*Selected Topics in High Temperature Chemistry*", Universitetsforlaget, Oslo 1966, S. 79

[19] W. Jost, H. J. Oel u. G. Schniedermann, Z. physik. Chem. [Frankfurt/M.] **17**, 175 (1958)
[20] L. W. Strock, Z. physik. Chem. (B) **25**, 441 (1934); ibid. **31**, 132 (1935)
[21] G. Donnay, J. Wyart u. G. Sabatier, Z. Kristallogr., Kristallgeometr., Kristallphysik, Kristallchem. **112**, 161 (1959)
[22] H. F. W. Taylor, J. appl. Chem. **10**, 317 (1960)
[23] G. Borchardt u. H. Schmalzried, Z. physik. Chem. [Frankfurt/M.] **74**, 265 (1971)
[24] R. Jagitsch u. G. Perlström, Ark. Kemi, Mineralog. Geol. (A) **22**, Nr. 5 (1946)
[25] Autorenkollektiv, „*Anorganische Chemie*" (2. Aufl.), hrsg. von L. Kolditz, VEB Deutscher Verlag der Wissenschaften, Berlin 1983
[26] F. Halla, „*Kristallchemie und Kristallphysik metallischer Werkstoffe*" (3. Aufl.), Johann Ambrosius Barth Verlag, Leipzig 1957
[27] a) C. Wagner u. W. Schottky, Z. physik. Chem. (B) **11**, 163 (1930); b) F. A. Kröger u. H. J. Vink, Solid State Phys. **3**, 307 (1956); c) H. J. Vink, in: Proc. Int. School of Physics „Enrico Fermi", Course XXII, Semiconductors, hrsg. von R. A. Smith, Academic Press, New York 1963, S. 68; d) F. A. Kröger, "*The Chemistry of Imperfect Crystals*", North-Holland Publ. Co., Amsterdam 1964; e) W. Albers, in: "*Physics and Chemistry of II—VI Compounds*", hrsg. von M. Aven u. J. S. Prener, North-Holland Publ. Co., Amsterdam 1967, Kap. 4
[28] C. Herzog, Z. Metallkunde **72**, 601 (1981)
[29] S. Engels u. M. Wilde, Kristall u. Technik **10**, 1169 (1975)
[30] S. Engels, M. Wilde u. Trân-Kim-Thanh, Z. Chem. **17**, 10 (1977)
[31] a) R. A. van Santen u. W. M. H. Sachtler, J. Catalysis **33**, 202 (1974); b) R. A. van Santen u. M. A. M. Boersma, J. Catalysis **34**, 13 (1974); c) F. L. Williams u. D. Nason, Surface Sci. [Amsterdam] **45**, 377 (1974); d) J. J. Burton, E. Hyman u. D. G. Fedek, J. Catalysis **37**, 106 (1975); e) H. H. Dunken, Z. Chem. **15**, 374 (1975)
[32] K. Becker, bisher unveröffentlichte Zusammenstellung
[33] C. Kittel, „*Einführung in die Festkörperphysik*", R. Oldenburg GmbH, München, u. John Wiley & Sons GmbH, Frankfurt (Main) 1973
[34] B. G. Bagly, Nature **208**, 674 (1965); J. Cryst. Growth **6**, 323 (1970)
[35] W. Romanowski, „*Hochdisperse Metalle*", Akademie-Verlag, Berlin 1982
[36] G. Milman, B. G. Uzman, A. Mitchell u. R. Langridge, Science **152**, 1381 (1966)
[37] W. Kleber, „*Einführung in die Kristallographie*" (7. Aufl.), VEB Verlag Technik, Berlin 1964
[38] A. Smekal, Handb. Physik **24** (2), Berlin 1933
[39] F. Seitz, in: "*Imperfection in Nearly Perfect Crystals*", John Wiley and Sons, New York 1952
[40] S. Mrovec, "*Defects and Diffusion in Solids*", P. W. N. — Polish Scientific Publishers, Warszawa. Elsevier Scientific Publishing Company, Amsterdam—Oxford—New York 1980
[41] J. I. Frenkel, Z. Physik **35**, 652 (1926)
[42] a) R. W. Ure, jr., J. chem. Physics **26**, 1363 (1957) (CaF_2); b) U. Croatto u. M. Bruno, Gazz. chim. ital. **78**, 95 (1948) (SrF_2)

[43] C. WAGNER, Z. physik. Chem., Bodenstein-Festband, 177 (1931); b) ibid. (B) **22**, 181 (1933); c) W. SCHOTTKY, Z. physik. Chem. (B) **29**, 335 (1935)
[44] a) W. JOST, J. chem. Physics **1**, 466 (1933); b) Physik. Z. **36**, 757 (1935); c) W. JOST u. G. NEHLEP, Z. physik. Chem. (B) **32**, 1 (1936)
[45] H. SCHMALZRIED u. C. WAGNER, Z. physik. Chem. [Frankfurt/M.] **31**, 198 (1962)
[46] C. WAGNER u. W. SCHOTTKY, Z. physik. Chem. (B) **38**, 325 (1937)
[47] J. NÖLTING, Angew. Chem. **82**, 498 (1970)
[48] A. SEEGER, "*Vacancies and Interstitials in Metals*", North-Holland Publ. Comp., Amsterdam 1969
[49] L. EYRING u. M. O'KEEFFE, "*The Chemistry of Extended Defects in Nonmetallic Solids*", North-Holland Publ. Comp., Amsterdam 1970
[50] F. BASSANI u. F. G. FUMI, Nuovo Cimento **11**, 274 (1954)
[51] a) „*Reinststoffe in Wissenschaft und Technik*", Akademie-Verlag, Berlin 1963 (Internationales Symposium, 30. 11. bis 2. 12. 1961, Dresden); b) „*Reinststoffprobleme*", Bd. I bis III, Akademie-Verlag, Berlin 1966/67 (Tagungsbericht, 2. Internationales Symposium „Reinststoffe in Wissenschaft und Technik", 28. 9. bis 2. 10. 1965, Dresden)
[52] a) H. DÜNWALD u. C. WAGNER, Z. physik. Chem. (B) **17**, 467 (1932); b) J. GUNDERMANN, K. HAUFFE u. C. WAGNER, Z. physik. Chem. (B) **37**, 148 (1937); c) vgl. auch A. I. ANDRIEVSKIJ, V. I. VOLOČENKO u. M. T. MIČENKO, Ber. Akad. Wiss. UdSSR **90**, 521 (1953)
[53] a) E. ENGELHARD, Ann. Physik [5] **17**, 501 (1933); b) C. A. HOGARTH, Nature [London] **161**, 60 (1948); c) M. H. ZIRIN u. D. TRIVICH, J. chem. Physics **39**, 870 (1963)
[54] C. WAGNER, J. physic. Chem. **18**, 62 (1950)
[55] E. J. W. VERWEY, P. W. HAAYMAN u. F. C. ROMEYN, Chem. Weekbl. **44**, 705 (1948)
[56] a) K. HAUFFE, Ann. Physik [6], **8**, 201 (1950); b) K. HAUFFE u. A. L. VIERK, Z. physik. Chem. **196**, 160 (1950); c) K. HAUFFE, Ergebn. exakt. Naturwiss. **25**, 193 (1951)
[57] E. G. SCHLOSSER, Z. Elektrochem. Ber. Bunsenges. physik. Chem. **65**, 453 (1961)
[58] K. HAUFFE, in: „*Aktuelle Probleme der Physikalischen Chemie*", hrsg. von E. THILO, Akademie-Verlag, Berlin 1953, S. 135
[59] W. SCHOTTKY, in: „*Halbleiterprobleme*", Bd. IV, Friedr. Vieweg & Sohn, Braunschweig 1958, S. 235
[60] F. A. KRÖGER u. H. J. VINK, in: „Halbleiter und Phosphore", Vorträge des internationalen Kolloquiums 1956 in Garmisch-Partenkirchen, hrsg. von M. SCHÖN u. H. WELKER, Friedrich Vieweg & Sohn, Braunschweig 1958, S. 17
[61] F. A. KRÖGER u. H. J. VINK, J. Physics Chem. Solids **5**, 208 (1958)
[62] F. A. KRÖGER, F. H. STIELTJES u. H. J. VINK, Philips Res. Rep. **14**, 557 (1959)
[63] T. IVERS-TIFFEL, „Elektrische Leitfähigkeit von Er-, Gd- und Nd-dotierter CeO_2-Keramik", Dissertation, Universität Erlangen—Nürnberg 1984
[64] W. KLEBER, „Einführung in die Kristallographie"; fortgeführt und bearb. von H.-J. BAUTSCH, J. BOHM u. I. KLEBER, 15. Aufl., VEB Verlag Technik, Berlin 1983

[65] a) vgl. [28]; b) J. A. HEDVALL, „*Einführung in die Festkörperchemie*“, Friedr. Vieweg & Sohn, Braunschweig 1952
[66] W. C. ROBERTS-AUSTEN, Proc. Roy. Soc. [London] **59**, 283 (1896); ibid. **67**, 101 (1900)
[67] W. K. WARBURTON u. D. TURNBULL, in: “*Diffusion in Solids – Recent Developments*”, Kap. 4, hrsg. von A. S. NOWICK u. J. J. BURTON, Academic Press, New York 1975
[68] Ja. E. GEGUZIN, „*Grundzüge der Diffusion in Kristallen*“, VEB Deutscher Verlag für Grundstoffindustrie, Leipzig 1977
[69] G. H. FRISCHAT, Angew. Chem. **86**, 428 (1974)
[70] J. BARDEEN u. C. HERRING, in: “*Imperfection in Nearly Perfect Crystals*”, John Wiley and Sons, New York 1952, S. 261ff.
[71] K. COMPAAN u. Y. HAVEN, Trans. Faraday Soc. **52**, 786 (1956); ibid. **54**, 1498 (1958)
[72] L. W. BARR u. A. D. LECLAIRE, Proc. Brit. ceram. Soc. **1**, 109 (1964)
[73] a) L. KOLDITZ, Vortrag, Fakultätskolloquium an der Technischen Hochschule „Carl Schorlemmer“ Leuna–Merseburg, Merseburg, 5. 4. 1977; b) L. KOLDITZ, Vortrag, Arbeitsgruppe „Chemische Kristallographie“ der Vereinigung für Kristallographie in der Gesellschaft für Geologische Wissenschaften der DDR, Berlin, 26. 10. 1977; c) L. KOLDITZ, F. JANIAK, W. WILDE, S. SCIESIELSKI u. S. FEIST, Z. anorg. allg. Chem. **452**, 43 (1979); s. a. L. KOLDITZ et al., ibid. **452**, 54 (1979); d) L. KOLDITZ u. W. WILDE, Z. Chem. **19**, 384 (1979); e) L. KOLDITZ, in: S.-B. Akad. Wiss. der DDR Berlin, Kl. Math., Naturwiss. Techn. **1982**, Nr. 21/N, S. 3ff.; f) L. KOLDITZ u. U. BENTRUP, Z. anorg. allg. Chem. **491**, 184 (1982); g) L. KOLDITZ, W. WILDE u. U. BENTRUP, Z. Chem. **23**, 246 (1983); h) vgl. auch D.-H. MENZ u. L. KOLDITZ, Z. Chem. **26**, 185 (1986)
[74] A. MORKEL u. H. SCHMALZRIED, Z. physik. Chem. [Frankfurt/M.] **32**, 76 (1962)
[75] H. WEVER, Z. Metallkunde **72**, 589 (1981)
[76] N. L. PETERSON, Physic. Rev. **136**, A 568 (1964)
[77] C. ZENER, in: “*Imperfections in Nearly Perfect Crystals*”, John Wiley and Sons, New York 1952, S. 289ff.
[78] P. LACOMBE, P. GUIRALDENQ u. C. LEYMONIE, in: “Radioisotopes in the Physical Sciences and Industry”, International Atomic Energy Agency, Wien 1962, S. 179ff.
[79] E. S. WAJDA, G. A. SHIRN u. H. B. HUNTINGTON, Acta metallurg. [New York] **3**, 39 (1955)
[80] W. LANGE, A. HÄSSNER u. G. MISCHER, Physica Status solidi [Berlin] **5**, 63 (1964)
[81] W. D. COMPTON u. R. J. MAURER, J. Physics Chem. Solids **1**, 191 (1956)
[82] P. SÜPTITZ, Physica Status solidi [Berlin] **12**, 555 (1965)
[83] R. LINDNER, Acta chem. scand. **6**, 457 (1952)
[84] S. M. KLOCMAN, A. N. TIMOFEEV u. I. S. TRACHTENBERG, Fiz. Metallov Metallovedenie **10**, 732 (1960)
[85] M. O'KEEFFE u. W. J. MOORE, J. chem. Physics **65**, 1438, 2277 (1961)
[86] E. A. SMIRNOV, L. I. IVANOV u. E. A. ABRANIAN, Izvest. Akad. Nauk SSSR **168** (1967)
[87] D. GUPTA, D. LAZARUS u. D. S. LIEBERMANN, Physic. Rev. **153**, 558 (1967)

[88] K. Nohara u. K. Hirano, J. Jap. Inst. Met. **37**, 51 (1973)
[89] A. Shepela, J. Less-common Metals [Amsterdam] **26**, 33 (1972)
[90] V. P. Gladkov, V. S. Zotov u. D. M. Skorov, Atom. Énerg. **34**, 290 (1973)
[91] H. J. Matzke, J. Physics Chem. Solids **32**, 437 (1971)
[92] T. I. Bulgakova, „*Reakcii v tverdych fazach*", Izdatel'stvo Moskovskogo Universiteta, 1972
[93] J. C. Fisher, J. appl. Physics **22**, 74 (1951)
[94] B. J. Wuensch u. T. Vasilos, J. Amer. ceram. Soc. **47**, 63 (1964)
[95] R. M. Barrer, Proc. physic. Soc. **52**, 58 (1940)
[96] R. E. Hoffman u. D. Turnbull, J. appl. Physics **22**, 634 (1951)
[97] W. Lange, A. Hässner u. I. Berthold, Physica Status solidi [Berlin] **1**, 50 (1961)
[98] W. Lange u. D. Bergner, Physica Status solidi [Berlin] **2**, 1410 (1962)
[99] M. Wuttig u. H. K. Birnbaum, Physic. Rev. **147**, 495 (1966)
[100] a) M. Volmer u. J. Estermann, Z. Physik. **7**, 13 (1921); b) M. Volmer, Trans. Faraday Soc. **28**, 359 (1932)
[101] a) Vgl. K. Spangenberg, Handwörterbuch Naturwissenschaften, 2. Aufl., **10**, 382 (1934); b) W. Kossel, in: H. Falkenhagen, Leipziger Vorträge 1928. S. 1—46; c) W. Kossel, Ann. Physik **21**, 457 (1934); d) J. Stranski, Z. physik. Chem. **136**, 259 (1928); e) J. N. Stranski u. R. Kaischew, Physik, Z. **36**, 393 (1935)
[102] M. Drechsler, Z. Elektrochem., Ber. Bunsenges. physik. Chem. **58**, 340 (1954); vgl. auch M. Drechsler, ibid. **58**, 327, 334 (1954)
[103] R. Butz u. H. Wagner, Surface Sci. [Amsterdam] **87**, 69, 85 (1979)
[104] H. Schäfer, „*Chemische Transportreaktionen*", Verlag Chemie GmbH, Weinheim/Bergstr. 1962, Academic Press, New York 1964
[105] a) M. Binnewies u. H. Schäfer, Z. anorg. allg. Chem. **395**, 77 (1973); b) H. Schäfer, unter experimenteller Mitarbeit von M. Binnewies, W. Domke u. J. Karbinski, ibid. **403**, 116 (1974); c) H. Schäfer u. M. Trenkel, ibid. **414**, 137 (1975); d) H. Schäfer, ibid. **414**, 151 (1975); e) H. Schäfer u. M. Trenkel, ibid. **426**, 113 (1976); f) H. Schäfer u. J. Nowitzki, ibid. **435**, 49 (1977); vgl. auch g) H. Schäfer, Angew. Chem. 88, 775 (1976)
[106] H. Schäfer, Z. Chem. **19**, 362 (1979)
[107] a) H. Schäfer, F. Wehmeier u. M. Trenkel, J. Less-common Metals [Amsterdam] **16**, 290 (1968); b) H. Schäfer, Z. anorg. allg. Chem. **471**, 21 (1980)
[108] H. Schäfer, Z. anorg. allg. Chem. **471**, 35 (1980)
[109] H. Schäfer, Z. anorg. allg. Chem. **486**, 33 (1982)
[110] R. Gruehn u. H.-J. Schweizer, Angew. Chem. **95**, 80 (1983)
[111] H. Jacobi u. H.-J. Engell, Z. physik. Chem. [Frankfurt/M.] **74**, 190 (1971)
[112] W. Albers u. C. Haas, Philips techn. Rdsch. **30**, 110 (1969/70)
[113] F. A. Kröger, J. Physics Chem. Solids **26**, 901 (1965)
[114] G. Schwier, R. Dieckman u. H. Schmalzried, Ber. Bunsenges. physik. Chem. **77**, 402 (1973)
[115] C. M. Osburn u. R. W. Vest, J. Physics Chem. Solids **32**, 1331, 1343 (1971)
[116] C. Tubandt, in W. Wien u. F. Harms, „*Handbuch der Experimentalphysik*", Bd. XII, Akademische Verlagsgesellschaft, Leipzig 1932, S. 383ff.

[117] K. Wagener, Z. physik. Chem. [Frankfurt/M.] **25**, 135 (1960)
[118] K. Weiss u. P. A. Vermass, Z. physik. Chem. [Frankfurt/M.] **44**, 372 (1965)
[119] H. Schmalzried, Z. physik. Chem. [Frankfurt/M.] **33**, 129 (1962)
[120] H. Gründig, Z. Physik **158**, 577 (1960)
[121] R. O. Simmons u. R. W. Balluffi, Physic. Rev. **117**, 52 (1960)
[122] R. W. Christy u. A. W. Lawson, J. chem. Physics **19**, 517 (1951)
[123] W. Jost u. P. Kubaschewski, Z. physik. Chem. [Frankfurt/M.] **60**, 69 (1968)
[124] D. Methfessel, Dissertation, Georg-August-Universität zu Göttingen 1985
[125] K. Hennig, Physica Status solidi [Berlin] **3**, 91 (1963)
[126] „*Festkörperchemie, Beiträge aus Forschung und Praxis*", hrsg. von V. Boldyrev u. K. Meyer, VEB Deutscher Verlag für Grundstoffindustrie, Leipzig 1973
[127] H. Bethge, in [51 a], S. 47
[128] G. A. Bassett, Philos. Mag. **3**, 1042 (1958)
[129] H. Bethge, Physica Status solidi [Berlin] **2**, 3 (1962)
[130] W. G. Johnston, Progr. Ceramic Sci. **2**, 1 (1961)
[131] Reactivity of Solids, Proc. 4th Int. Symp. React. Solids, Amsterdam 1960, hrsg. von J. H. de Boer, W. G. Burgers, E. W. Gorter, J. P. F. Huese u. G. C. A. Schuit, Elsevier Publishing Comp., Amsterdam—London—New York—Princeton 1961
[132] K. Compaan u. Y. Haven, Trans. Faraday Soc. **52**, 786 (1956); ibid. **54**, 1498 (1958)
[133] M. D. Weber u. J. Friauf, J. Physics Chem. Solids **30**, 407 (1969)
[134] A. N. Murin, in [126], S. 131
[135] G. H. Frischat u. H. J. Oel, Z. angew. Physik **20**, 195 (1966)
[136] W. Hering, Ber. dtsch. keram. Ges. **48**, 67 (1971)
[137] G. Schnitt u. P. Kleinert, Z. anorg. allg. Chem. **398**, 31 (1973)
[138] Autorenkollektiv, „*Anorganikum, Lehr- und Praktikumsbuch der anorganischen Chemie*" (11. Aufl.), hrsg. von L. Kolditz, VEB Deutscher Verlag der Wissenschaften, Berlin 1985, S. 1023ff.
[139] G. M. Žabrova, B. M. Kadenaci, O. V. Krylov u. A. V. Škarin, in [126], S. 207
[140] A. M. Kaplan u. I. M. Barkalov, in [126], S. 143
[141] P.-E. Nau, H.-H. John u. S. Engels, Z. Chem. **15**, 291 (1975)
[142] H. Spindler, Z. Chem. **13**, 1 (1973)
[143] a) S. Engels u. L. Lehmann, Z. anorg. allg. Chem. **431**, 201 (1977); ibid. **435**, 214 (1977)
[144] K. Hardel u. B. Strocka, Z. physik. Chem. [Frankfurt/M.] **83**, 234 (1973)
[145] H. D. Lutz, Z. anorg. allg. Chem. **348**, 30 (1966); H. D. Lutz, H.-J. Scholz u. H. Randolph, ibid. **378**, 291 (1970)
[146] R. Hahn u. E. Kneller, Z. Metallkunde **49**, 426 (1958)
[147] I. N. Bogačev u. W. I. Melnikova, Fiz. Metallov Metallovedenie **12**, 678 (1961); ibid. **13**, 248 (1962)
[148] I. I. Kornilov u. N. M. Matveeva, Doklady Akad. Nauk SSSR **139**, 880 (1961)
[149] C. G. Shull u. S. Siegel, Physic. Rev. **75**, 1008 (1949); C. G. Shull u. M. K. Wilkinson, ibid. **97**, 304 (1955)

[150] C. G. Shull, W. A. Strausser u. E. O. Wollan, Physic. Rev. **83**, 333 (1951)
[151] A. C. Gossard u. A. M. Portis, Physic. Rev. Letters **3**, 164 (1959)
[152] I. P. Suzdalev, V. I. Gol'danskij, G. M. Žabrova u. B. M. Kadenaci, in [94], S. 160
[153] U. Gonser, Z. Metallkunde **57**, 85 (1966)
[154] P. K. Gallagher u. G. R. Kurkijan, Inorg. Chem. [Washington] **5**, 214 (1966)
[155] P. Gütlich, S. Odar, B. W. Fitrimmons u. N. E. Erickson, Radiochim. Acta [Frankfurt/M.] **10**, 147 (1968)
[156] I. P. Suzdalev, E. F. Makarov, I. R. Garzanov u. L. A. Korytko, Kinetika i Kataliz **6**, 1108 (1965)
[157] C. E. Johnson, M. F. Ridout u. T. E. Cranshaw, Proc. 2. Intern. Conf. Mössbauer Effect, Saclay, 1961, S. 142
[158] H.-P. Brückner u. K. Heide, Z. Chem. **10**, 125 (1970)
[159] H.-H. Emons, H. Keune u. H.-H. Seyfarth, „*Chemische Mikroskopie. Eine Einführung in Theorie und Praxis mikroskopischer Untersuchungsmethoden*", VEB Deutscher Verlag für Grundstoffindustrie, Leipzig 1973
[160] V. Leute, Z. physik. Chem. [Frankfurt/M.] **59**, 76 (1968)
[161] K. Heide, Silikattechnik **20**, 232 (1969)
[162] O. Schmitz-du Mont, in [131], S. 718
[163] S. Engels, W. Mörke u. J. Siedler, Z. anorg. allg. Chem. **431**, 191 (1977)
[164] R. Pampuch, in [126], S. 179
[165] H. J. Dietze, Chem. Techn. **18**, 748 (1966)
[166] N. W. Hurst, S. J. Gentry u. A. Jones, Catalysis Rev. — Sci. Eng. **24**, 233 (1982)
[167] P. Arnoldy, J. L. de Booys, B. Scheffer u. J. A. Moulijn, J. Catalysis **96**, 122 (1985)
[168] E. Müller, Wiss. Z. Friedrich-Schiller-Universität Jena, math.-naturwiss. R. **23**, 727 (1974)
[169] Y. Takasu, M. Takagi u. Y. Matsuda, Ber. Bunsenges. physik. Chem. **81**, 870 (1977)
[170] H. Bremer u. K.-P. Wendlandt, „*Heterogene Katalyse. Eine Einführung*", Akademie-Verlag, Berlin 1978
[171] "Surface Studies with Lasers", Proc. int. Conf., Mauterndorf, Österreich, 9. 3. bis 11. 3. 1983. Herausgeber: F. R. Aussenegg, A. Leitner u. M. E. Lippitsch. Springer-Verlag, Berlin—Heidelberg—New York—Tokyo 1983
[172] Vgl. Materialien des IX. Europäischen Kristallographen-Meetings, 2. 9.—6. 9. 1985 Turin; s. dazu W. Neumann u. H. Worzala, in: Mitt. der Vereinigung für Kristallographie **21**, (2) 6 (1986)
[173] G. A. Somorjai u. S. M. Davis, Platinum Met. Rev. **27**, 54 (1983); G. A. Somorjai, Preprint LBL-17463, Lawrence Berkeley Laboratory, University of California, Materials & Molecular Research Division, März 1984
[174] "*Trends in Analytical Chemistry*", Elsevier Science Publishers, Amsterdam, Bd. 3 (5), Mai 1984, S. 112ff.
[175] A. Brown u. J. C. Vickerman, Surface and Interface Analysis **6** (1), 1 (1984)

[176] P. LAGARDE u. H. DEXPERT, Advances in Physics **33**, 567 (1984)
[177] L. HALLER, Applications of Surface Sci. **20**, 351 (1985)
[178] S.-B. Akad. Wiss. DDR, Math., Naturw. Techn. Nr. 10/N, Akademie-Verlag, Berlin 1977
[179] Fresenius Z. analyt. Chem. **319** (1984), Heft 6 u. 7 (Angewandte Oberflächenanalytik)
[180] A. BAYER, Ber. dtsch. chem. Ges. **13**, 2254 (1880)
[181] R. E. BUCKLES, E. A. HAUSMAN u. N. G. WHEELER, J. Amer. chem. Soc. **72**, 2494 (1950)
[182] B. EISTERT, F. WEYGAND u. E. CSENDES, Chem. Ber. **85**, 164 (1952)
[183] G. WEGNER, Nachr. Chem. Techn. **21**, 375 (1973)
[184] M. D. COHEN u. G. M. J. SCHMIDT, J. chem. Soc. [London] **1964**, 1996ff.; G. M. J. SCHMIDT, in: "*Reactivity of the Photoexcited Molecule*", Interscience Publ., London 1967, S. 227ff.
[185] M. D. COHEN u. G. M. J. SCHMIDT, in [131], S. 556ff.
[186] F. L. HIRSHFELD u. G. M. J. SCHMIDT, J. Polymer. Sci. **A 2**, 2181 (1964)
[187] M. HASEGAWA et al., Progr. Polymer. Sci. Japan **5**, 143 (1973)
[188] "*Solid State Photochemistry*", hrsg. von D. GINSBURG; "*Monographs in Modern Chemistry*", Bd. 8, hrsg. von H. F. EBEL, Verlag Chemie, Weinheim—New York 1976
[189] Ju. M. GALKIN, D. S. RUTMAN u. V. A. PEREPELICYN, Chimija i Žizn' **12**, 31 (1976)
[190] A. L. DRAGOO u. L. P. DOMINGUES, J. Amer. ceram. Soc. **65**, 253 (1982)
[191] R. HARTUNG, U. BEWERIES u. H.-H. MÖBIUS, Z. Chem. **26**, 112 (1986)
[192] R. HARTUNG, Z. Chem. **26**, 266 (1986)
[193] D. SAGER, Dissertation, Technische Hochschule „Carl Schorlemmer" Leuna—Merseburg 1982
[194] J. C. SUMMERS u. S. A. AUSEN, J. Catalysis **52**, 445 (1978)
[195] E. SANTACESARIA, S. CARRA u. I. ADAMI, Ind. Engng. Chem. Product Res. Development **16**, 45 (1977)
[196] M. J. D'ANIELLO, J. Catalysis **69**, 9 (1981)
[197] R. FRICKE, W. NEUGEBAUER u. H. SCHÄFER, Z. anorg. allg. Chem. **273**, 215 (1953); H. SCHÄFER u. W. NEUGEBAUER, ibid. **274**, 114 (1953)
[198] G. H. VAN DEN BERG u. H. TH. RIJNTEN, Second int. Symp., Scientific Bases for the Preparation of Heterogeneous Catalysts, Louvain—La-Neuve, 4. 9. bis 7. 9. 1978, C_4
[199] S. ENGELS, R. GÖHRING, W. HAGER, D. SAGER, G. SCHRÖDER. R. WALTER u. M. WILDE, Chem. Techn. **36**, 101 (1984)
[200] S. ENGELS, W. HAGER, D. SAGER, G. SCHRÖDER u. M. WILDE, Chem. Techn. **37**, 211 (1985)
[201] a) G. RIENÄCKER u. S. ENGELS, Mber. dtsch. Akad. Wiss. Berlin **4**, 716 (1962); b) S. ENGELS, J. HAGER, J. HILLE u. P.-E. NAU, Z. anorg. allg. Chem. **405**, 239 (1974)
[202] P. KLEINERT u. A. FUNKE, Z. Chem. **1**, 155 (1961)

[203] „GMELINS Handbuch der anorganischen Chemie", 8. Aufl., System-Nr. 67: Iridium, S. 39, 46 (1939); Nachdruck: Verlag Chemie, Weinheim/Bergstr. 1955
[204] H. SCHÄFER u. A. TEBBEN, Z. anorg. allg. Chem. **304**, 317 (1960)
[205] G. W. HOOPER u. C. B. ALCOCK, Proc. Roy. Soc. [London], Ser. A **254**, 551 (1960)
[206] H. SCHÄFER u. A. TEBBEN, in [8], Zitat [30]
[207] D. JUZA, D. GIEGLING u. H. SCHÄFER, Z. anorg. allg. Chem. **366**, 121 (1969)
[208] E. HANITZSCH u. M. KAHLWEIT, Z. physik. Chem. [Frankfurt/M.] **57**, 145 (1968)
[209] K. HARDEL, Z. anorg. allg. Chem. **357**, 122 (1968)
[210] S. ENGELS, D. SAGER u. M. WILDE, Proc. Vth Int. Symp. Heterogeneous Catalysis, Varna, 3. 10.–6. 10. 1983, I, S. 267; S. ENGELS, P. MAHLOW, W. PFEIFFER, D. SAGER u. M. WILDE, Chem. Techn. **36**, 426 (1984)
[211] K. HAUFFE u. K. PSCHERA, Z. anorg. allg. Chem. **262**, 147 (1950)
[212] S. TAMARU u. N. ANDO, Z. anorg. allg. Chem. **184**, 385 (1929); ibid. **195**, 309 (1931)
[213] S. TAMARU u. H. SAKURAI, Z. anorg. allg. Chem. **206**, 49 (1932)
[214] H. SPANDAU u. E. J. KOHLMEYER, Z. anorg. Chem. **254**, 65 (1947)
[215] vgl. [8], Zitat [43]
[216] P. KLEINERT, Z. Chem. **4**, 434 (1964)
[217] a) F. CRAMER, „*Einschlußverbindungen*", Springer-Verlag, Berlin–Göttingen–Heidelberg 1954; W. RÜDORFF, Advances inorg. Chem. Radiochem. **1**, 223 (1959)
[218] S. ENGELS, Kristall u. Technik 8, 743 (1973)
[219] H. G. MIDGLEY, Mineralog. Mag. J. mineralog. Soc. **29**, 526 (1951)
[220] K.-H. JOST, Kristall u. Technik **4**, 469 (1969)
[221] H. WORZALA, Dissertation B, Akademie der Wissenschaften der DDR, Berlin 1986
[222] M. SCHNEIDER, Dissertation, Akademie der Wissenschaften der DDR, Berlin 1987; K.-H. JOST et al., bisher unveröffentlichte Ergebnisse
[223] G. BRAUER, H. MÜLLER u. G. KÜHNER, J. Less-common Metals [Amsterdam] **4**, 533 (1962)
[224] J. NIEBUHR, J. Less-common Metals [Amsterdam] **10**, 312 (1966); ibid. **11**, 191 (1966)
[225] H. KNOLL u. U. KÜHNHOLD, Naturwissenschaften **44**, 394 (1957)
[226] U. BOLLMANN, S. ENGELS, K. HAUPT, J. KOBELKE, K. BECKER, J. HILLE u. H.-D. NEUBAUER, Z. Chem. **25**, 273 (1985); s. a. S. ENGELS, U. BOLLMANN, J. KOBELKE, R. LANGE, K. BECKER u. P. KRAAK, 6th Int. Symp. Heterogeneous Catalysis, Sofia, 13. 7.–18. 7. 1987; U. BOLLMANN, S. ENGELS, G. GRUHN, R. LANGE, K. BECKER, J. KOBELKE u. P. KRAAK, 9th Int. Congr. CHISA 87, Prag, 30. 8.–4. 9. 1987
[227] U. BOLLMANN, S. ENGELS, K. HAUPT, K, BECKER. J. HILLE u. P. KRAAK, Z. Chem. **25**, 35 (1985); vgl. auch Cryst. Res. Technol. **23**, 1303 (1988)
[228] J. ROUQUEROL, F. ROUQUEROL u. M. GANTEAUME, J. Catalysis **36**, 99 (1975); **57**, 222 (1979)
[229] S. ENGELS, K. HAUPT u. U. BOLLMANN, Wiss. Z. Techn. Hochschule „Carl Schorlemmer" Leuna–Merseburg **28**, 467 (1986)
[230] V. V. BOLDYREV u. K. MEYER, in [126], S. 38ff.

[231] V. V. Boldyrev, in [126], S. 384ff.
[232] G. Kempe, M. Bögel u. G. Meyer, Z. Chem. **29**, 11 (1989); s, a. M. Bögel u. G. Kempe, Chemiedozententagung, Dresden, 5. 2.—7. 2. 1986; G. Meyer, Dissertation, Technische Hochschule „Carl Schorlemmer" Leuna—Merseburg, 1986
[233] C. A. Duckwitz u. H. Schmalzried, Z. physik. Chem. [Frankfurt/M.] **76**, 173 (1971)
[234] G. Schnitt u. P. Kleinert, Z. anorg. allg. Chem. **398**, 41 (1973)
[235] P. Kleinert, in [126], S. 307ff.
[236] F. S. Stone u. R. J. D. Tilley, in: "Reactivity of Solids", 5th Int. Symp. React. Solids, München 1964, hrsg. von G.-M. Schwab, Elsevier Publishing Comp., Amsterdam—London—New York, 1965, S. 583
[237] P. Reijnen, Sci. Ceramics **3**, 245 (1967)
[238] H. Schmalzried, Z. physik. Chem. [Frankfurt/M.] **33**, 111 (1962)
[239] D. M. Roy, R. Roy u. E. F. Osborn, J. Amer. ceram. Soc. **36**, 149 (1953)
[240] E. Koch u. C. Wagner, Z. physik. Chem. (B) **34**, 317 (1936)
[241] W. Jander u. E. Hoffmann, Z. anorg. allg. Chem. **218**, 211 (1934); W. Jander, Z. angew. Chem. **47**, 235 (1934); ibid. **49**, 879 (1936)
[242] G. W. Brindley u. R. Hayami, Philos. Mag. [8] **12**, 505 (1965)
[243] R. Haul u. G. Dümbgen, Z. Elektrochem., Ber. Bunsenges. physik. Chem. **66**, 636 (1962)
[244] C. Greskovich u. H. Schmalzried, J. Physics Chem. Solids **31**, 639 (1970)
[245] W. Jost, „*Diffusion und chemische Reaktion in festen Stoffen*", Steinkopff-Verlag, Dresden 1937, S. 180
[246] C. Wagner, Z. anorg. allg. Chem. **236**, 320 (1938)
[247] a) V. Leute, Mikrochim. Acta [Wien] **1971**, 107; b) V. Leute u. B. Schröder, Z. physik. Chem. [Frankfurt/M.] **104**, 239 (1977)
[248] E. M. Sawizki, „*Perspektiven der Metallforschung*", Akademie-Verlag, Berlin 1977
[249] J. W. Christian, Proc. Roy. Soc. [London] A **206**, 51 (1951)
[250] G. Tetzner u. R. Schrader, Z. anorg. allg. Chem. **407**, 227 (1974)
[251] G. Heinicke, „*Tribochemistry*", Akademie-Verlag, Berlin 1984
[252] P. A. Thiessen, G. Heinicke u. K. Meyer, in [126], S. 497ff., daselbst weitere Literatur; P. A. Thiessen, Z. Chem. **5**, 162 (1965)
[253] R. Schrader u. B. Hoffmann, in [126], S. 522ff.
[254] G. S. Chodakov u. E. G. Avvakumov, in [126], S. 544ff.
[255] P. A. Thiessen, in [178], S. 18ff.
[256] U. Steinike u. E. Linke, Z. Chem. **22**, 397 (1982)
[257] E. Winkler, H. Jost u. G. Heinicke, Z. Chem. **19**, 426 (1979)
[258] J. Jedamzik u. H. Jost, Z. Chem. **26**, 111 (1986)
[259] P. A. Thiessen, Inf. aus Wiss. und Techn. Aus der Arbeit von Plenum und Klassen der Akademie der Wissenschaften der DDR, Heft 6, 1982
[260] H. G. Fritsche, P. Kadura, L. Kühne, H. Müller, E. Bauwe, S. Engels, W. Mörke, G. Rasch, P. Birke, M. Wilde, H. Lieske u. J. Völter, Z. Chem. **24**, 169 (1984)

[261] P. Birke u. S. Engels, Z. Chem. **17**, 77 (1977); ibid. **18**, 37 (1977); P. Birke, S. Engels u. M. Kranz, Vortrag, Symposium über Halogenchemie, Berlin, 4.—6. April 1978; Vortrag, Chemiedozententagung, Mühlhausen, 11.—13. April 1978; P. Birke u. S. Engels, Vortrag, XI. Jahrestreffen der Katalytiker der DDR, Schloß Reinhardsbrunn, 29.—31. Mai 1978; P. Birke, S. Engels, M. Kranz u. F. Meiler, Z. anorg. allg. Chem. **467**, 7 (1980); P. Birke, S. Engels, K. Becker u. H.-D. Neubauer, Chem. Techn. **31**, 473 (1979); ibid. **32**, 253 (1980)

[262] H. Schäfer u. U. Wiese, J. Less-common Metals [Amsterdam] **24**, 55 (1971)

[263] Faraday Symposia of the Chemical Society, No. 14, 1980. "Diatomic Metals and Metallic Clusters", Symposium, Universität Manchester 8. 1.—9. 1. 1980

[264] G. A. Ozin u. St. A. Mitchell, Angew. Chem. **95**, 706 (1983)

[265] L. Muetterties u. M. J. Krause, Angew. Chem. **95**, 135 (1983)

[266] T. P. Martin, Angew. Chem. **98**, 197 (1986)

[267] Ja. E. Geguzin, „*Wie werden aus Pulvern kompakte Werkstoffe?*“, VEB Deutscher Verlag für Grundstoffindustrie, Leipzig 1981

[268] "Sintering and Heterogeneous Catalysis", Proc. 6th Int. Conf. on Sintering and related Phenomena. Plenum Press, New York 1984

[269] Nguyen Phoung Khue, Dissertation, Technische Hochschule „Carl Schorlemmer“ Leuna—Merseburg, Merseburg 1978

[270] L. A. Teležkina, O. G. Novožilova, A. B. Merzljakov, A. I. Pletjuškina u. G. D. Vovčenko, Vestnik Moskovskogo Univ., Ser. II, **15**, 114 (1974)

[271] S. A. Chassan, S. G. Fedorkina, G. I. Emel'janova u. V. P. Lebedev, Ž. fiz. Chim. **42**, 2507 (1968)

[272] S. A. Chassan, G. I. Emel'janova, V. P. Lebedev u. N. I. Kobozev, Ž. fiz. Chim. **44**, 1469 (1970)

[273] L. P. Maškova, A. I. Pletjuškina, L. A. Teležkina, P. I. Ožegov u. G. D. Vovčenko, Ž. fiz. Chim. **45**, 2350 (1971)

[274] R. M. J. Fiedorow u. S. E. Wanke, J. Catalysis **43**, 34 (1976)

[275] S. A. Hassan, F. H. Khalil u. F. G. El-Gamal, J. Catalysis **44**, 5 (1976)

[276] T. Baird, Z. Paál u. S. J. Thomson, J. chem. Soc. Faraday Trans. I **69**, 1273 (1973)

[277] S. A. Hassan, J. appl. Chem. Biotechnol. **24**, 497 (1974)

[278] J. Zahradnik, E. F. Mc Charthy, G. C. Kuczynski u. J. J. Carbersy, Sinter. and Catal., New York—London **1975**, 199

[279] H. Spindler, I. D. Ratner u. L. M. Kefeli, Kinetika i Kataliz **14**, 1588 (1973)

[280] P. Wynblatt u. Ahn Tac-Moon, Sinter. and Catal., New York—London **1975**, 83

[281] S. Engels, W. Mörke u. J. Siedler, Z. anorg. allg. Chem. **431**, 181 (1977)

[282] a) S. Engels, J. Hille, H. Rühl u. M. Wilde, Vortrag, III. Intern. Katalysekonferenz der DDR, Schloß Reinhardsbrunn, 2.—6. 4. 1974, Tagungsbericht, Bd. I, S. 18; b) Trân-Kim-Thanh, Dissertation, Technische Hochschule „Carl Schorlemmer“ Leuna—Merseburg, Merseburg 1975; c) S. Engels, Trân-Kim-Thanh u. M. Wilde, Z. Chem. **14**, 492 (1974); d) S. Engels, M. Wilde u. Trân-Kim-Thanh, III. Intern. Konferenz über heterogene Katalyse, Varna 13.—16. 10. 1975

[283] D. F. Ollis, J. Catalysis **23**, 131 (1971)

[284] D. W. Hoffman, J. Catalysis **27**, 374 (1972)
[285] J. J. Burton, E. Hyman u. D. G. Fedek, J. Catalysis **37**, 106 (1975)
[286] H. H. Dunken, Z. Chem. **15**, 374 (1975)
[287] J. H. Sinfelt, J. Catalysis **29**, 308 (1973); vgl. auch J. H. Sinfelt, Y. L. Lam, J. A. Cusumano u. A. E. Barnett, J. Catalysis **42**, 227 (1976) (Ru—Cu)
[288] R. A. van Santen u. W. M. H. Sachtler, J. Catalysis **33**, 202 (1974)
[289] S. Engels, J. Hager u. J. Hille, Z. anorg. allg. Chem. **406**, 45 (1974)
[290] S. Engels u. L. Lehmann, Z. Chem. **17**, 195 (1977)
[291] D. E. Ibbotson, T. S. Wittrig u. W. H. Weinberg, J. chem. Physics **72**, 4885 (1980)
[292] S. Engels, E. Conrad, D. Sager u. M. Wilde, Z. anorg. allg. Chem. **436**, 216 (1977)
[293] B. Predel, W. Schwermann u. W. Gust, Metall **25**, 1002 (1971)
[294] B. Predel u. W. Schwermann, Z. Metallkunde **62**, 517 (1971)
[295] E. Vogt, Z. Elektrochem. angew. physik. Chem. **45**, 597 (1939)
[296] B. G. Lyashenko, J. physic. Soc. Japan, Suppl. B-I **17**, 151 (1962)
[297] H. Zetler u. G.-M. Schwab, Z. physik. Chem. [Frankfurt/M.] **76**, 38 (1971)
[298] S. Engels, Z. Chem. **9**, 161 (1969)
[299] A. Weiss u. H. Witte, „*Kristallstruktur und chemische Bindung*", Akademie-Verlag, Berlin 1983
[300] J. D. Bernal u. J. L. Finney, Discuss. Faraday Soc. **43**, 62 (1967)
[301] J. L. Finney, Proc. Roy. Soc. [London], Ser. **A 319**, 479 (1970)
[302] S. R. Elliott, C. N. R. Rao u. J. M. Thomas, Angew. Chem. **98**, 31 (1986)
[303] E. Gebhardt, in [51a], S. 29ff.
[304] T. J. Tiedema, B. C. de Jong u. W. G. Burges, Proc. Kon. nederl. Akad. Wetensch. Ser. B **63**, 422 (1960)
[305] E. Wicke u. A. Küssner, Z. Elektrochem., Ber. Bunsenges. physik. Chem. **63**, 1013 (1959)
[306] A. Küssner u. E. Wicke, Z. physik. Chem. [Frankfurt/M.] **24**, 152 (1960)
[307] A. Küssner, Z. Elektrochem. Ber. Bunsenges. physik. Chem. **66**, 675 (1962)
[308] F. A. Lewis, Platinum Met. Rev. **5**, 21 (1961)
[309] T. R. P. Gibb, Jr., "*Primary Solid Hydrides*", in: "*Progress in Inorganic Chemistry*", Bd. III, New York—London 1962, S. 315, 348
[310] T. R. P. Gibb, Jr., Engelhard Ind., Inc., techn. Bull., Bd. VII, S. 28 (1966); T. R. P. Gibb, Jr., J. MacMillan u. R. J. Roy, J. physic. Chem. **70**, 3024 (1966)
[311] E. O. Wollan, J. W. Cable u. W. C. Koehler, J. Physics Chem. Solids **24**, 1141 (1963)
[312] J. E. Worsham, Jr., M. K. Wilkinson u. C. G. Shull, J. Physics Chem. Solids **3**, 303 (1957)
[313] K. Sköld u. G. Nelin, Solid State Commun. **4**, 303 (1966)
[314] F. Krüger u. G. Gehm, Ann. Physik (5) **16**, 178 (1933)
[315] H. Brodowsky, Z. physik. Chem. [Frankfurt/M.] **44**, 129 (1965); H. Brodowsky u. E. Poeschel, ibid. **44**, 143 (1965); H. Brodowsky u. E. Wicke, Engelhard Ind., Inc., techn. Bull. **7**, 41 (1966); H. Brodowsky u. H. Husemann, Ber.

Bunsenges. physik. Chem. **70**, 626 (1966); vgl. auch ibid. **69**, 909 (1965); H. Brodowsky, Z. Naturforsch. **22a**, 130 (1967); H. Brodowsky, Ber. Bunsenges. physik. Chem. **76**, 740 (1972)
[316] M. v. Stackelberg u. P. Ludwig, Z. Naturf. **19a**, 93 (1964)
[317] H. Gräfen, E.-M. Horn u. U. Gramberg, in: „*Ullmanns Encyklopädie der technischen Chemie*" (4. neubearb. u. erweit. Aufl.), Verlag Chemie, Weinheim – New York 1978; Bd. 15, S. 39
[318] G. Tammann, Z. anorg. allg. Chem. **111**, 78 (1920)
[319] C. Wagner, Z. physik. Chem. (B) **21**, 25 (1933); ibid. (B) **32**, 447 (1936)
[320] H. Lentz, Nachr. Chem. Techn. **18**, 269 (1970)
[321] „Materie unter hohen Drücken, mit besonderer Berücksichtigung fluider Zustände", Ber. Bunsenges. physik. Chem. **70**, 941–1164 (1966)
[322] „Materie unter hohem Druck", Chemie-Ing.-Techn. **38**, 1107–1111 (1966)
[323] W. Klement, Jr., u. A. Jayaraman, in: "*Progress in Solid-State Chemistry*", hrsg. von H. Reiss, Pergamon Press, Oxford 1967, S. 289ff.
[324] W. Kleber u. K.-Th. Wilke, Kristall u. Technik **4**, 165 (1969)
[325] W. Kleber, Kristall u. Technik **2**, 13 (1967)
[326] F. P. Bundy, H. T. Hall, H. M. Strong u. R. H. Wentorf, Nature **176**, 51 (1955); H. P. Bovenkerk, F. P. Bundy, H. T. Hall, H. M. Strong u. R. H. Wentorf, ibid. **184**, 1094 (1959); H. Liander u. E. Lundblad, Ark. Kemi **16**, 139 (1960)
[327] P. S. de Carli u. J. C. Jamieson, Science [Washington] **133**, 1821 (1961)
[328] J. Meisel, Wiss. Z. Friedrich-Schiller-Universität Jena, math.-naturwiss. R. **20**, 185 (1971)
[329] vgl. Literaturangabe in Tab. 33
[330] L. Coes, Science [Washington] **118**, 131 (1953)
[331] Ss. M. Stishov u. Ss. V. Popova, Geochemie [UdSSR] **1961**, 837, 923
[332] Autorenkollektiv (Koordination: H. Ulrich), in: „*Ullmanns Encyklopädie der technischen Chemie*" (4. neubearb. u. erweit. Aufl.), Verlag Chemie, Weinheim – Deerfield Beach, Florida – Basel 1979; Bd. 18, S. 399ff.
[333] G. Roewer u. A. Winzer, Wiss. Z. Techn. Hochschule „Carl Schorlemmer" Leuna – Merseburg **26**, 645 (1984)

9. Weiterführende Literatur

Wenngleich der vorliegende Titel als Einführung in das Gebiet der anorganischen Festkörperreaktionen gedacht ist, werden nachfolgend in einer begrenzten Auswahl weitere Bücher, Periodica und Fachartikel zitiert, die dem Leser eine vertiefende Information zu bestimmten Themen ermöglichen.

I. Monographien, Sammelwerke, Periodica, Lehrbücher

R. K. Grasseli u. J. F. Brazdil, "*Solid State Chemistry in Catalysis*", American Chemical Society, Washington, DC, 1985

C. N. R. Rao u. J. Gopalakrishnan, "*New directions in solid state chemistry*", Cambridge University Press, Cambridge/London/New York/New Rochelle/Melbourne/Sydney 1986

W. Stiller, „*Nichtthermisch aktivierte Chemie. Einführung in ihre Phänomene, Elementarprozesse und Anwendungen*", VEB Deutscher Verlag der Wissenschaften, Berlin 1987

A. F. Wells, "*Structural Inorganic Chemistry*", 5. Aufl., Clarendon Press, Oxford 1984

D. P. Woodruff u. T. A. Delchar, "*Modern Techniques of Surface Science*", Cambridge University Press, Cambridge/London/New York/New Rochelle/Melbourne/Sydney 1986

"*Structure and Bonding*", Bd. 65, "*Solid State Chemistry*", Springer Verlag, Berlin/Heidelberg/New York/London/Paris/Tokyo 1987

"*Ceramics*" in "*Ullmann's Encyclopedia of Industrial Chemistry*", 5. Aufl., Bd. 6, S. 1–92, VCH Verlagsgesellschaft mbH, Weinheim 1986

"*Catalysis – Science and Technology*", Akademie-Verlag, Berlin 1983:

S. R. Morrison, "Chemisorption on Nonmetallic Surfaces", Bd. 3, S. 199 bis 229

Z. Knor, "Chemisorption of Dihydrogen", Bd. 3, S. 231–280

H.-P. Boehm u. H. Knözinger, "Nature and Estimation of Functional Groups on Solid Surfaces", Bd. 4, S. 39–207
G. Ertl, "Kinetics and Chemical Processes on Well-defined Surfaces", Bd. 4, S. 209–282
"*Studies in Surface Science and Catalysis*":
"*Metal Clusters in Catalysis*", Bd. 29, Elsevier, Amsterdam, Oxford, New York, Tokyo 1986
"*Thin Metal Films and Gas Chemisorption*", Bd. 32, Elsevier, Amsterdam, Oxford, New York, Tokyo 1987
Zeitschriften:
"Progress in Solid State Chemistry"
"Journal of Solid State Chemistry"
"Solid State Communications" – Supplement zu:
"Journal of Physics and Chemistry of Solids"

„Reaktionsverhalten anorganischer Festkörper" in:
„*Reaktionsverhalten und Syntheseprinzipien*", *Lehrwerk Chemie*, LB 7, 3. Aufl., S. 348–390, VEB Deutscher Verlag für Grundstoffindustrie, Leipzig 1985

II. Theorie, Strukturdefekte, Festkörperreaktionen

K. Heide u. G. Kluge, „Theorie und Analyse von Festkörperreaktionen unter nicht-isothermen Bedingungen", Z. Chem. **23**, 167 (1983)
R. Hoffmann, „Die Begegnung von Chemie und Physik im Festkörper", Angew. Chem. **99**, 871 (1987)
J.-O. Malm et al., „Atomar aufgelöste Echtzeit-Abbildung polymorpher Änderungen bei Ruthenium-Clustern", Angew. Chem. **100**, 580 (1988)
H. R. Oswald u. A. Reller, „Einflüsse struktureller Gegebenheiten auf den Verlauf von heterogenen Festkörperreaktionen", Ber. Bunsenges. physik. Chem. **90**, 671 (1986)
S. V. Sotirchos u. H.-Ch. Yu, „Mathematische Modellierung von Gas-Feststoff-Reaktionen mit festem Produkt", Chem. Engng. Sci. **40**, 2039 (1985)
U. Steinike u. E. Linke, „Die Rolle von Anregungszuständen und Strukturdefekten bei mechanisch aktivierten Festkörperreaktionen", Z. Chem. **22**, 397 (1982)

III. Spezielle Materialien

„*Beiträge zur Clusterforschung*", Akademie der Wissenschaften der DDR, Zentralinstitut für Isotopen- und Strahlenforschung Leipzig, ZfI-Mitteilung, Nr. 134, 1987

"*Experiments on Clusters*", Discussion Meeting der Deutschen Bunsengesellschaft für Physikalische Chemie, Königsstein (Taunus), 12.—14. 10. 1983, Vorträge und Materialien in: Ber. Bunsenges. physik. Chem. **88**, 188—314 (1984)

F. Aldinger u. H.-J. Kalz, „Die Bedeutung der Chemie für die Entwicklung von Hochleistungskeramiken", Angew. Chem. **99**, 381 (1987)

J. G. Bednorz u. K. A. Müller, Z. Physik B **64**, 189 (1986); erste Publikation zur Hochtemperatursupraleitung

D. L. Cooke, "Heterogeneous catalysis by amorphous materials", J. Metals **38**, 70 (1986)

V. Flemr u. B. Hajek, „Eigenschaften und Anwendung metallischer Gläser", Chem. Listy **81**, 785 (1987)

M. Hervieu et al., „Orientierte Domänen und verzwillingte Bereiche im „tetragonalen" Supraleiter $LaBa_2Cu_3O_{6,7}$", Angew. Chem. **100**, 403 (1988)

K. Kleinermanns u. J. Wolfram, „Laser in der Chemie — wo stehen wir heute?", Angew. Chem. **99**, 38 (1987)

H. Müller et al., „Praktische Anwendung des analytischen Clustermodells", Z. physik. Chem. [Leipzig] **268**, 625 (1987)

Ch. Opitz u. H. Müller, „Untersuchungen an Ni_6-Clustern", Z. physik. Chem. [Leipzig] **267**, 431 (1986)

H. G. von Schnering et al., „Die Strukturen der supraleitenden Oxide $Bi_2(Sr_{1-x}Ca_x)_2CuO_{8-\delta}$ und $Bi_2(Sr_{1-y}Ca_y)_3Cu_2O_{10-\delta}$ mit $0 \leqq x \leqq 0{,}3$ bzw. $0{,}16 \leqq y \leqq 0{,}33$", Angew. Chem. **100**, 604 (1988)

A. Simon, „Supraleitung — ein chemisches Phänomen?", Angew. Chem. **99**, 602 (1987)

W. Vogel u. W. Höland, „Zur Entwicklung von Biоglaskeramiken für die Medizin", Angew. Chem. **99**, 541 (1987)

H. Yamashita, M. Yoshikawa u. T. Funabik, „Katalyse durch amorphe Metall-Legierungen. IV. Strukturmodifizierung zu metastabilen Zuständen und katalytische Aktivität einer amorphen $Ni_{62}B_{38}$-Legierung in Bandform", J. chem. Soc. Faraday Trans. I **82**, 1771 (1986)

10. Sachregister

FSC
www.fsc.org
MIX
Papier | Fördert
gute Waldnutzung
FSC® C083411

Kolibri 360 GmbH
Ferdinand-Jühlke-Straße 7
99095 Erfurt, Deutschland
produktsicherheit@kolibri360.de